全国高等教育自学考试指定教材

自动控制原理（本）

（2024 年版）

［含：自动控制原理（本）自学考试大纲］

全国高等教育自学考试指导委员会　组编

主编　张慧妍

机 械 工 业 出 版 社

本书是根据全国高等教育自学考试指导委员会最新制定的《自动控制原理（本）自学考试大纲》，为参加高等教育自学考试的考生编写的教材。

编写过程中，本书参考了国内外目前比较经典的教材，并结合编者多年来从事相关课程的教学心得，以及编写教材的经验和体会，选材适当、叙述简洁且针对要点，符合自学考试的特点与要求。全书共分 8 章，内容有自动控制系统概述、线性系统的数学模型、线性系统的稳定性和稳态特性分析、线性系统的动态时域分析、线性系统的频域分析、线性系统的校正、非线性系统的分析、采样控制系统的分析。

为了便于自学，各章由浅入深，详细讲解相关的概念和知识点，配合适量的例题辅助对重要知识点内容的理解及掌握。各章的最后配以适量的思考题供考生练习使用，并提供配套的思考题解答，旨在给学习这门课程的考生以启发，以达到掌握相关知识和开阔视野的目的。本书还提供了基于 MATLAB 的控制系统数字仿真实践，以加深对基础知识的理解和促进应用能力的提升，也有助于培养考生分析问题、解决问题的能力。

本书除了可作为全国高等教育自学考试相关专业的教材外，还可作为各类普通高等院校工科相关专业的教材。

图书在版编目（CIP）数据

自动控制原理：本：2024 年版/全国高等教育自学考试指导委员会组编；张慧妍主编．—北京：机械工业出版社，2024.4（2026.1 重印）
全国高等教育自学考试指定教材
ISBN 978-7-111-75654-5

Ⅰ.①自…　Ⅱ.①全…　②张…　Ⅲ.①自动控制理论-高等学校-自学考试-教材　Ⅳ.①TP13

中国国家版本馆 CIP 数据核字（2024）第 080893 号

机械工业出版社（北京市百万庄大街 22 号　邮政编码 100037）
策划编辑：聂文君　　　　责任编辑：聂文君　赵晓峰
责任校对：梁　园　李小宝　　封面设计：严娅萍
责任印制：张　博
北京华宇信诺印刷有限公司印刷
2026 年 1 月第 1 版第 3 次印刷
184mm×260mm · 14.5 印张 · 354 千字
标准书号：ISBN 978-7-111-75654-5
定价：49.80 元

电话服务　　　　　　网络服务
客服电话：010-88361066　　机　工　官　网：www.cmpbook.com
010-88379833　　机　工　官　博：weibo.com/cmp1952
010-68326294　　金　书　网：www.golden-book.com

机工教育服务网：www.cmpedu.com

组 编 前 言

21 世纪是一个变幻难测的世纪，是一个催人奋进的时代，科学技术飞速发展，知识更替日新月异。希望、困惑、机遇、挑战，随时随地都有可能出现在每一个社会成员的生活之中。抓住机遇、寻求发展、迎接挑战、适应变化的制胜法宝就是学习——依靠自己学习，终生学习。

自学考试作为我国高等教育的组成部分，其职责就是在高等教育水平上倡导自学、鼓励自学、帮助自学、推动自学，为每一个自学者铺就成才之路。组织编写供自学者学习的教材就是履行这个职责的重要环节。毫无疑问，自学考试指定教材应当适合自学，应当有利于自学者掌握和了解新知识、新信息，有利于自学者增强创新意识、培养实践能力、形成自学能力，同时有利于自学者学以致用，解决实际工作中所遇到的问题。虽然自学考试指定教材沿用了“教材”的概念，但它与仅供教师讲、学生听，教师不讲、学生不懂，以“教”为中心的教科书相比，在内容编排、编写体例、行文风格等方面都大有不同。希望自学者对此有所了解，以便从一开始就树立起依靠自己学习的坚定信念，不断探索适合自己的学习方法，充分利用自己已有的知识基础和实际工作经验，最大限度地发挥自己的潜能，达到学习的目标。

欢迎读者提出意见和建议。

祝每一位自学者自学成功!

全国高等教育自学考试指导委员会

2023 年 1 月

目　录

自动控制原理（本）自学考试大纲

自动控制原理（本）

全国高等教育自学考试

自动控制原理（本）
自学考试大纲

全国高等教育自学考试指导委员会　制定

大纲前言

为了适应社会主义现代化建设事业的需要，鼓励自学成才，我国在 20 世纪 80 年代初建立了高等教育自学考试制度。高等教育自学考试是个人自学、社会助学和国家考试相结合的一种高等教育形式。应考者通过规定的专业课程考试并经思想品德鉴定达到毕业要求的，可获得毕业证书；国家承认学历并按照规定享有与普通高等学校毕业生同等的有关待遇。经过 40 多年的发展，高等教育自学考试为国家培养造就了大批专门人才。

课程自学考试大纲是国家规范自学者学习范围、要求和考试标准的文件。它是按照专业考试计划的要求，具体指导个人自学、社会助学、国家考试及编写教材的依据。

为更新教育观念，深化教学内容方式、考试制度和质量评价制度改革，更好地提高自学考试人才培养的质量，全国高等教育自学考试指导委员会各专业委员会按照专业考试计划的要求，组织编写了课程自学考试大纲。

新编写的大纲，在层次上，本科参照一般普通高校本科水平，专科参照一般普通高校专科或高职院校的水平；在内容上，及时反映学科的发展变化以及自然科学和社会科学近年来研究的成果，以更好地指导应考者学习使用。

全国高等教育自学考试指导委员会

2023 年 12 月

Ⅰ. 课程性质与课程目标

一、课程性质和特点

“自动控制原理（本）”是全国高等教育自学考试电子、电工与信息类本科阶段课程，是为培养和检验自学应考者的自动控制原理基础理论、基础知识和基本分析与设计技能而设置的。这门课程作为联系前端基础课与后续专业课的桥梁，涉及较多的概念及数学、物理和工程学科的基础知识，且与实验（或实践）联系紧密。了解和掌握好自动控制原理的相关内容对于强化理论知识和提升专业素养具有重要作用。

二、课程目标

作为深入学习电子、电工与信息类各门专业知识的基础性课程，“自动控制原理（本）”可使学习者比较全面地了解自动控制的基本概念和基本原理，掌握对自动控制系统进行分析、计算和实验的基本方法，具备对控制系统进行设计及综合的初步能力。通过这一课程的学习，将为进一步深入学习电子、电工与信息类专业的各门相关专业课程提供有利支撑。

“自动控制原理（本）”设置的目标是使得学生能够：

1）发展对于自动控制原理和自动控制系统学习的兴趣和热爱，鼓励创造性和探索精神，理解自动控制相关内容对于经济发展和社会进步的贡献。

2）能够比较全面地了解自动控制原理的主要内容，掌握自动控制系统的基本构成、系统的工作原理，对控制系统的分析与设计具有较好的理解。

3）能够运用自动控制原理对系统进行稳定性、准确性和快速性的分析，掌握对系统进行定性分析和定量计算的基本方法。

4）理解并能够运用典型环节数学模型对控制系统进行分析和设计，理解非线性系统的主要特性以及校正环节对控制系统性能的改善与影响，能够提出对控制系统性能进行改善的方案以对控制系统进行综合。

5）能够使用数字计算机对控制系统进行仿真建模、仿真分析与设计，正确选择控制器，分析控制系统的性能指标、验证所设计的控制系统的可行性。

6）为进一步学习电子、电工与信息类专业知识和技能打下基础。

三、与相关课程的联系与区别

1）本课程的学习是在完成“高等数学（工本）”“电路分析”“信号与系统”等课程的基础上进行的。

2）本课程为相关专业后续课程打下必要的自动控制原理的基础，储备有关控制系统分析、设计方面的专业技术知识。

四、课程的重点和难点

本课程的重点内容为：闭环控制系统的基本组成；线性系统的传递函数；基于系统结构图的化简；线性系统的代数稳定性判据；线性系统的稳态误差分析；线性系统时域响应的性能指标；线性系统的频率特性；线性系统的极坐标图；线性系统的对数频率特性图；线性系统频率域稳定性分析；线性系统的串联校正；描述函数法分析非线性系统；线性采样控制系统的脉冲传递函数。

本课程的难点内容为：线性系统的频率特性；奈奎斯特稳定判据；串联超前校正；串联

滞后校正；用描述函数法分析非线性系统的稳定性；非线性系统的自持振荡；采样控制系统的稳定性分析。

另外，由于课程涉及自动控制的方方面面，多方面内容的组合使该课程具有较大难度。

Ⅱ. 考 核 目 标

本大纲在考核目标中，按照识记、领会、简单应用和综合应用四个层次规定了考生应达到的能力层次要求。四个能力层次是递进关系，各能力层次的含义是：

识记（Ⅰ）：要求考生能够识别和记忆本课程中有关自动控制原理的定义、定理、数学模型、判据结论、方法及应用等知识点，并能够根据考核的不同要求，做出正确的表述、选择和判断。

领会（Ⅱ）：要求考生能够领悟和理解本大纲规定的有关自动控制原理的概念及规律的内涵及外延，理解自动控制原理研究范畴，线性系统不同类型数学模型的区别和联系，线性系统动态特性和稳态特性分析的适用条件；理解线性系统和非线性系统的区别和联系；理解线性连续系统和线性离散系统的区别和联系；熟悉分析和设计自动控制系统的各种方法，并能根据考核的不同要求对自动控制原理问题做出正确的判断、解释、说明和论述。

简单应用（Ⅲ）：要求考生能够根据运用自动控制原理的少量知识点对一般性的应用问题进行分析和论证。通过简单的计算、读图、绘图和系统分析等，解决问题，得出正确的结论，并能把分析与论证过程正确地表达出来。

综合应用（Ⅳ）：要求考生能够根据运用自动控制原理的多个知识点对较复杂的应用问题进行分析和论证。通过较复杂的计算、绘图、系统的定性和定量分析、校正设计和调试等，解决问题，得出正确的结果或结论，并能把分析、论证与推导过程正确地表达出来。

Ⅲ. 课程内容与考核要求

第 1 章　自动控制系统概述

一、学习目的与要求

自动控制技术已经广泛用于交通运输、国防建设和工、农、经等各个领域，自动控制技术的基础是自动控制原理。通过本章学习，了解自动控制和自动控制系统的基本概念；识记开环控制和闭环控制的特点以及它们的应用场合；识记组成自动控制系统的基本环节；了解自动控制系统的分类和基本要求。

二、课程内容

1.1　引言

1.2　开环控制系统和闭环控制系统

1.3　闭环自动控制系统的基本组成

1.4　自动控制系统的分类

1.5　控制系统的基本要求

1.6　控制系统数字仿真实践的必要性

三、考核知识点与考核要求

(1) 引言

识记：①自动控制；②自动控制系统。

(2) 开环控制系统和闭环控制系统

识记：①开环控制系统；②闭环控制系统。

领会：①开环控制系统的特征；②闭环控制系统的特征。

简单应用：①开环控制系统的优缺点及适用场合；②闭环控制系统的优缺点及适用场合。

(3) 闭环自动控制系统的基本组成

识记：组成自动控制系统的各环节名称。

领会：组成自动控制系统的各环节作用。

简单应用：①能够绘制简单的自动控制系统示意框图；②能够分析、确定自动控制系统的输入量、输出量、反馈量、扰动量和中间变量。

(4) 自动控制系统的分类

识记：①自动控制系统的常见五种分类；②明确本课程所研究的控制系统类型。

领会：自动控制系统分类的依据。

(5) 控制系统的基本要求

识记：控制系统稳定性、准确性、快速性的含义及使用场合。

四、本章重点、难点

本章重点为开环控制系统和闭环控制系统的优缺点、自动控制系统的组成及示意框图、对控制系统的基本要求。

第 2 章　线性系统的数学模型

一、学习目的与要求

对于复杂控制系统进行定量分析与设计，一般就要建立数学模型，即描述系统运动规律的数学表达式。通过本章学习，要求学生领会拉普拉斯变换及其常用定理是求解线性微分方程的一种简便运算方法。领会微分方程与传递函数这两种数学模型间的关联性。识记典型环节的传递函数。掌握串联、并联和反馈连接的系统结构图变换方法。能够使用结构图化简或梅逊公式求取系统的闭环传递函数。

二、课程内容

2.1　引言

2.2　非线性微分方程的线性化

2.3　传递函数

2.4　控制系统结构图及其化简方法

2.5　信号流程图

2.6　基于 MATLAB 的控制系统仿真模型

三、考核知识点与考核要求

(1) 引言

识记：①物理模型；②数学模型。

领会：①系统的输入量与输出量；②列写控制系统微分方程数学模型的步骤；③控制系统的数学模型应该能够体现系统的稳定性、准确性和快速性。

简单应用：针对简单的电学、力学问题，建立描述其输入-输出运动规律的数学模型。

（2）非线性微分方程的线性化

识记：①小偏差法；②增量式的线性模型。

领会：对非线性系统进行线性化的工程实用价值。

简单应用：采用工作点处线性化的一般方法对非线性环节或系统进行线性化。

（3）传递函数

识记：①传递函数的定义；②特征方程；③阶数；④零点；⑤极点；⑥传递函数的零极点形式；⑦传递函数的时间常数形式；⑧六种典型环节（比例环节、积分环节、惯性环节、微分环节、振荡环节和延迟环节）的传递函数及对应特性。

领会：①传递函数学习和掌握的必要性；②传递函数定义中初始条件为零的必要性；③传递函数与微分方程的联系；④相似系统；⑤控制系统的多种部件与典型环节的联系。

简单应用：①传递函数各种形式的相互转换；②绘制传递函数对应系统的零极点分布图；③依据典型环节微分方程求取传递函数。

（4）控制系统结构图及其化简方法

识记：①控制系统结构图；②函数方框；③信号线；④比较点；⑤引出点；⑥环节的串联；⑦环节的并联；⑧反馈连接；⑨正反馈；⑩负反馈；⑪前向通道；⑫反馈通道；⑬前向通道传递函数；⑭开环传递函数；⑮闭环传递函数。

领会：①控制系统可以认为是由多个典型环节相互连接而组成；②控制系统的结构图是系统数学模型的一种图形化表示；③结构图等效变换原则。

简单应用：使用环节的串联、并联和反馈连接对控制系统结构图进行化简。

综合应用：复杂的系统结构图，通过移动比较点、引出点等方式进行化简。

（5）信号流程图

识记：①变量；②支路；③通道；④源节点；⑤汇节点；⑥混合节点；⑦开通道；⑧闭通道；⑨前向通道；⑩不接触回环；⑪支路传输或支路增益；⑫通道传输或通道增益；⑬回环传输或回环增益。

领会：①控制系统信号流程图的构成；②梅逊公式中变量与信号流程图间的对应关系；③系统结构图与系统信号流程图之间的对应关系。

简单应用：对于给出的控制系统结构图或信号流程图，能够通过使用梅逊公式求取对应的传递函数。

四、本章重点、难点

本章重点为线性定常系统传递函数的概念、典型环节的传递函数、控制系统的结构图及其化简方法、信号流程图与梅逊公式求取控制系统中两个变量间的传递函数。难点为依据控制系统结构图，采用等效变换的方式求出系统的传递函数；依据系统的信号流程图采用梅逊公式求取传递函数。

第 3 章　线性系统的稳定性和稳态特性分析

一、学习目的与要求

稳定性是控制系统能够正常工作的基本前提。通过本章学习，了解常用的典型输入信号，深刻领会稳定性的基本概念和研究稳定性的重要意义；领会线性定常系统的稳定性仅与系统闭环传递函数的极点（闭环特征根）的分布有关，线性定常系统稳定的充分必要条件；能够列写劳斯表，运用劳斯稳定判据进行线性定常系统稳定性判别；领会稳态误差分析的意义；掌握给定稳态误差传递函数和扰动稳态误差传递函数的概念；掌握控制系统结构类型的定义；掌握系统稳态误差与输入信号、系统结构类型和系统开环增益间的关系；掌握系统稳态误差的计算方法及求取公式。

二、课程内容

3.1　典型输入信号

3.2　控制系统的稳定性分析

3.3　劳斯稳定判据

3.4　控制系统的稳态误差分析

3.5　MATLAB 在线性系统稳定性及稳态性能分析中的应用

三、考核知识点与考核要求

（1）典型输入信号

识记：典型输入信号（阶跃函数、斜坡函数、抛物线函数、脉冲函数和正弦函数）的特点、数学表达式及拉普拉斯变换后对应的象函数。

领会：①系统输出信号的拉普拉斯变换等于传递函数与输入信号拉普拉斯变换的乘积；②输入信号设置很重要。

（2）控制系统的稳定性分析

识记：①稳定性的基本概念；②线性定常系统稳定的充分必要条件。

领会：线性定常系统稳定与否与系统极点分布的关系。

（3）劳斯稳定判据

识记：①系统的特征方程；②劳斯表；③劳斯稳定判据。

领会：①特征方程系数与特征根为负的关系；②列劳斯表可能出现的两种特殊情况。

简单应用：①应用劳斯稳定判据进行线性定常系统的稳定性判别；②确定线性定常系统稳定时的参数取值。

（4）控制系统的稳态误差分析

识记：①给定稳态误差；②扰动稳态误差；③控制系统的类型；④稳态位置误差系数；⑤稳态速度误差系数；⑥稳态加速度误差系数。

领会：①给定稳态误差与控制系统的结构、参数特性以及给定输入信号的性质有关；②使用拉普拉斯变换终值定理计算控制系统的稳态误差；③扰动稳态误差与控制系统的结构、参数特性以及扰动信号的性质有关；④给定稳态误差与稳态误差系数的关系。

简单应用：分析、计算控制系统的给定稳态误差。

综合应用：①复合输入信号下，控制系统的给定稳态误差的分析与计算；②存在扰动信号，系统实际输出偏离期望输出的分析与计算。

四、本章重点、难点

本章重点为劳斯稳定判据、给定稳态误差传递函数、扰动稳态误差传递函数、稳态误差系数及系统的稳态误差计算方法。难点为复合输入信号下，计算控制系统的稳态误差。

第 4 章　线性系统的动态时域分析

一、学习目的与要求

线性系统时域分析具有直观、准确的特点，能比较全面地提供系统时域响应的全部信息。通过本章学习，了解对线性系统进行动态时域特性分析的必要性。掌握典型输入信号，掌握控制系统时域响应的性能指标。了解一阶系统的时域响应特性，掌握二阶系统的时域响应特性，领会高阶系统的时域响应特性。

二、课程内容

4.1　控制系统时域响应的性能指标

4.2　一阶系统的动态响应

4.3　二阶系统的动态响应

4.4　高阶系统的动态响应

4.5　基于 MATLAB 的线性控制系统动态时域分析

三、考核知识点与考核要求

(1) 控制系统时域响应的性能指标

识记：①动态性能指标；②上升时间；③峰值时间；④调节时间；⑤最大超调量；⑥稳态性能指标。

领会：动态过程。

(2) 一阶系统的动态响应

识记：①一阶系统传递函数；②一阶系统的时间常数。

领会：①单位阶跃响应；②单位斜坡响应；③单位脉冲响应；④单位抛物线响应。

简单应用：一阶系统典型输入信号下的响应。

(3) 二阶系统的动态响应

识记：①二阶系统传递函数；②阻尼比；③无阻尼自然振荡角频率；④二阶系统特征根公式。

领会：①阻尼比取值影响二阶系统特征根在复数 s 平面的分布；②欠阻尼情况下二阶系统单位阶跃响应特性、动态性能指标。

简单应用：①已知二阶系统的传递函数，进行动态性能指标的分析与计算；②已知二阶系统的动态性能指标，确定对应的传递函数。

(4) 高阶系统的动态响应

识记：①高阶系统传递函数；②高阶系统特征根实部对系统稳定性的影响；③偶极子；④主导极点。

领会：①高阶系统的单位阶跃响应与一阶和二阶系统类似；②具有主导极点的高阶系统可以近似采用二阶系统的性能指标来估算动态性能。

四、本章重点、难点

本章的重点是控制系统单位阶跃响应的性能指标、二阶系统特征根的分布与阻尼比 ζ 的关联、欠阻尼情况下二阶系统单位阶跃响应的动态性能指标计算、高阶系统的单位阶跃响应是由一阶系统和二阶系统响应分量合成的。难点为二阶系统特征根实部和虚部对控制系统输出特性的影响。

第 5 章　线性系统的频域分析

一、学习目的与要求

频域分析法是研究线性定常系统的经典方法，频率特性不仅能够反映系统的稳态性能，而且还能用来研究系统的稳定性和动态性能，在工程实践中应用十分广泛。通过本章学习，识记频率特性、幅频特性、相频特性和最小相位系统等基本概念；掌握典型环节的极坐标图（奈奎斯特图）与对数幅频特性渐近线的绘制方法；掌握复杂系统频率特性绘制方法；能够应用奈奎斯特稳定判据对线性定常系统的稳定性进行判别；考虑系统参数变化以及外界干扰对系统稳定性的影响，领会稳定裕度的含义，掌握求取相角裕度 γ 和增益裕度 K_g 的计算公式。

二、课程内容

5.1　频率特性的基本概念

5.2　典型环节的频率特性

5.3　系统开环频率特性图

5.4　频率域稳定性判据

5.5　稳定裕度

5.6　闭环系统频率特性

5.7　基于 MATLAB 的线性控制系统频域分析

三、考核知识点与考核要求

（1）频率特性的基本概念

识记：①频率特性；②幅频特性；③相频特性；④实频特性；⑤虚频特性；⑥极坐标图（也称幅相频率特性图、奈奎斯特图）；⑦伯德图（也称对数频率特性图）。

领会：①传递函数与频率特性的联系；②频率特性的复指数形式；③伯德图采用半对数坐标表示的优点。

简单应用：依据传递函数确定控制系统的频率特性、幅频特性和相频特性。

（2）典型环节的频率特性

识记：①比例环节频率特性；②积分环节频率特性；③惯性环节频率特性；④微分环节频率特性；⑤振荡环节频率特性；⑥延迟环节频率特性；⑦转折频率。

领会：①描点法绘制典型环节的极坐标图；②典型环节伯德图中对数幅频特性渐近线斜率的确定；③典型环节低频段分贝数为零的含义。

简单应用：①典型环节极坐标图绘制；②典型环节伯德图绘制。

（3）系统开环频率特性图

识记：①多个典型环节串联而成的控制系统开环频率特性的求取（含幅频特性、相频特性）；②极坐标图绘制步骤（含关键点）；③伯德图绘制步骤（含低频段的对数幅频特性渐近线、转折频率）；④最小相位系统。

领会：①频率特性采用复指数形式表达的优越性；②相频特性的代数运算；③极坐标图

与负实轴交点坐标的求取；④伯德图低频段对数幅频特性渐近线的确定；⑤对于最小相位系统，对数幅频特性渐近线与相频特性之间存在着唯一的对应关系。

简单应用：①依据开环频率特性绘制控制系统的极坐标图、伯德图；②已知最小相位系统的对数幅频特性渐近线，确定对应的系统开环传递函数。

（4）频率域稳定性判据

识记：①开环传递函数中具有正实部极点的个数 P；②系统的奈奎斯特曲线逆时针包围（-1，j0）点的圈数 N；③闭环系统极点位于复数 s 平面右半部的个数 $Z=P-N$。

领会：①闭环系统稳定性与闭环极点具有正实部的关系；②开环极点、闭环极点与辅助方程零极点的关系。

简单应用：奈奎斯特稳定性判据判断低阶系统的闭环稳定性。

综合应用：奈奎斯特稳定性判据判断高阶系统的闭环稳定性。

（5）稳定裕度

识记：①剪切频率 ω_c；②相角裕度 γ；③相位穿越频率 ω_g；④增益裕度 K_g。

领会：控制系统相对稳定性研究的意义。

简单应用：低阶系统稳定裕度求取。

综合应用：高阶系统相对稳定性分析（计算求取剪切频率 ω_c；计算求取频率 $\omega_g(\varphi(\omega_g)=-180°)$；使用稳定裕度公式对控制系统的相对稳定性进行分析、计算）。

四、本章重点、难点

本章重点为频率特性、幅频特性和相频特性；多个典型环节串联系统极坐标图绘制、多个典型环节串联系统伯德图绘制；已知最小相位系统的对数幅频特性渐近线，确定对应的控制系统开环传递函数；依据控制系统开环传递函数，使用奈奎斯特稳定判据判断闭环系统稳定性；计算相角裕度 γ 和增益裕度 K_g，对控制系统的相对稳定性进行衡量。难点为奈奎斯特稳定判据的熟练掌握与运用。

第 6 章　线性系统的校正

一、学习目的与要求

通过本章学习，了解比例、比例微分、比例积分以及比例积分微分串联校正对系统稳定性和动态、稳态性能的影响；掌握串联校正中的相位超前校正和相位滞后校正的设计方法与设计步骤；领会串联相位滞后-超前校正的设计思想。

二、课程内容

6.1　校正的基本概念

6.2　线性系统的基本控制规律

6.3　常用串联校正及特性

6.4　期望特性串联校正

6.5　MATLAB 在线性控制系统校正中的应用

三、考核知识点与考核要求

（1）校正的基本概念

识记：①串联校正；②反馈校正。

领会：开环频率特性与系统性能的关系。

（2）线性系统的基本控制规律

识记：①比例控制规律；②积分控制规律；③微分控制规律；④比例积分控制规律；⑤比例微分控制规律；⑥比例积分微分控制规律。

领会：串联 PID 对线性系统基本控制规律的调整。

（3）常用串联校正及特性

识记：①相位超前校正；②相位滞后校正。

领会：①相位超前校正需要串联额外的增益；②相位超前校正可以提供的最大超前相角及其对应的频率；③相位滞后校正应用时应避免使用中频段滞后相角较大部分。

简单应用：定性分析控制系统采用串联校正可以实现的性能改善。

综合应用：①设计串联相位超前校正满足系统性能指标要求；②设计串联相位滞后校正满足系统性能指标要求。

（4）期望特性串联校正

识记：校正的数学本质。

领会：期望特性串联校正使用的限制。

四、本章重点、难点

本章重点为控制系统校正的概念、方法；串联相位超前校正改善系统的稳定裕度、动态特性；串联相位滞后校正通过高频衰减降低剪切频率，改善系统的稳定裕度；难点为设计串联相位超前校正或相位滞后校正，改善控制系统的性能。

第 7 章　非线性系统的分析

一、学习目的与要求

通过本章学习，领会非线性系统的基本概念、非线性系统自持振荡等特征；了解饱和特性、死区特性、间隙特性和继电器特性等非线性特性。掌握采用描述函数法对非线性系统进行近似，等效为一个线性系统，并应用线性系统理论中的频率特性法对非线性系统进行频域分析。了解相平面法，在非线性程度严重到使系统输出无法由基波分量近似表达，或输入不为正弦信号时，可以尝试利用相平面对低阶非线性系统进行分析。

二、课程内容

7.1　非线性系统的基本概念

7.2　常见典型非线性特性

7.3　描述函数法

7.4　相平面法

7.5　基于 MATLAB 的非线性系统分析

三、考核知识点与考核要求

（1）非线性系统的基本概念

识记：①非线性系统的稳定性；②非线性系统的自持振荡；③非线性畸变。

领会：①非线性系统的稳定性不仅取决于系统本身的结构和参数，而且与系统的初始状态有关；②非线性系统局部性质不能推广到全局。

（2）常见典型非线性特性

识记：①死区特性；②饱和特性；③间隙特性；④继电器特性。

领会：①非线性特性的分段函数描述；②非线性特性对系统性能的影响。

(3) 描述函数法

识记：①描述函数；②负倒描述函数。

领会：①采用描述函数法分析非线性系统特性的应用条件；②常见非线性特性的负倒描述函数幅相特性曲线绘制。

简单应用：非线性系统稳定性的分析、判别。

综合应用：分析非线性系统是否可以产生自持振荡，若可以，计算确定对应的自持振荡振幅和频率。

四、本章重点、难点

本章重点为常见典型非线性特性，描述函数法用于非线性系统的稳定性分析。难点为描述函数法判别非线性系统是否存在自持振荡，以及确定自持振荡时的振幅和频率。

第 8 章　采样控制系统的分析

一、学习目的与要求

近年来，随着计算机技术的迅速发展，以数字化技术为特征的采样控制系统得到了广泛的应用。通过本章学习，理解采样控制系统与前面连续控制系统的不同。领会采样开关、采样周期、采样过程、采样定理、单位脉冲序列、保持器和脉冲传递函数这些基本概念。掌握开环脉冲传递函数、闭环脉冲传递函数的求取方法。了解线性采样控制系统的稳定性分析方法和采样控制系统的代数稳定判据。

二、课程内容

8.1　采样控制系统的基本概念

8.2　采样过程和采样定理

8.3　采样控制系统的数学基础

8.4　脉冲传递函数

8.5　线性采样系统的稳定性分析

8.6　基于 MATLAB 的采样控制系统分析

三、考核知识点与考核要求

(1) 采样控制系统的基本概念

识记：①采样；②保持。

领会：采样控制系统具有的特点。

(2) 采样过程和采样定理

识记：①采样过程；②采样开关；③采样周期；④采样定理；⑤零阶保持器。

领会：①采样周期的选择非常重要；②零阶保持器的应用特点。

(3) 采样控制系统的数学基础

识记：① z 变换；② z 反变换；③差分方程。

领会：① z 变换实际是采样函数拉普拉斯变换的变形；②线性定常采样控制系统可以用差分方程进行描述。

简单应用：①连续时间函数离散化后的 z 变换；② z 反变换求取对应的离散时间函数。

(4) 脉冲传递函数

识记：①脉冲传递函数定义；②开环脉冲传递函数（含串联环节之间有采样开关、没有采样开关两种情况）；③闭环脉冲传递函数。

领会：①脉冲传递函数的性质；②采样开关位置不同，求出的开环脉冲传递函数也会不同；③求采样控制系统的闭环脉冲传递函数要根据采样开关的实际情况进行具体分析。

简单应用：求取采样控制系统的开环脉冲传递函数。

综合应用：依据采样控制系统的具体结构形式求取闭环脉冲传递函数。

（5）线性采样系统的稳定性分析

识记：①采样控制系统的稳定条件；②采样控制系统的稳定性判据。

领会：① s 平面和 z 平面的映射关系；②双线性变换；③ z 平面和 w 平面的映射关系。

简单应用：采样控制系统的代数稳定判据。

四、本章重点、难点

本章重点为采样控制系统脉冲传递函数这一数学模型的理解、掌握，包括开环脉冲传递函数和闭环脉冲传递函数的求取；采样控制系统的稳定性分析和代数稳定判据。难点为依据采样控制系统的结构图求取闭环脉冲传递函数。

Ⅳ. 关于大纲的说明与考核实施要求

一、自学考试大纲的目的和作用

课程自学考试大纲是根据专业自学考试计划的要求，结合自学考试的特点制定的。其目的是对个人自学、社会助学和课程考试命题进行指导和规定。

课程自学考试大纲明确了课程学习的内容以及其深广度，规定了课程自学考试的范围和标准。因此，它是编写自学考试教材和辅导书的依据，是社会助学组织进行自学辅导的依据，是自学者学习教材及掌握课程内容、知识范围和程度的依据，也是进行自学考试命题的依据。

二、课程自学考试大纲与教材的关系

课程自学考试大纲是进行学习和考核的依据，教材的内容是大纲所规定的课程知识和内容的扩展与发挥。课程内容在教材中可以体现一定的深度或难度，但在大纲中对考核的要求一定要适当。

大纲与教材所体现的课程内容应基本一致；大纲里面的课程内容和考核知识点，教材里要全部覆盖。反过来，教材里有的内容，大纲里就不一定体现。

三、关于自学教材

《自动控制原理（本）》，全国高等教育自学考试指导委员会组编，张慧妍主编，机械工业出版社出版，2024 年版。

四、关于自学要求和自学方法的指导

本大纲的课程基本要求是依据专业考试计划和专业培养目标而确定的。课程基本要求还明确了课程的基本内容，以及对基本内容掌握的程度。基本要求中的知识点构成了课程内容的主体部分。因此，课程基本内容掌握程度、课程考核知识点是高等教育自学考试考核的主要内容。

为有效地指导个人自学和社会助学，本大纲已指明了课程的重点和难点，在章节的基本

要求中一般也指明了章节内容的重点和难点。

本课程共 6 学分，其中包含 1 学分的实践环节。

根据学习对象为成人、在职、业余和自学等情况，建议学习本课程的自学应考者应充分发挥自身的优势，结合自己的社会阅历和职业经验以很好地理解吃透《自动控制原理（本）》全书 8 章的内容，全面系统地掌握自动控制原理的基本理论和基本方法，切忌在没有全面系统学习教材的情况下孤立地去抓重点。具体建议有以下几点：

1）本课程是在“高等数学（工本）”“电路分析”“信号与系统”等课程内容基础上进行的。因此，考生在学习本课程时，要注意对上述课程基础知识的复习，特别是“高等数学（工本）”中的积分、常微分方程部分。

2）本课程的实质是阐述一种反馈控制系统的分析方法。因此，考生要注意辩证唯物主义方法论的学习和掌握。要着重注意：分析思路、分析方法、主要结论及其物理含义，以及其在实际系统中的应用。

3）本课程涉及的数学分析较多，数学表达式及其解析分析方法之所以重要，是由于它能够科学而深刻地表达系统的物理过程和内在规律。因此，在自学时要特别注意搞清楚数学表达式的物理含义。只有掌握了系统内在的物理过程，才能对自动控制系统的性能分析有较为深入的理解。

4）考生自学过程中要领会本课程的着眼点不是控制系统的设计，而是控制系统的性能分析，要求定性分析与定量计算相结合。因此自学时更要注意自动控制原理在实际系统性能分析中的应用，并进而为自动控制系统性能的实现、改进与完善奠定必要的理论基础知识。

5）自动控制系统的工作原理和数学模型是进行系统性能分析的入门和基础，也是培养考生分析能力的一个重要方面。自动控制系统的稳定性、准确性和快速性分析比较重要，因此，安排了较多的学时，希望考生给予足够的重视。

6）控制系统性能分析和系统校正是自动控制原理应用的两个重要方面，其中性能分析部分是基础。系统性能指标需要根据控制系统所要完成的具体任务和要求提出，不能脱离实际。若系统不能满足所要求的性能指标，就要考虑对原系统增加一些必要的校正以满足所要求的性能指标。

7）控制系统的校正和离散控制系统是自动控制原理的重点和归宿，因此要求考生理解、掌握并能综合。因为这对考生今后从事的技术工作有着重要的指导意义。

8）通过自学去掌握一门具有较多理论、数学和实际系统应用知识的课程，是一个艰苦的攀登过程，不仅要刻苦钻研、反复练习，还要注意改进学习方法，更要有坚强的毅力和恒心。

9）下面介绍几条自学经验，供参考：

①学会翻书——先要把自学考试大纲和教材仔细翻阅一遍，了解这门课程的特点、要求和应用的数学工具，关注需要解决哪些原理与技术问题、采用的主要方法等，以对本课程有一个概括性的认识。而后针对教材目录部分，依据自学考试大纲进行不同层次要求的标注，以实现对课程框架的掌握，对自学教材每一部分在整个课程中的地位和作用有个初步的了解。“自动控制原理（本）”是一门系统性较强的课程，梳理章节内容建立框架是非常必要的。

②学会记录——课程中概念较多，自学过程中往往容易学前忘后，有效的办法是在理解

的基础上边看边记，可以先把摘要记录在草稿纸上，待一节（或一章）看完并弄懂后，再把所有的摘要与心得重新整理一下，整理成自己能一目了然的笔记。当然，这样做很辛苦并花工夫，但是这对理解并巩固所学知识是十分有效的。

③反复阅读——自学一般需要对章节内容从头看 3~4 遍才能把一章的内容顺利地看到底。这是因为新知识要与原有知识体系建立关联连接后才能真正理解与牢固掌握。前面的知识还未真正理解和掌握，与已有知识体系中知识点的区别与联系还没有弄明白，则会出现越看下去越搞不懂的状况。因此，自学时要不怕麻烦。通过反复阅读、复习以往所学内容，建立脉络清晰的多重关联连接，前面的内容搞懂了，基础牢固了，再继续学习新知识，就能够获得水到渠成的成就感。

④独立解题——解题的前提是已经理解、掌握相关章节的定义、定理和方法。解题需要从教材中提供的例题开始，先不看解题分析、解题过程和结果等信息。仔细审题，分析给出的已知信息与条件，思考需要前面学习过的哪些知识，这实际也是对前面学习过程的复盘。依据前面已经建立的多重关联连接，串联相关知识点，梳理解题思路。而后，再尝试从已知信息出发，写清步骤，逐步推进，完成例题求解。最后，通过与教材中提供的例题求解过程逐一对比，分析哪些知识点间的连接不够牢固，哪些知识点还未真正掌握，需要在后续注意改善。书未看透，不要急于解题。解题提倡冥思苦想，提倡多做多练。教材中的例题都掌握后，再尝试对教材中提供的思考题和习题进行解答练习。

⑤不断小结——学完一章后，要再回顾，总结一遍，并力求记住本章的主干内容、分析思路和重点概念的实际适用场景。

⑥“自动控制原理（本）”是一门专业基础课，也是一门实践性很强的课程，因此，自学应考者在学习中应注意实验技能的熟悉、掌握并与自动控制系统的分析、设计和改进等实践联系起来；在自学过程中加深领会教材的内容，并注意将知识转化为能力，培养与提高自己正确分析和解决控制领域基本问题的能力。

自学是一项艰苦的劳动，但通过自学掌握的知识却是牢固的，学问是在苦根上长出来的甜果。通过自考学习的能力培养，一些掌握了这种一步一个脚印、逐步递进的学习方法的考生，在今后各自的工作领域以及进一步深造过程中将会终身受益。

10）自学时间分配建议。对于本课程的 6 个学分，自学时间（包括阅读、笔记、例题演练、仿真实验和作业时间）约为 300 学时，建议分配如下：

章次	章名	自学时间/小时
1	自动控制系统概述	4
2	线性系统的数学模型	42
3	线性系统的稳定性和稳态特性分析	40
4	线性系统的动态时域分析	38
5	线性系统的频域分析	56
6	线性系统的校正	42
7	非线性系统的分析	40
8	采样控制系统的分析	38
总计		300

五、对考核内容的说明

1）本课程要求考生学习和掌握的知识点内容都作为考核的内容。“自动控制原理（本）”课程中各章的内容均由若干知识点组成，在自学考试中成为考核知识点。因此，课程自学考试大纲中所规定的考试内容是以分解为考核知识点的方式给出的。由于各知识点在课程中的地位、作用以及知识自身的特点不同，自学考试将对各知识点分别按四个认知层次确定其考核要求，这四个认知层次分别为识记、领会、简单应用和综合应用。

2）课程教材分为8章，分别为自动控制系统概述、线性系统的数学模型、线性系统的稳定性和稳态特性分析、线性系统的动态时域分析、线性系统的频域分析、线性系统的校正、非线性系统的分析、采样控制系统的分析，考试试卷中将包含8章的知识点。

六、关于考试命题的若干规定

1）本课程的考试方式为闭卷，笔试，满分100分，60分及格。考试时间为150分钟。考生可携带钢笔、签字笔、铅笔、橡皮、直尺、量角器、无记忆存储及通信功能的计算器（含有三角、对数函数计算功能）参加考试。

2）本课程在试卷中对不同能力层次要求的分数比例大致为：识记占20%，领会占30%，简单应用占30%，综合应用占20%。

3）要合理安排试题的难易程度，试题的难度可分为：易、较易、较难和难四个等级。必须注意试题的难易程度与能力层次有一定的联系，但二者不是等同的概念。在各个能力层次中对于不同的考生都存在着不同的难度。在大纲中要特别强调这个问题，应告诫考生切勿混淆。

4）课程考试命题的主要题型一般有单项选择题、填空题、简答题、读图题、结构图变换题、计算题和综合应用题等题型。

在命题工作中必须按照本课程大纲中所规定的题型命制，考试试卷使用的题型可以略少，但不能超出本课程对题型的规定。

为了让考生详细了解试卷的有关情况，附上题型举例，供参考。

附录　题型举例

一、单项选择题：在每小题列出的备选项中只有一项是最符合题目要求的，将其选出。

1. 传递函数这一概念适用的系统是（　　）。

A. 线性定常系统　B. 线性时变系统　C. 非线性定常系统　D. 非线性时变系统

2. 线性系统频域分析中，伯德图中的相频特性 $\varphi(\omega)=-180°$ 线，对应于极坐标上的（　　）。

A. 单位圆　B. 负实轴　C. -1　D. 原点

二、填空题

1. 普通洗衣机就是一个________环控制系统，其洗涤、漂清和脱水过程是根据设定时间依次进行的。

2. 采用比例微分环节对控制系统进行串联校正，从频率特性看，它将使系统的相角裕度变________。

三、简答题

1. 简述自动控制系统稳态性能分析的意义，并说明给定稳态误差与控制系统的结构类型、开环增益之间的关系是什么。

2. 简述什么是采样过程、采样开关，并说明采样周期是如何影响采样控制系统性能的。

四、读图题

1. 依据图 1 所示控制系统的结构图，列写对应此控制系统的前向通道传递函数表达式、开环传递函数的表达式和闭环传递函数的表达式，分析并说明此控制系统在满足什么条件的情况下为单位负反馈系统。

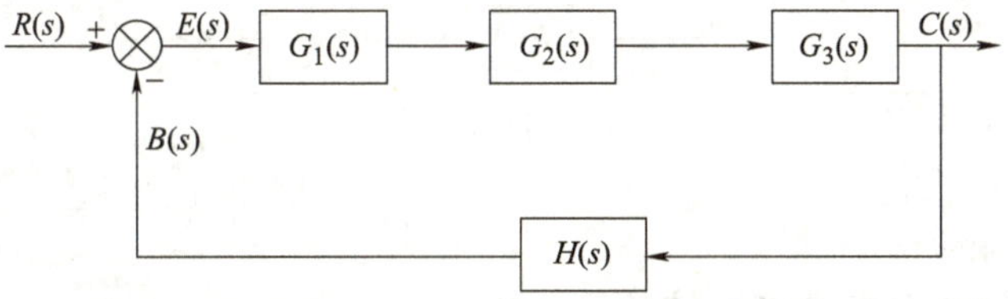

图 1

2. 依据如图 2 所示非线性系统的幅相特性图，分析说明 a、b 两个非线性系统的工作点稳定性如何，是否可能形成自持振荡。

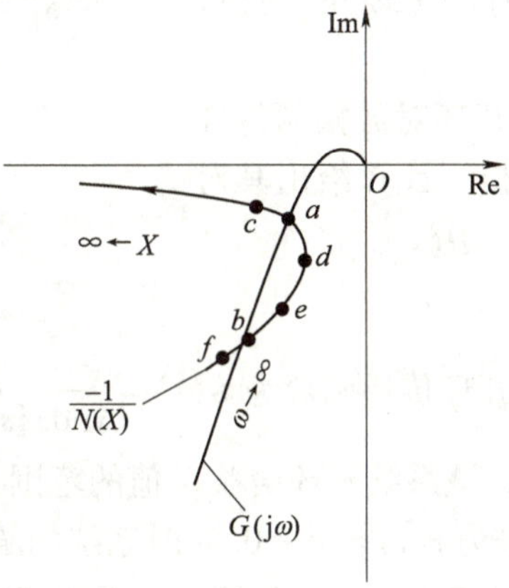

图 2

五、结构图变换题

1. 已知某控制系统的结构图如图 3 所示，试通过结构图变换进行化简方式求取该系统的传递函数 $\dfrac{C(s)}{R(s)}$。

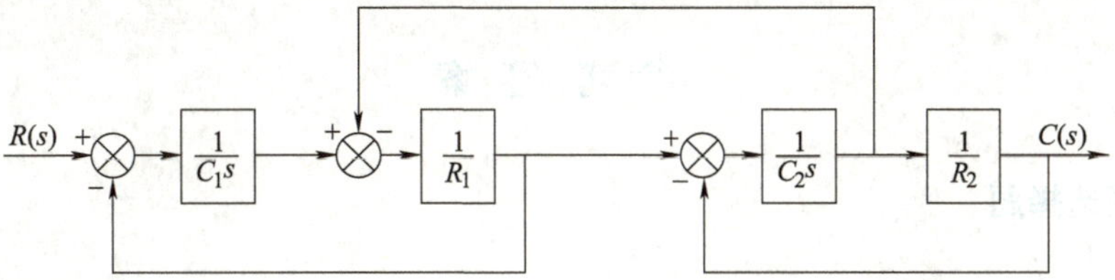

图 3

2. 已知控制系统的结构图如图 4 所示，试用梅逊公式求该系统的传递函数 $\frac{C(s)}{R(s)}$。

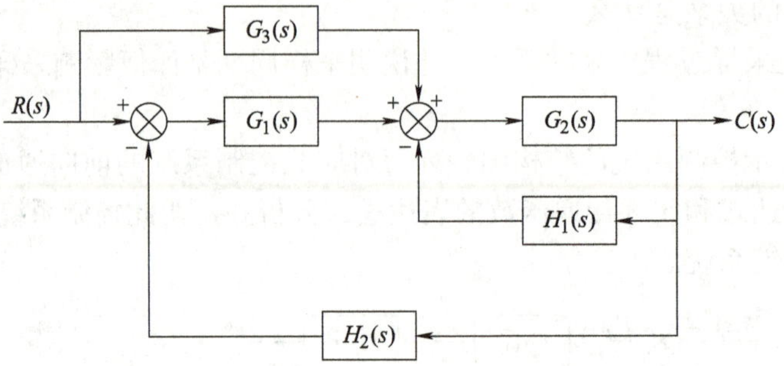

图 4

六、计算题

1. 已知二阶单位负反馈控制系统的开环传递函数为 $G(s)=\frac{\omega_n^2}{s(s+2\zeta)}$，其中 $\zeta=0.6$、$\omega_n=5\text{rad/s}$。当输入为单位阶跃信号时，试计算系统响应的最大超调量 M_p 和调节时间 t_s（5%的允许误差）。

2. 已知某最小相位系统的开环对数幅频特性渐近线如图 5 所示，试通过分析、计算给出其对应控制系统的开环传递函数 $G(s)H(s)$。

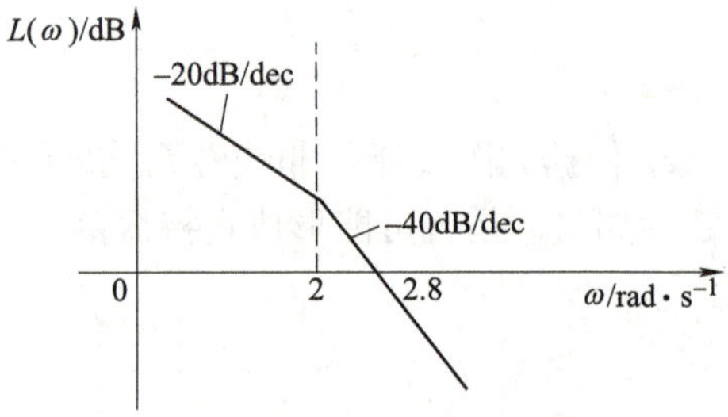

图 5

七、综合应用题

1. 已知单位负反馈系统的开环传递函数为 $G(s)=\frac{K}{s(0.1s+1)(0.5s+1)}$，试求出：

（1）控制系统闭环稳定时，该系统开环增益 K 值的范围。

（2）若 $K=10$，求输入信号为 $r(t)=1+0.5t$ 时系统的给定稳态误差终值 e_{sr}。

（3）若希望提高控制系统的稳态精度，采用增大系统开环增益 K 值的方法可行吗?

2. 已知最小相位系统的开环传递函数为 $G(s)H(s)=\frac{100}{s(0.1s+1)(0.01s+1)}$，试求出：

（1）控制系统的开环频率特性、开环幅频特性及开环相频特性。

（2）控制系统的相角裕度 γ，并判断系统的闭环稳定性。

（3）分析若系统的相角裕度不够大，采用什么措施能提高控制系统的相角裕度?

参 考 答 案

一、单项选择题

1. A

2. B

二、填空题

1. 开
2. 大

三、简答题

1. 参考答案：首先，稳态性能分析是针对稳定的自动控制系统而言，控制系统响应中的稳态分量能够反映系统的稳态性能，反映控制系统跟随给定量和抑制扰动量的能力和准确度。稳态性能的优劣，一般以稳态误差的大小来度量。给定稳态误差 e_{ssr} 与控制系统开环传递函数中串联的积分环节的总数 v（也就是控制系统的开环传递函数在复数 s 平面坐标原点处的重极点数）和开环增益 K 有关，若 v 越多，K 越大，则给定稳态误差越小，对应的稳态精度越高。但是 v 越多，K 越大，也带来控制系统稳定性可能恶化的风险，在实际应用中应综合考虑。

2. 参考答案：按照一定的时间间隔对连续信号进行采样，将其变换为在时间上离散的脉冲序列的过程称为采样过程。把连续信号转换为离散脉冲序列的装置称为采样开关。采样开关周期性闭合，采样开关每隔 T 时间闭合一次，则采样周期为 T。显然，采样周期 T 越小，即采样频率越高，对控制过程的信息便获取得越多，控制效果也会越好。但是采样周期 T 越小，将增加不必要的计算和存储负担，甚至没有多大实际意义。反之，采样周期 T 过大，获取信息不够充分，可能给采样控制系统带来较大的误差，降低系统的动态性能，甚至有可能导致整个采样控制系统失去稳定。

四、读图题

1. 参考答案：由图 1 可知，此控制系统前向通道由三个环节 $G_1(s)$、$G_2(s)$ 和 $G_3(s)$ 串联组成，其实际的输入信号为偏差信号 $E(s)$，输出信号为 $C(s)$；反馈通道为一个环节 $H(s)$，其输入信号为 $C(s)$，输出信号为 $R(s)$。

据以上分析，前向通道的传递函数为 $G_1(s)G_2(s)G_3(s)$

开环传递函数为 $G_1(s)G_2(s)G_3(s)H(s)$

由图 1 可知，$C(s)=[R(s)-H(s)C(s)]G_1(s)G_2(s)G_3(s)$

进而，整理可以获得此控制系统的闭环传递函数为

$$\frac{C(s)}{R(s)}=\frac{G_1(s)G_2(s)G_3(s)}{1+G_1(s)G_2(s)G_3(s)H(s)}$$

当 $H(s)=1$ 时，此控制系统为单位负反馈系统。

2. 参考答案：非线性系统的幅相特性图中线性部分的幅相特性 $G(\mathrm{j}\omega)$ 与非线性部分的负倒幅相特性 $-\frac{1}{N(X)}$ 相交，则非线性系统可能会产生周期运动，其振幅由 $-\frac{1}{N(X)}$ 在交点处对应的 X 值决定，频率则由 $G(\mathrm{j}\omega)$ 在交点处对应的频率 ω 值决定。

由图 2 可知，在图上 $G(\mathrm{j}\omega)$ 与 $-\frac{1}{N(X)}$ 有 a、b 两个交点，它们分别对应着具有两种频率和振幅的周期运动。对于交点 a，设其周期运动的振幅和频率分别为 X_a 和 ω_a，若存在某扰动因素使得周期运动的振幅大于 X_a，则对应地，工作点将依图 2 所示从 a 点移动到 c 点。由于 $G(\mathrm{j}\omega)$ 不包围 c 点，表明非线性系统在此范围内运行是稳定的，则周期运动振荡的幅值将随时间推移逐渐衰减并恢复到 X_a，即工作点返回到原工作点 a 处。反之，若存在某扰动

因素使得周期运动的振幅小于 X_a，则此时工作点将依图 2 所示从 a 点移动到 d 点。由于 $G(j\omega)$ 包围 d 点，非线性系统在此范围内运行是不稳定的，则周期运动振荡的幅值将随着时间推移逐渐增大并恢复到 X_a，即工作点返回到原工作点 a 处。可见，对于交点 a 所对应的周期运动是稳定的，即可以形成自持振荡。

同理，设定存在某扰动因素使得周期运动的振幅大于 X_b 或小于 X_b，用同样的方法进行分析可知，后续皆不能返回到原工作点 b 处。可见，交点 b 所对应的周期运动是不稳定的，即不能形成自持振荡。

五、结构图变换题

1. 参考答案：首先由控制系统结构图 3 可知，系统存在交错环节，不能直接使用常规的环节的串联、并联和反馈连接进行化简，需要通过引出点移动、比较点移动解开交错环节，如下图所示。

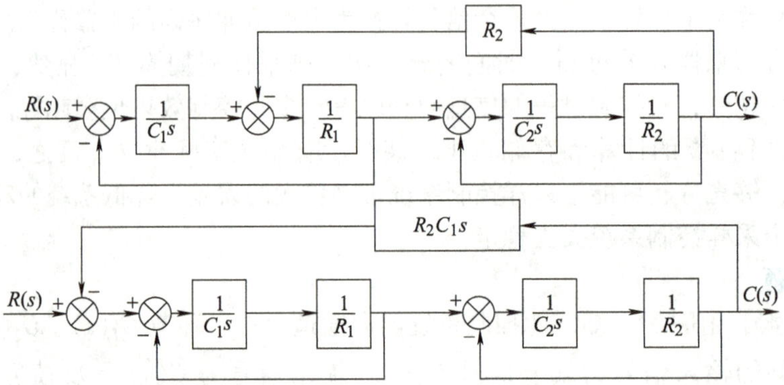

结构图变换题 1 答案图

通过以上引出点向输出端移动、比较点向输入端移动后，交错环节解开。再通过环节的串联和反馈，化简控制系统的结构图，得到系统传递函数为

$$\frac{C(s)}{R(s)}=\frac{1}{C_1R_2s+(1+C_1R_1s)(1+C_2R_2s)}=\frac{1}{C_1C_2R_1R_2s^2+(C_1R_1+C_2R_2+C_1R_2)s+1}$$

2. 参考答案：首先将图 4 所示控制系统结构图转化为信号流程图，如下图所示。

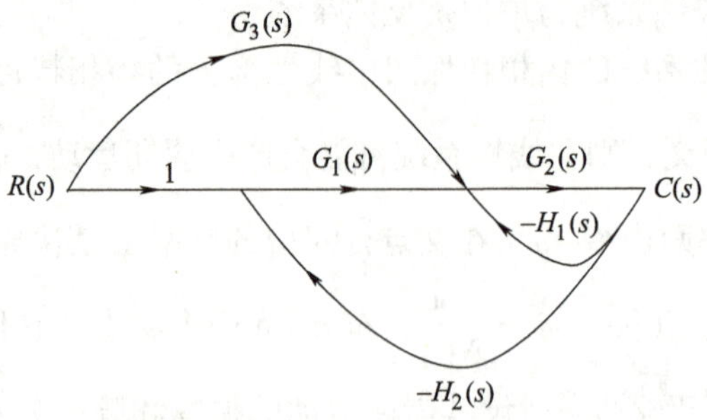

结构图变换题 2 答案图

而后再应用梅逊公式求取控制系统的传递函数。

由信号流程图可知，系统从源节点 $R(s)$ 到汇节点 $C(s)$ 之间，只有两条前向通道，其传输分别为 $P_1 = G_1(s)G_2(s)$、$P_2 = G_3(s)G_2(s)$。

此控制系统有两个回环，其传输之和为

$$\sum L_1 = -G_2(s)H_1(s) - G_1(s)G_2(s)H_2(s)$$

这两个回环之间有公共节点，因此不存在互不接触的回环。

于是，控制系统的信号流程图的特征式为

$$\Delta = 1 - \sum L_1 = 1 + G_2(s)H_1(s) + G_1(s)G_2(s)H_2(s)$$

两个前向通道 P_1、P_2 均与回环接触，有公共节点，去除接触的回环后，对应的余子式为

$$\Delta_1 = 1, \Delta_2 = 1$$

最后，根据梅逊公式，可以求得控制系统的传递函数为

$$\frac{C(s)}{R(s)} = \frac{G_1(s)G_2(s) + G_3(s)G_2(s)}{1 + G_2(s)H_1(s) + G_1(s)G_2(s)H_2(s)}$$

六、计算题

1. 参考答案：根据已知条件可以求得该系统的闭环传递函数为 $\dfrac{C(s)}{R(s)} = \dfrac{\omega_n^2}{s^2 s + 2\zeta\omega_n s + \omega_n^2}$，其中 $\zeta\omega_n = 0.6 \times 5\text{rad/s} = 3\text{rad/s}$，$\sqrt{1-\zeta^2} = \sqrt{1-0.6^2} = 0.8$，最大超调量 $M_p = \exp(-\pi\zeta/\sqrt{1-\zeta^2}) \times 100\% = \exp(-0.6\pi/\sqrt{1-0.6^2}) \times 100\% = 9.5\%$。

对于5%的允许误差，调节时间 t_s 为

$$t_s = \frac{3}{\zeta\omega_n} = \frac{3}{3}\text{s} = 1\text{s}$$

2. 参考答案：对于最小相位系统来说，因为控制系统对数幅频渐近线的低频渐近线的斜率为-20dB/dec，表明此系统的传递函数中串联了一个积分环节。由于对数幅频渐近线为分段折线，本例中在 $\omega = 2\text{rad/s}$ 处，斜率从-20dB/dec 变为-40dB/dec，斜率变化为-20dB/dec，对应串联了一个惯性环节。

因此，设控制系统的传递函数为 $G(s)H(s) = \dfrac{K}{s(\tau s + 1)}$，则易知 $\tau = 0.5$。

此外，由图可知，$\dfrac{20\lg\dfrac{K}{\omega}\Big|_{\omega=2}}{\lg 2.8 - \lg 2} = 40$，可以计算得出 $K = 3.92$，则此控制系统的开环传递函数为

$$G(s)H(s) = \frac{3.92}{s(0.5s + 1)}$$

七、综合应用题

1. 参考答案：

（1）依据已知条件，此系统的闭环传递函数为

$$\frac{C(s)}{R(s)} = \frac{K}{s(0.1s+1)(0.5s+1)+K} = \frac{K}{0.05s^3 + 0.6s^2 + s + K}$$

其特征方程为 $D(s) = 0.05s^3 + 0.6s^2 + s + K = 0$

对应地列出劳斯表

s^3	0.05	1
s^2	0.6	K
s^1	$0.6-0.05K$	0
s^0	K	

根据劳斯稳定判据，要使控制系统稳定，劳斯表第一列应为正数，即

$$0.6-0.05K>0$$

$$K > 0$$

则有 $0<K<12$ 时，系统闭环稳定。

（2）由已知条件可知，控制系统的静态位置误差系数：

$$K_p = \lim_{s\to 0} G(s) = \lim_{s\to 0} \frac{10}{s(0.1s+1)(0.5s+1)} = \infty$$

控制系统的静态速度误差系数：

$$K_v = \lim_{s\to 0} sG(s) = \lim_{s\to 0} s\frac{10}{s(0.1s+1)(0.5s+1)} = 10$$

则控制系统的给定稳态误差终值：

$$e_{sr} = \frac{1}{1+K_p} + \frac{0.5}{K_v} = 0.05$$

（3）由（1）、（2）的结果分析可知，稳态精度的大小与控制系统的开环增益 K 有关。增大系统的开环增益，则对应的稳态精度越高。但是，考虑控制系统的稳定性对 K 的限制条件，通过提高开环增益 K 实现对控制系统稳态精度的提高是有约束的。因此，若希望提高控制系统的稳态精度，采用增大系统开环增益 K 值的方法可以，但有一定的提高限制，必要时可以考虑采用其他校正措施以提高控制系统的稳态精度。

2. 参考答案：

（1）令 $s=j\omega$，则由控制系统的开环传递函数可得：

开环频率特性为 $$G(j\omega) = \frac{100}{j\omega(0.1j\omega+1)(0.01j\omega+1)}$$

开环幅频特性为 $$A(\omega) = \frac{100}{\omega(\sqrt{(0.1\omega)^2+1}\sqrt{(0.01\omega)^2+1})}$$

分析此控制系统由四个典型环节构成，分别是比例环节 100，对应的相频特性为 0°；积分环节对应的相频特性是−90°；两个惯性环节由于转折频率不同，对应的相频特性分别为$-\arctan 0.1\omega$ 和$-\arctan 0.01\omega$，则该控制系统的开环相频特性为

$$\varphi(\omega) = 0° - 90° - \arctan 0.1\omega - \arctan 0.01\omega$$

（2）依据求取控制系统相角裕度的公式 $\gamma = 180° + \varphi(\omega_c)$ 可知，要求取系统的相角裕度 γ，需要先求取剪切频率 ω_c。

依据定义可知 $A(\omega_c)=\dfrac{100}{\omega_c\left(\sqrt{(0.1\omega_c)^2+1}\sqrt{(0.01\omega_c)^2+1}\right)}=1$，可以求得 $\omega_c\approx$ 31.6rad/s（也可以使用过伯德图0分贝线的方式近似求取）。

代入求相角裕度 γ 的公式，有

$$\begin{aligned}\varphi(\omega_c)&=-90^\circ-\arctan 0.1\omega_c-\arctan 0.01\omega_c\\&=-90^\circ-\arctan 3.16-\arctan 0.316(\text{计算结果取}-180^\circ)\end{aligned}$$

$$\gamma=180^\circ+\varphi_0(\omega_c)=180^\circ-180^\circ=0^\circ$$

此系统为最小相位系统，相角裕度 $\gamma=0^\circ$ 表明控制系统处于临界稳定。考虑一些未建模因素及实际运行过程中可能存在的扰动因素，此控制系统在实际中很可能是不能稳定运行的。

（3）可以采用以下措施提高控制系统的相角裕度：如串联超前校正装置；串联滞后校正装置；增加串联滞后-超前校正装置；控制系统增加开环零点，也就是串联一个比例微分环节等。

大 纲 后 记

《自动控制原理（本）自学考试大纲》是根据《高等教育自学考试专业基本规范（2021年）》的要求，由全国高等教育自学考试指导委员会电子、电工与信息类专业委员会组织制定的。

全国考委电子、电工与信息类专业委员会对本大纲组织审稿，根据审稿会意见由编者做了修改，最后由电子、电工与信息类专业委员会定稿。

本大纲由北京工商大学张慧妍副教授担任主编，北京工商大学乔继红副教授、北京中教启星科技股份有限公司孟宪会高级工程师和北京工商大学李一凡参加编写；参加审稿并提出修改意见的有上海交通大学鲍其莲副教授、东北电力大学安军教授。

对参与本大纲编写和审稿的各位专家表示感谢。

全国高等教育自学考试指导委员会
电子、电工与信息类专业委员会
2023 年 12 月

全国高等教育自学考试指定教材

自动控制原理（本）

全国高等教育自学考试指导委员会　组编

编 者 的 话

本书是根据全国高等教育自学考试指导委员会最新制定的《自动控制原理（本）自学考试大纲》编写的自学考试指定教材。

本书适应新时代需求，侧重应用，利于自学应考者的自学和辅学，力求把知识的传授与能力的培养结合起来。按照自学考试人才培养精神，本书内容在兼顾符合本学科基本要求的同时，又具有强调基础性、注重实用性和易于实践等特性，满足社会需要的目标要求。为了帮助自学应考者系统地掌握自动控制原理的基本知识、基本理论和技术方法，达到普通高等教育一般本科院校的水平，在编写过程中，针对课程的特点，采用由浅入深、层层递进的方式，突出基本概念、原理和方法，同时注意强化理论在工程实践中的应用。

本书系统介绍了自动控制原理的基本概念、理论和方法，共分 8 章，内容包括：第 1 章自动控制系统概述，第 2 章线性系统的数学模型，第 3 章线性系统的稳定性和稳态特性分析，第 4 章线性系统的动态时域分析，第 5 章线性系统的频域分析，第 6 章线性系统的校正，第 7 章非线性系统的分析，第 8 章采样控制系统的分析。章前有内容提要，章后有本章小结和思考题。由于自动控制原理比较抽象，初学者通常不易接受、掌握，因此，本书还配有 PPT 课件、思考题解答等数字资源，以便自学应考者理解和巩固相关知识。

本书由北京工商大学张慧妍副教授担任主编，乔继红副教授、孟宪会高级工程师和李一凡参加编写，每章均制作了配套数字资源。

上海交通大学鲍其莲副教授和东北电力大学安军教授负责全书的审定工作，对书稿提出了许多宝贵的建议，在此表示衷心感谢。

限于编者的水平，书中难免有不妥之处，恳请广大读者批评指正。

编 者

2023 年 12 月

第1章　自动控制系统概述

内容提要：本章主要介绍自动控制系统的基本概念，开环控制和闭环控制的工作特点，给出自动控制系统的基本组成、分类、术语和对控制系统进行稳定性、准确性、快速性分析的三个基本要求。概要介绍了自动控制的发展历程，并举例说明闭环控制具有自动修正输出量偏离参考输入的能力。

1.1　引言

自动控制原理的应用对于提高生产率和产品质量、降低生产成本、改善工作条件具有重要意义。

通过控制原理的学习，研究自动控制系统的主要运动规律、探索合理改变这种运动规律的科学方法，为实现节能降耗、绿色环保和改善生活质量等目的提供理论基础和可能途径。作为现代工程技术人员和科学工作者，掌握一定的自动控制原理知识是大有裨益的。

自动控制思想起源很早，可以追溯到古代水钟，根据等时性原理滴水记时，类似沙漏计时，利用特殊容器记录把水漏完的时间。这是一种具有朴素的反馈控制思想的计时器。我国古代劳动人民研发的具有辨识和指示方向功能的指南车，被英国的科学技术史研究者李约瑟博士称为“人类历史上迈向控制论机器的第一步”。

自动控制技术的广泛应用开始于欧洲的工业革命时期。在工业、农业、交通运输和军事领域中，所谓自动控制，就是在没有人直接参与的情况下，采用物理装置对生产设备或（和）工艺过程进行自动的调节与合理控制，使之按照一定的规律变化。自动控制系统就是为实现某一控制目标对所需要的所有物理部件进行有机组合。应用自动控制技术将有助于提高劳动生产率，改进产品质量，降低劳动成本以完成预期目标。因此，自动控制已经成为现代社会活动中不可或缺的重要组成部分。

18世纪（1788年）英国人瓦特（Watt）在他发明的蒸汽机中利用小球离心调速器解决了蒸汽机转速恒定控制问题，实现了机器大生产。调速蒸汽机作为动力被广泛使用更是成为了第一次工业革命的标志，并引起人们对自动控制技术的重视。19世纪（1868年）麦克斯韦（Maxwell）通过对调速系统线性常微分方程的研究，开辟了使用数学方法研究控制系统稳定性的途径。

直到20世纪，自动控制理论相关内容才真正发展起来。例如，1920年赫维赛德（Heaviside）在进行无线电研究过程中首先引入拉普拉斯变换、傅里叶变换和表征声强比单位的分贝。1921年，米诺尔斯基（Minorsky）参与在新墨西哥号战列舰上安装和测试自动转向系统工作，结合该项工作，撰写了一篇有关比例积分微分（PID）控制的论文，并首次用解析方法分析了PID控制的稳定性问题。1927年贝尔实验室工程师布莱克（Black）提出了负反馈放大器理论。针对负反馈放大器的振荡问题给其实用化带来了难以克服的麻烦，奈奎斯特（Nyquist）等人介入，对控制系统稳定性进行研究，并于1932年提出了著名的奈奎斯特稳定判据。1934年布莱克发表了《稳定的反馈放大器》这一经典文章，参考了奈奎斯特的论文和他的稳定判据。这一时期，贝尔实验室的另一位理论专家伯德（Bode）也和一些数学家开始对负反馈放大器的设计问题进行研究。1940年，伯德在其经典论文中提出引入半对数坐标系，采用幅值裕度和相角裕度等相对稳定性概念来设计负反馈放大器，使得频域分析法更加适用于工程应用。

此后，进入第二次世界大战，出于对更快速度和更高精度的武器研发要求，各国投入了大量的人力、物力，同时借助数学方面的成果，自动控制原理获得快速发展。1945年伯德提出图解法用于分析和综合反馈控制系统，形成了控制理论中的频域分析法。1948年维纳（Wiener）的奠基性著作《控制论》出版，成为控制论诞生的一个标志，对控制理论做了系统的阐述。控制论的诞生被称为20世纪最伟大的科学成就之一，维纳对反馈概念进行推广，把反馈理解为从受控对象的输出中提取一部分信息作为下一步输入，从而对输出再发生影响的过程。巴甫洛夫条件反射学说证明了生命体中也存在着信息和反馈问题。同一时期，伊文思（Evans）提出了根轨迹法，进一步丰富了以单变量线性系统为对象的经典控制研究方法。

1954年我国科学家钱学森出版了《工程控制论》一书，标志着工程控制论的创立，为我国科学家推动控制论发展科学思想的重要代表性著作。1956年贝尔曼（Bellman）等人提出了状态分析法这一现代控制理论的标志性方法，为20世纪60年代以后开始研究的高性能、高精度和多耦合的多变量系统的分析与设计提供了支撑。

20世纪70年代末我国学者韩京清等人提出线性控制系统的构造性方法，指出不管是线性系统还是非线性系统，其动态关系在一定条件下通过状态变换和反馈，都可化为所谓积分器串联型。后续，韩京清创建了自抗扰控制（ADRC）技术，采用时间尺度、控制能力范围等物理意义明显且容易获取的信息进行控制系统设计。20世纪80年代沃伯斯（Paul J. Werbos）首次提出了自适应动态规划（ADP），该方法是由人工智能和控制领域知识交汇形成的，适合于解决复杂非线性系统优化控制。近年来，随着强化学习、深度强化学习的发展，研究人员发现其与传统控制方法相结合，可以使模型更加快速地收敛或者使用更少的数据，功能更加强大。中国载人航天工程从1992年开始正式获批实施，到2022年末，中国空间站全面建成，控制理论在其中发挥了巨大的作用。

目前，控制理论与信息学、计算机技术和数据科学的融合越发紧密。在数学基础、仿真工具和领域需求等多方面因素的推动下，控制理论的应用已经不限于传统的生产加工、机器人搬运、导弹发射、空间探测和海底探索等范围。生命健康领域的胰岛素注射、人工心脏起搏器等需要精准控制的需求都对控制理论的发展与应用具有积极的推动意义；能源环境领域的光伏、风力等绿色能源的使用也迫切需要控制理论的加入以促进其健康、广泛的可持续发展。此外，经济、管理、法律、网络传播和生态环保等领域也越来越多地借鉴控制理论的相关概念和方法，以实现对领域内工作进行定性和定量的分析与研判。

党的二十大主要目标指出，未来五年是全面建设社会主义现代化国家开局起步的关键时期。因此，科技自立自强能力需要显著提升。结合我国将进行的大载荷火箭、深空探测和星座组网等项目，控制理论与技术大有可为。

自动控制原理的核心是控制理论，它是控制工程基础的重要组成部分。随着对控制理论的重视和深入发展，人们越发认识到学科基础的重要性。自动控制原理为现代自动化和科技发展提供了基础理论和技术支持，必将为有力推动社会主义生产力和创新力的发展，提高人民生活水平和生命质量，促进人类社会的可持续、和谐发展做出更大的贡献。

1.2　开环控制系统和闭环控制系统

系统是由一些相互联系、相互制约的环节或部件组成具有特定功能的整体。控制系统一般由控制装置（控制器）和被控对象所组成。在控制系统中，控制器接收信息后按照一定规则产生相应的控制作用去操纵被控对象，使控制系统输出量符合预期的规律或性能要求。

一般根据控制系统结构特点，可将自动控制系统分为开环控制系统和闭环控制系统两种基本形式。

1.2.1　开环控制系统

为了说明自动控制系统的结构特点和工作原理，下面以生活中熟悉的炉温加热系统为例进行分析。

图 1-1 所示是一个常见的电炉箱加热开环控制系统，电阻丝通电后开始加热，热扩散后使得电炉箱内温度升高。改变电阻丝两端的电压 U_c 控制电能转化为热能，进而可以控制电炉箱内的温度。通常，依据需要进行热加工工件要求的工艺温度 T_g，控制电炉箱实际温度 T_c 达到预期的温度 T_g。设计过程中通过令 $T_g=T_c$，反推出变压器输出 U_c 对应的值，就可以近似地达到温控目的。

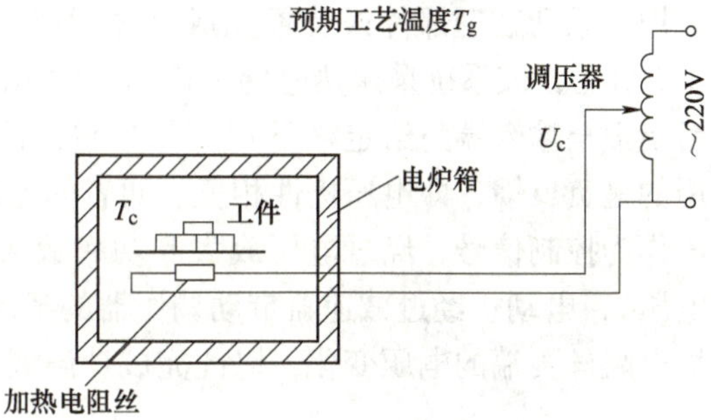

图 1-1　电炉箱加热开环控制系统

图 1-2 所示结构示意图表示了该系统输入量和输出量之间的作用关系，这是一种典型的开环控制系统结构示意图。

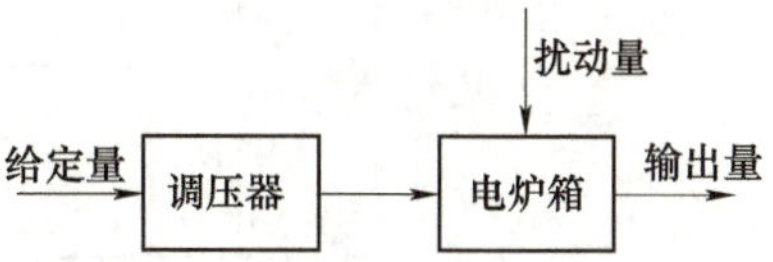

图 1-2　电炉箱加热开环控制系统结构示意图

可见，开环控制是一种最简单的控制方式，其特点是输入量对输出量之间只有单方向的控制作用，即输出量没有参与系统的控制。在开环控制系统中，每一个输入量对应一个输出量，系统结构比较简单，稳定性好，成本也低，这是开环控制的优点。由于输出量和输入量之间的关系固定，控制精度要求不高且内部参数、外部负载等扰动因素不大，或扰动因素产生的误差可以预先确定并能进行补偿时，应尽量选择开环控制系统。

例如，普通洗衣机就是一个开环控制系统，其浸泡、洗涤、漂洗和脱水通常都是依据设定的时间程序依次进行，输出量（衣服洁净程度、脱水程度等）不需要量测，就可以满足一般家庭的衣物洗涤需求。

开环控制的缺点是控制过程受到各种扰动因素影响时，将会直接影响输出量，且系统不能自动进行补偿。

1.2.2 闭环控制系统

炉温控制系统在实际运行过程中会不可避免地存在扰动，例如，打开炉门送、取工件时散热，供电网正常波动会使得炉温产生波动变化等，而且这种变化通常是无法预先确定的。因此，在工艺要求保持炉温恒定的精度较高时，开环控制常常无法自动调控以达标，必须采用闭环控制。

所谓闭环控制的思想就是通过量测实际输出量，即实际温度 T_c，将其与期望输出量，即预期工艺温度 T_g 进行比较，而后根据偏差的大小和方向来调整变压器输出电压值 U_c。进而，实现调整实际电炉温度，达到使实际输出量 T_c 高精度地逼近期望输出量 T_g 的目的。系统运行过程中，通过这种发现偏差进行调整以减小偏差的机制来保证输出量的恒定。早期的一些工厂由工人检测偏差，通过大脑对需要调节变压器的方向和幅度进行判断，进而进行手动操作。这样，只要电炉箱的实际温度偏离期望的设定值，工人就要重复上述调节过程，虽然通过人工实现了闭环控制，达到抑制扰动量的目的，但是工作枯燥、劳动强度较大。

随着技术和设备的发展，使用机器设备替代人的思想应运而生。如图 1-3 所示系统，就是采用一系列物理部件或装置完成上述功能，实现对炉温自动闭环控制的结构示意图。由图 1-3 可见，该系统采用热电偶来检测电炉箱的温度，并将检测的炉温转换为电压信号 U_{fc}，然后反馈至输入端与给定电压 U_g（期望输出温度 T_g 对应转换的电压信号）进行比较，这里采用的是负反馈，即电压极性相反，两者的差值 ΔU 称为偏差电压（$\Delta U=U_g-U_{fc}$）。此偏差电压作为控制信号，经过电压放大和功率放大后，去驱动直流伺服电动机（控制电动机电枢电压），电动机经过减速器带动调压器的滑动端，进而调节变压器输出电压 U_c，使得加在电炉电阻丝两端的电压变化，以此完成炉温调节任务。

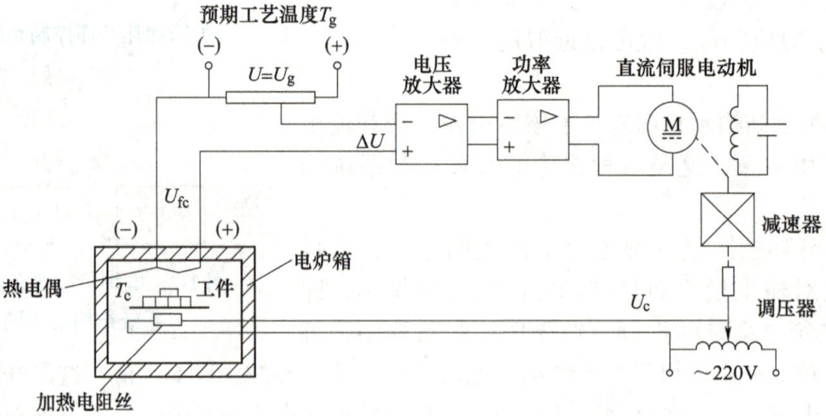

图 1-3　电炉箱加热闭环控制系统

假设由扰动因素作用（如电网电压波动使得交流 220V 供电电压下降）导致实际炉温偏低，使得转换的电压信号呈现 $\Delta U=U_g-U_{fc}>0$，此时偏差为正。偏差电压经过电压放大和功率放大后，通过直流伺服电动机驱动“机械臂”调整变压器滑动端，使输出电压 U_c 增大。这样，由于电阻丝两端电压增大、电流增大、实际的炉温输出量 T_c 上升，热电偶检测温度对应的转换电压信号 U_{fc} 也增大，直到 $U_g=U_{fc}(\Delta U=0)$ 为止。表明实际炉温 T_c 通过这一系列调节恢复到等于给定的期望输出量 T_g 数值，即 $T_c=T_{fc}=T_g$，自动调节过程结构示意图如图 1-4 所示。

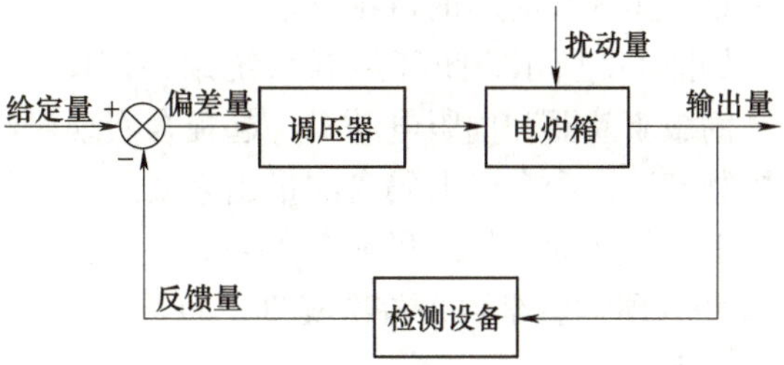

图 1-4　电炉箱加热闭环控制系统结构示意图

由以上分析可知，这种结构通过对系统的实际输出量进行检测，而后反馈到输入端与给定期望值进行比较形成偏差，依据偏差量的大小及正负，再进行相应调节的思路相对于开环控制，能够提高系统输出精度并具有抵御干扰的能力。

此例也表明，自动控制和人工控制类似，自动控制系统不过是将一些装置通过有机组合在一起，替代人的监测功能和执行调节的功能而已。自动控制的任务实际上就是克服扰动量的影响，使系统按照给定量所设定的规律运行。

图 1-5 为典型闭环控制系统结构图，描述了该系统的输入量、输出量和反馈量之间的关系，可见这种具有输出量反馈回输入端的闭环结构能够抑制干扰对输出量的影响。

闭环控制系统通过将检测出来的输出量送回系统的输入端，并与输入信号比较形成闭环回路，让输出量参与系统的控制以具有抗干扰的能力。闭环控制的实质就是利用负反馈的作用来减小系统的误差，因此闭环控制又称为反馈控制。

再举一个闭环控制的例子，如图 1-6 所示，一个一级倒立摆系统，摆杆质量为 m，摆杆长度为 l。倒立摆安装在小车上，小车质量为 M，并且这里仅考虑倒立摆沿着导轨水平运动。希望摆杆保持垂直状态，即与垂直轴的期望偏角 $\theta_g=0$。然而实际运行中系统不可避免地受到各种扰动，如气流涌动等，使得摆杆难以保持垂直，即存在 $\theta\neq\theta_g=0$，摆杆不时地发生左右倾斜。可见，这是一个典型的不稳定系统，与火箭发射及机器人关节运动有很多相似之处。因此，探索施加外力 F 使倒立摆沿着导轨 X 运动以保持摆杆的动态稳定，即摆杆与垂直轴的偏角 $\theta\to0$，其研究成果在航空航天和机器人方面具有广阔的应用前景。

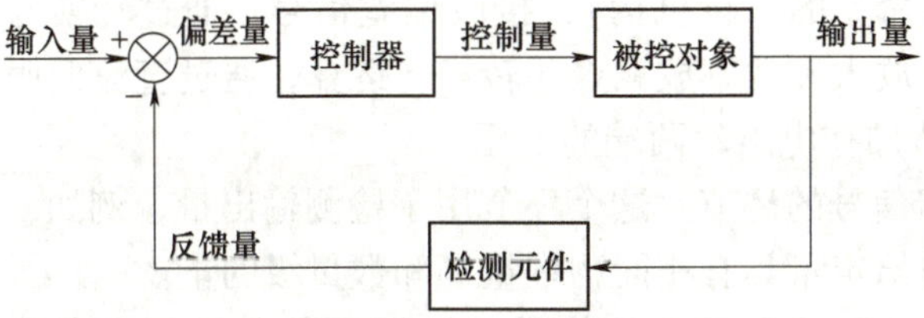

图 1-5　典型闭环控制系统结构图

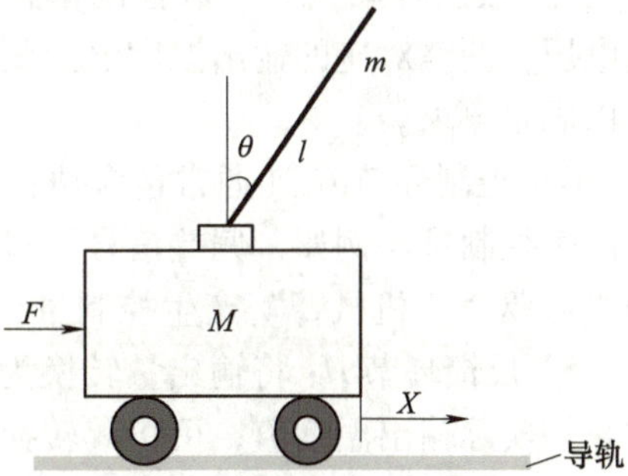

图 1-6　一级倒立摆系统结构示意图

理论上依据观察偏角的方向和大小，通过及时施加合适方向和大小的外力 F 可以进行相应的调控，以确保摆杆保持近似的垂直状态。然而依据生活经验，这一闭环系统采用人工控制难以实现长时间的持续稳定。

如图 1-7 所示，闭环控制系统结构简图包含一个角度测量元件——光电码盘，与控制器、伺服驱动器和伺服电动机一起配合实现对倒立摆的自动闭环调控。通过合理的机械装置和控制算法，配合光电码盘测量出来实际的一级倒立摆偏角 θ，与期望值 θ_g 形成偏差，进而实现消除偏差的目的。目前一级倒立摆的长时间平衡控制已经成为控制领域的入门级问题。2002 年我国学者李洪兴首次实现了世界上第一个四级倒立摆实物控制，有兴趣的读者可以关注一下。

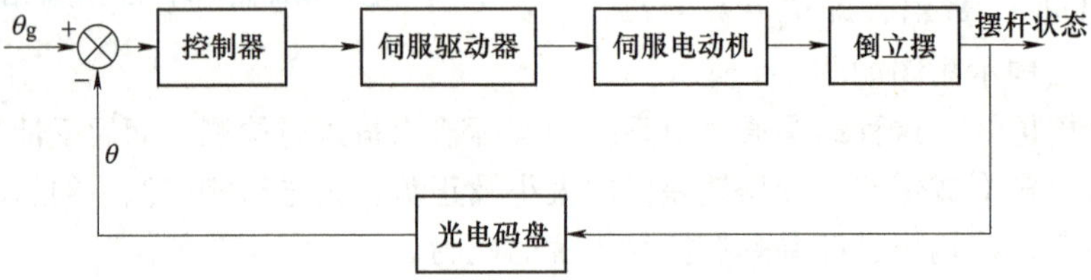

图 1-7 一级倒立摆闭环控制系统结构简图

1.3 闭环自动控制系统的基本组成

自动控制原理主要研究的是闭环控制系统，根据控制对象和使用元件的不同，自动控制系统有各种不同的形式，但是概括起来，一般闭环控制系统均由如图 1-8 所示的基本环节组成。

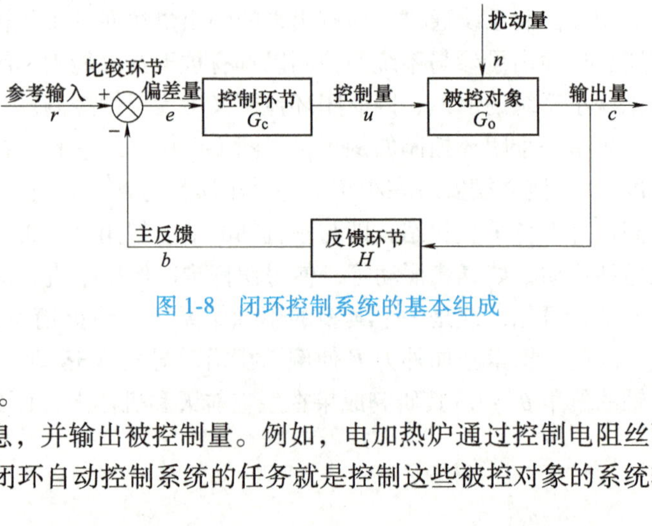

图 1-8 闭环控制系统的基本组成

1）参考输入 r：也称给定量，输入到控制系统的给定信号。

2）输出量 c：系统的被控制量。

3）被控对象 G_o：接收控制信息，并输出被控制量。例如，电加热炉通过控制电阻丝两端电压，调整对应的输出温度值。闭环自动控制系统的任务就是控制这些被控对象的系统输出以满足要求。

4）控制环节 G_c（通常包含执行控制命令的执行机构）：接收偏差信号，通过转换与运算产生控制量。例如，偏差信号经过电压放大和功率放大这些转换与运算，通过直流伺服电动机后驱动“机械臂”产生控制量，调节加在电阻丝两端的电压。

5）反馈环节 H：将输出量转换为反馈信号的环节。这个环节用于检测输出量，例如，电加热炉实际输出温度值，可将其转换为与给定量具有相同物理量纲和数量级的量。

6）主反馈 b：与输出量成正比或成某种函数关系的信号，量纲和数量级与参考输入相同。

7）比较环节：将所检测的输出量与参考输入进行比较，确定两者之间的偏差量。比较环节中箭头上的符号表示在此相加或相减。

8）偏差量 e：参考输入与反馈信号之差，有时也被称为误差。

9）控制量 u：控制环节的输出，作用于被控对象的信号。

10）扰动量 n：不希望的、影响输出的外部干扰信号。

1.4　自动控制系统的分类

根据不同的分类标准，自动控制系统有如下几种分类。

1. 按输入量变化的规律分类

恒值控制系统：这类控制系统的输入是一个恒定不变的常值，输出量也应是恒定不变的。但是由于存在扰动影响，控制器需要根据偏差产生控制作用以克服扰动，使得被控量恢复到给定的常值。

随动控制系统：这类控制系统的输入是随机的，要求输出量能跟随输入量的变化而做出相应的变化。在随动系统中，如果输出量是机械位移位置或其导数，这类随动系统称为伺服系统。

过程控制系统：在一定外界条件下，过程系统中的主要参量（温度、压力、流量、液位、成分和浓度等）按照预先设定的程序和指令运行，实现预期输出变化。与随动系统的主要区别是过程控制系统的输入虽然变化，但输入是依据过程控制规律预定的时间函数。

2. 按系统传输信号与时间的关系分类

连续控制系统：系统中各元件的输入量与输出量都是连续量或模拟量，一般采用微分方程进行描述。

采样控制系统：又称离散控制系统，是指系统某一处或数处的信号是脉冲或数码的形式，一般采用差分方程进行描述。离散控制系统一般会涉及模拟量与数字量的相互转换，系统中有 A-D（模-数）和 D-A（数-模）转换器。随着计算机性能的提高、成本的降低，大部分控制系统都属于采样控制系统。

3. 按系统输入量和输出量间的关系分类

线性系统：组成系统的全部元件都是线性元件，其输入量与输出量之间的关系用线性微分方程描述。线性系统最重要的特性是满足叠加原理，也就是两个不同作用量同时作用于系统时的响应等于两个作用量独立作用时响应的叠加。

非线性系统：组成系统的元件中只要有一个元件具有非线性特性（如具有死区特性、饱和特性等），该系统就是非线性系统，要用非线性微分方程描述。非线性系统不能应用叠加原理。

严格来讲，实际中不存在理想线性系统，因为各种物理量总是不同程度地存在非线性。通常，只要非线性程度不严重，针对具体的工作点可以通过线性化的方式来近似，进而可以使用线性系统理论和方法进行处理。

4. 按系统输入输出变量的数量分类

单输入单输出系统：也称单变量系统，其输入量和输出量皆为一个，系统结构相对简单。自动控制原理研究的控制系统主要是单输入单输出系统。

多输入多输出系统：也称多变量系统，其输入量和输出量多于一个，系统结构相对复杂，变量间可能存在相互影响的耦合关系。现代控制理论研究的控制系统主要是多输入多输出系统。

5. 按系统中参数对时间的变化情况分类

定常系统：也称时不变系统（Time-Invariance System），系统的全部参数不随时间变化，可用常微分方程描述。

时变系统（Time-Varing System）：系统中有的参数是时间 t 的函数，参数随时间变化而变化。例如，宇宙飞船飞行过程中，速度、高度和由燃料消耗导致的飞船质量等都会随时间发生变化，就是一个比较典型的时变系统的例子。

当然，控制系统除了以上分类方法之外，还可以根据其他条件进行分类，如按控制系统功能来分类，有速度控制系统、温度控制系统等。本书所涉及的主要内容是单变量线性定常连续系统，同时对非线性系统、线性采样控制系统也做了必要的分析。

1.5 控制系统的基本要求

自动控制原理涉及自动控制系统的一些共同规律，虽然实际控制系统的结构与参数各不相同，但对控制系统的基本性能要求都是一样的，即需要研究控制系统的稳定性、准确性和快速性。

1. 稳定性

稳定性是控制系统能够正常工作的基本前提。不稳定的控制系统受到扰动后无法恢复到原来的状态，不能正常工作，也就无法完成预定的控制任务。

2. 准确性

稳定的控制系统收到外界输入信号后，经过一段时间的动态过渡过程，输出量达到实际稳态值与期望输出之间的稳态偏差。准确性是衡量控制系统控制精度的重要指标。

3. 快速性

快速性是对控制系统动态过渡过程的波动程度和快慢进行度量而提出的要求。

以上仅是对控制系统的基本要求做了扼要的简介，希望控制系统能够达到稳、准、快的要求。详细的分析将会在后续章节介绍。在实际应用中，对系统稳定性、准确性和快速性这三方面要求有时是相互矛盾的，需要根据具体对象的运行进行折中兼顾。一般来讲，确定控制系统的技术要求时，既要能满足实际工程需要（并留有一定的裕量），又不宜过高，因为过高的性能要求通常需要以昂贵的价格为代价。

1.6 控制系统数字仿真实践的必要性

虽然理论学习可以为研究提供重要方法，但不够直观，并且相对实际系统往往做了必要的简化和抽象。通过实践或试验进行研究，一直都是自动控制系统发展过程中的一条基本路径。

自动控制原理实验可以通过多种方式实现，但是一个功能完善、实用方便的实验平台无疑会对提高教学与实验效果起到非常重要的作用。以往以运算放大器为主搭建基本电路，通过对物理控制对象辅以信号发生器、示波器等分析仪组成的传统实验平台进行控制系统特性研究虽然依旧发挥着重要作用，但其实验效果存在受仪器性能、成本、时间和空间等多方条件制约的问题。

随着计算机技术的发展，在计算机上安装仿真软件，可以方便进行电路搭建、模型实现，辅以信号发生器、示波器和频率特性测试仪等，使用更为灵活、方便。由计算机完成信号输入及数据采集、存储和计算处理等功能，便于将仿真实验结果与理论分析值进行对比，提高了实验效率。此外，进行数字仿真实验在某种意义上可以比理论和试验对问题的认识更为细致，不仅可以了解问题的结果，而且可以通过设定仿真条件等方式连续动态、重复地显示控制系统发展演化的中间过程，方便了解直观试验不易观测到的整体与局部细节过程。通过控制系统数字仿真实践对于试验方案的科学制定、试验过程中测试点的最佳位置、仪表量程等细节问题的确定都可以提供一些可靠的支撑信息。因此，控制系统数字仿真实践不仅可以在理论学习阶段能够方便、有效地辅助学习者对自动控制原理相关概念和问题的认识和理解，后续实际工作中对于加速控制系统试验研制进程也是非常有意义的。

利用仿真模型代替实际控制系统，以计算机为辅助工具，采用仿真软件对实际控制系统进行分析、设计和仿真的研究，可有效地分析控制系统性能、对比各种控制策略、经济地优化确定相关控制参数，从而能够提高整体控制系统的性能，在探索一些不熟悉的新型控制理论和算法的研究过程中，控制系统仿真更是必不可少的。

因此，本书配套了自动控制原理仿真实验的内容，期待理论分析与仿真实验紧密结合以有效地解决实际问题的这种方法能够持续传承和使用。

目前，MATLAB 作为一种广泛使用的科学计算和仿真软件，可以方便地完成控制系统建模、分析和设计中涉及的各种复杂计算，实现控制系统的仿真研究。MATLAB 是 MATrix LABoratory 的缩写，早期主要是用于现代控制中复杂的矩阵、向量相关的各种运算。新版本的 MATLAB 语言是以最为流行的 C++语言作为基础，这种语言可移植性好、可拓展性强，语法特征又与 C++语言极为相似，而且更加简单，更加符合科技人员对数学表达式的书写格式要求，使之更利于非计算机专业的科技人员使用。这也是 MATLAB 能够深入到科学研究及工程计算各个领域的重要原因。

MATLAB 以简单的编程环境提供了比较完备的调试系统，程序不必经过编译就可以直接运行，而且能够及时地报告出现的错误并进行出错原因分析。此外，很多专家在自己擅长的领域开发了专门的 MATLAB 工具箱，工具箱中集成了用于扩展基本程序功能的 M 文件或 Simulink 仿真模型。在控制领域，有控制系统工具箱（Control System Toolbox）、信号处理工具箱（Signal Processing Toolbox）、鲁棒控制工具箱（Robust Control Toolbox）、模型预测控制工具箱（Model Predictive Control Toolbox）、最优化工具箱（Optimization Toolbox）和动态仿真工具箱（Simulink Toolbox）等。每个工具箱都有一个 Content 文件，将工具箱中所有的函数和功能一一列出，方便使用前查看。此外，MATLAB 主工具箱具有多个函数库，可以使用 help 函数名的方式进行查询，或使用 type 函数名的方式查询具体使用方式。

控制系统工具箱是以控制系统的建立、调试和求解为目的，对需要使用的函数和工具进行了很好的封装，是进行各种控制任务仿真的最优秀、最高效的工具。利用控制系统工具箱可以创建控制系统的数学模型，实现不同模型之间的转换，针对数学模型求取不同输入信号下的时间响应曲线、频率特性曲线等，进而可以实现依据数学模型进行分析和补偿设计的目的。其中 Simulink 工具箱是对动态系统进行建模、仿真和分析的一个软件包，支持连续、离散及两者混合的线性和非线性系统仿真，也支持具有多种采样速率的系统仿真。在 Simulink 中，通过系统函数即 S 函数的标准格式，可以自定义功能模块，扩充其功能。

图 1-9 Simulink 模型结构图

Simulink 模型在视觉上表现为如图 1-9 所示的结构图，可见，使用时只需要了解各个模块的功能与输入、输出信号，不需要考虑模块内部的运算和实现过程，非常方便。

到目前为止，MATLAB 软件集成动态仿真软件 Simulink，已成为当今最具影响力的控制系统分析与设计的工具之一。

本书后续将基于 MATLAB 软件，结合各章内容进行对应的仿真实验的设计与介绍。通过 MATLAB 仿真实验，帮助读者对自动控制原理中的重难点内容进行观察、体会和理解。熟悉并掌握相关命令、程序和工具箱，会有助于进一步理解控制系统分析和设计的相关概念，方便实现对控制系统功能和性能指标进行定性分析与定量计算。

本章小结

这一章概要介绍了自动控制原理的基本框架和研究重点，主要介绍以下几个方面的内容：

1）介绍自动控制的概念，指出其本质特征是没有人直接参与。

2）开环控制系统结构简单、稳定性好、成本低，但不能自动补偿扰动对输出量的影响。

3）闭环控制又称为反馈控制，实际输出量通过反馈到输入端与给定期望值进行比较形成偏差，而后再进行相应的自动调节，克服扰动对系统的影响，具有自动抵御干扰的能力。

4）自动控制系统通常由被控对象、控制环节、比较环节和反馈环节等部件组成。系统的作用量主要有给定量、扰动量、反馈量、偏差量和输出量等。

5）在不同输入作用下，反馈控制系统的主要特征是输出量跟踪给定输入量，保持恒定或按一定规律变化。

6）对控制系统的基本性能要求是稳定性、准确性和快速性。

思考题

1-1 自动控制，就是在________的情况下，采用物理装置对生产设备或（和）工艺过程进行自动的调节与合理控制，使之按照一定的________变化。

1-2 ________控制是一种最简单的控制方式，其特点是输入量对输出量之间只有________方向的控制作用，即输出量________参与系统的控制。

1-3 ________控制系统，通过将检测出来的输出量送回系统的输入端，并与输入信号比较形成回路，形成输出量参与系统的控制以具有________的机制。

1-4 简述控制系统基本组成中反馈环节、比较环节的作用。

1-5 按输入量变化的规律分类，自动控制系统可以分为哪几类？

1-6 对控制系统的基本性能要求都有哪些？

1-7 分析我国南方夏季居室空调调温系统中何为参考输入？何为输出？

1-8 对控制系统进行数字仿真实验的意义是什么？

第 2 章　线性系统的数学模型

内容提要： 本章主要从机理分析的角度介绍线性微分方程与传递函数作为控制系统数学模型的概念。传递函数是自动控制原理中最基本也是最重要的数学模型。系统结构图是研究控制系统较为实用的图解方法。对于较为复杂的系统，应用信号流程图可以更为方便地给出系统中任意两个变量之间的关系。

2.1　引言

由第 1 章中的炉温系统示例可知，控制系统从定性分析、体会思路到定量计算，需要借助数学的准确性、客观性和科学性。因为对于复杂系统，经验法或试凑法一般很难奏效。

对于实际中的物理系统，通过简化分析获得物理模型，再对物理模型进行数学描述就得到了数学模型。控制系统的数学模型应该能够体现控制系统的稳定性、准确性和快速性，在此前提下，希望数学模型越简单越好。模型过于复杂，将不便于后续研究，因此，建立控制系统数学模型的过程需要仔细分析、合理简化。

自动控制原理中主要介绍单输入单输出系统的数学模型。列写控制系统微分方程数学模型时，应首先确定系统的输入、输出，这里的输入包含两部分：给定量和扰动量都是系统的输入量，系统的被控量设定为输出量。其次，需要根据系统满足的物理或化学定律列出描述系统运动的一组微分方程。最后，消去中间变量，求出描述系统输入与输出关系的微分方程，获得系统的数学模型。如微分方程是线性的，且其各项系数均为常数，则称为线性定常系统的数学模型。

例 2-1　如图 2-1 所示，一个 RC 电路，输入为电压 $u_i(t)$，输出为电容电压 $u_c(t)$，试建立描述其运动规律的数学模型。

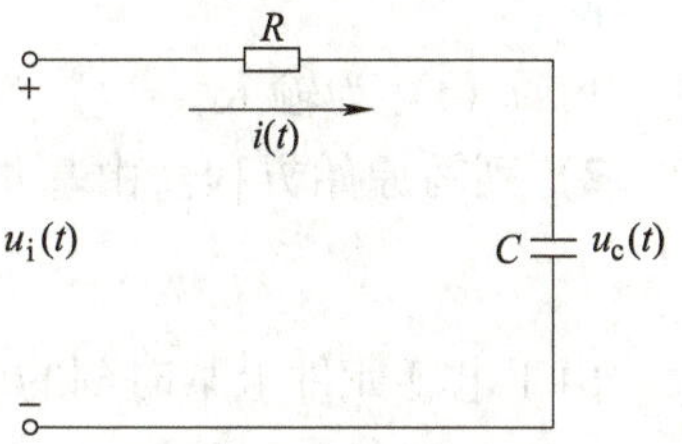

图 2-1　RC 电路

解：

1）$u_i(t)$ 为输入，$u_c(t)$ 为输出，电流 $i(t)$ 为中间变量。

2）列写原始方程。由基尔霍夫电压定律可知

$$u_i(t) = Ri(t) + u_c(t)$$

电流向电容传输电荷，电荷累积导致电容电压升高（电容电压不能突变），有

$$u_c(t) = \frac{q}{C} = \frac{i(t)t}{C}$$

这里 q 是电容上累积的电荷，两端同时对时间 t 求导，可得

$$i(t) = C\frac{du_c(t)}{dt}$$

3）消去中间变量，整理，获得关于系统输入输出描述的数学模型：

$$RC\frac{\mathrm{d}u_{\mathrm{c}}(t)}{\mathrm{d}t}+u_{\mathrm{c}}(t)=u_{\mathrm{i}}(t)$$

例 2-2 如图 2-2 所示，一个 *RLC* 电路，输入为电压 $u_{\mathrm{i}}(t)$，输出为电容电压 $u_{\mathrm{c}}(t)$，试建立描述其运动规律的数学模型。

解：

1）$u_{\mathrm{i}}(t)$ 为输入，$u_{\mathrm{c}}(t)$ 为输出，电流 $i(t)$ 为中间变量。

2）列写原始方程。由基尔霍夫电压定律可知

$$u_{\mathrm{i}}(t)=Ri(t)+u_{\mathrm{L}}(t)+u_{\mathrm{c}}(t)$$

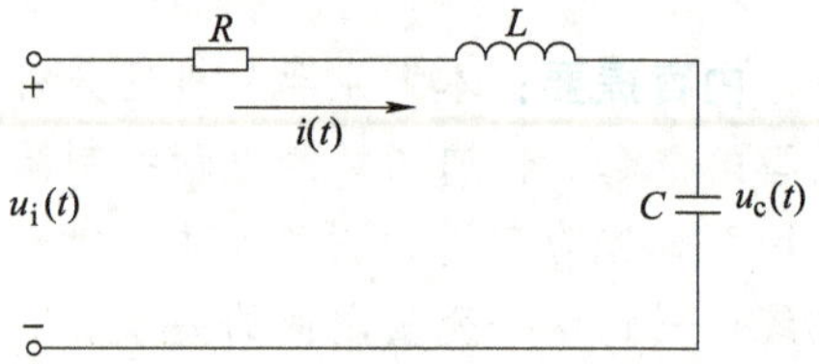

图 2-2 *RLC* 电路

由于电感元件上某时刻的电压 $u_{\mathrm{L}}(t)$ 与通过它的电流的变化率 $\frac{\mathrm{d}i(t)}{\mathrm{d}t}$ 成正比，可得

$$u_{\mathrm{L}}(t)=L\frac{\mathrm{d}i(t)}{\mathrm{d}t}$$

联合 $i(t)=C\frac{\mathrm{d}u_{\mathrm{c}}(t)}{\mathrm{d}t}$，有

$$u_{\mathrm{L}}(t)=LC\frac{\mathrm{d}^2u_{\mathrm{c}}(t)}{\mathrm{d}t^2}$$

3）消去中间变量，整理，获得关于系统输入输出描述的数学模型：

$$LC\frac{\mathrm{d}^2u_{\mathrm{c}}(t)}{\mathrm{d}t^2}+RC\frac{\mathrm{d}u_{\mathrm{c}}(t)}{\mathrm{d}t}+u_{\mathrm{c}}(t)=u_{\mathrm{i}}(t)$$

例 2-3 如图 2-2 所示，一个 *RLC* 电路，输入为电压 $u_{\mathrm{i}}(t)$，输出为电流 $i(t)$，试建立描述其运动规律的数学模型。

解：

1）$u_{\mathrm{i}}(t)$ 为输入，$i(t)$ 为输出，电容电压 $u_{\mathrm{c}}(t)$ 为中间变量。

2）列写原始方程。由基尔霍夫电压定律可知

$$u_{\mathrm{i}}(t)=Ri(t)+u_{\mathrm{L}}(t)+u_{\mathrm{c}}(t)$$

由于电感元件上某时刻的电压 $u_{\mathrm{L}}(t)$ 与通过它的电流的变化率 $\frac{\mathrm{d}i(t)}{\mathrm{d}t}$ 成正比，可得

$$u_{\mathrm{L}}(t)=L\frac{\mathrm{d}i(t)}{\mathrm{d}t}$$

此外有 $i(t)=C\frac{\mathrm{d}u_{\mathrm{c}}(t)}{\mathrm{d}t}$，对原始方程求导，得

$$\frac{\mathrm{d}u_{\mathrm{i}}(t)}{\mathrm{d}t}=R\frac{\mathrm{d}i(t)}{\mathrm{d}t}+\frac{\mathrm{d}u_{\mathrm{L}}(t)}{\mathrm{d}t}+\frac{\mathrm{d}u_{\mathrm{c}}(t)}{\mathrm{d}t}$$

3）消去中间变量，整理，获得关于输入输出描述的数学模型：

$$L\frac{\mathrm{d}^2i(t)}{\mathrm{d}t^2}+R\frac{\mathrm{d}i(t)}{\mathrm{d}t}+\frac{i(t)}{C}=\frac{\mathrm{d}u_{\mathrm{i}}(t)}{\mathrm{d}t}$$

对比例 2-2、例 2-3 可知，对于同一个系统，当输入、输出设定不同时，对应的数学模型是不一样的。因此建立系统的数学模型，首先确定系统的输入、输出是十分必要的，不可忽视。

例 2-4　如图 2-3 所示，具有质量-弹簧-阻尼器的机械位移系统，输入为外力 $F(t)$，输出为质量块 m 产生的位移 $y(t)$，试建立描述其运动规律的数学模型。

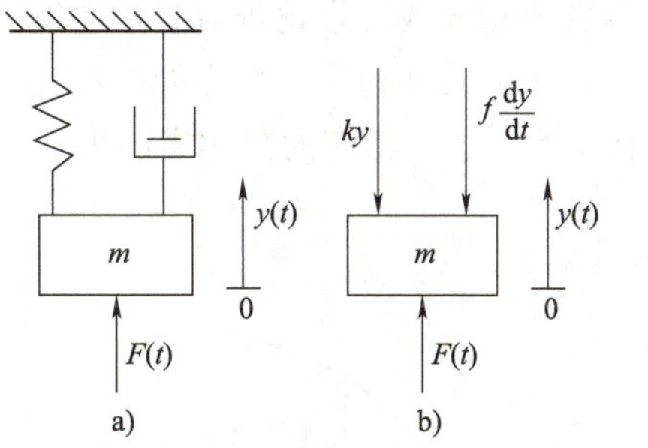

图 2-3　具有质量-弹簧-阻尼器的机械位移系统

解：

1）$F(t)$ 为输入，$y(t)$ 为输出。

2）列写原始方程，依据牛顿第二定律有

$$ma(t)=F(t)-F_s(t)-F_f(t)$$

式中，$a(t)$ 为加速度；$F_s(t)$ 为弹簧阻力；$F_f(t)$ 为阻尼器阻力；$F(t)$ 为质量块承受的其他外力。此外，考虑加速度与位移的关系，有

$$a(t)=\frac{d^2y(t)}{dt^2}$$

弹簧阻力 $F_s(t)$ 与位移成正比，阻尼器阻力 $F_f(t)$ 与速度成正比，有

$$F_s(t)=ky(t)$$

$$F_f(t)=f\frac{dy(t)}{dt}$$

式中，k 表示弹性极限内的弹簧系数；f 表示阻尼器的摩擦系数。两者在理想情况下均可认定为常数。

3）消去中间变量，整理，获得关于输入输出描述的数学模型：

$$m\frac{d^2y(t)}{dt^2}+f\frac{dy(t)}{dt}+ky(t)=F(t)$$

对比例 2-2、例 2-4 可知，不同系统其微分方程表示的数学模型结构有可能是一样的。

2.2　非线性微分方程的线性化

以上所述示例，组成系统的元件都具有线性特性，描述系统运动变化的微分方程也都是线性微分方程。但事实上，几乎所有元件和系统都在不同程度上存在着非线性性质。如常见的电阻 R、电感 L、电容 C 的参数值与周围环境（温度、压力等）及流经其上的电流大小、频率有关，不一定是常数。非线性微分方程的求解一般较线性方程困难。因此，在一定条件下或一定范围内把非线性系统模型通过线性化处理成线性模型，进而借助线性系统的分析方法开展研究，就会简化系统分析的难度。这种近似方法在一定范围和程度上可以反映系统动态过程的本质，具有较强的工程实用价值。

控制系统一般依据作业要求设定运行在一个平衡的工作状态，又称工作点。若非线性系统连续、各阶导数存在，且系统在工作点附近做小范围变化，即满足小偏差理论或小信号理论。工程上常用的线性化方法为：在给定工作点的领域，对系统微分方程模型中的非线性函

数采用泰勒级数展开，忽略级数中的高阶无穷小项，得到关于偏差的线性方程。这种线性化的方法，称为小偏差法。如果系统在原工作点处的特性是不连续的，如图 2-4 所示，呈现折线或跳跃现象，这种本质非线性特性在工作点附近就不能使用近似线性化的方法进行简化，需要应用非线性理论进行分析研究。

下面具体讨论工作点处线性化的一般方法。设一非线性元件的输入为 x，输出为 y，如图 2-5 所示，相应的数学描述为

$$y=f(x) \tag{2-1}$$

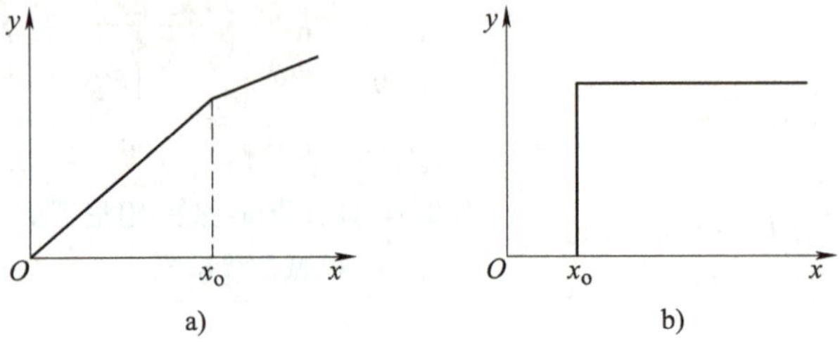

图 2-4　本质非线性特性

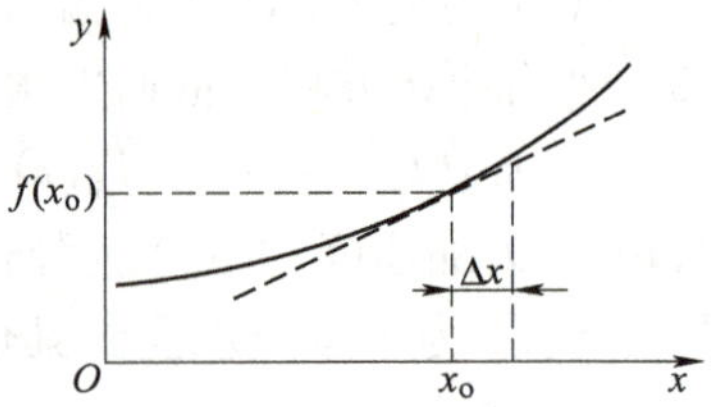

图 2-5　非线性特性的线性化

在给定工作点（x_o，$f(x_o)$）附近，将式（2-1）用泰勒级数展开为

$$y=f(x)=f(x_o)+\left.\frac{\mathrm{d}f(x)}{\mathrm{d}x}\right|_{x=x_o}(x-x_o)+\frac{1}{2!}\left.\frac{\mathrm{d}^2f(x)}{\mathrm{d}x^2}\right|_{x=x_o}(x-x_o)^2+\cdots \tag{2-2}$$

若在工作点附近增量（$x-x_o$）的变化很小，则可以忽略式中（$x-x_o$）^{2} 项及其后面的高阶无穷小项。这样，式（2-2）可近似表示为

$$y\approx f(x_o)+\left.\frac{\mathrm{d}f(x)}{\mathrm{d}x}\right|_{x=x_o}(x-x_o)=f(x_o)+K(x-x_o) \tag{2-3}$$

式中，$K=\left.\frac{\mathrm{d}f(x)}{\mathrm{d}x}\right|_{x=x_o}$，为函数 $f(x)$ 在工作点（x_o，$f(x_o)$）处的斜率。

令 $y_o=f(x_o)$，$\Delta y=y-y_o$，$\Delta x=x-x_o$，进而写成关于偏差的形式，有

$$\Delta y=K\Delta x \tag{2-4}$$

这是一个增量式的线性模型。

对于包含多个变量的非线性特性，其线性化方法与以上含有单个变量的线性化方法是类似的处理方式。

例 2-5　随着我国主要电网互联进程的推进，电网的复杂程度越来越强，电网的动态稳定性及电压稳定性问题越来越突出，负荷模型对电网系统计算结果的影响已变得不容忽视。用电设备的负荷特性通常是由有功功率、无功功率相对电压、频率的关系曲线给定的，为了得到用于电网稳定计算的数学模型，通常需要进行一定的近似。

解： 对电力负荷有功功率 $P(V,f)$ 和无功功率 $Q(V,f)$ 两个非线性项进行线性化。

首先，确定工作点为 $P(V_o,f_o)$、$Q(V_o,f_o)$，而后在工作点进行泰勒级数展开并忽略高阶项，有

$$P(V,f)=P(V_o,f_o)+\left.\frac{\partial P}{\partial V}\right|_{V_o,f_o}(V-V_o)+\left.\frac{\partial P}{\partial f}\right|_{V_o,f_o}(f-f_o)$$

$$Q(V,f)=Q(V_o,f_o)+\left.\frac{\partial Q}{\partial V}\right|_{V_o,f_o}(V-V_o)+\left.\frac{\partial Q}{\partial f}\right|_{V_o,f_o}(f-f_o)$$

式中，$\left.\frac{\partial P}{\partial V}\right|_{V_o,f_o}$、$\left.\frac{\partial P}{\partial f}\right|_{V_o,f_o}$、$\left.\frac{\partial Q}{\partial V}\right|_{V_o,f_o}$、$\left.\frac{\partial Q}{\partial f}\right|_{V_o,f_o}$ 分别表示$\frac{\partial P}{\partial V}$、$\frac{\partial P}{\partial f}$、$\frac{\partial Q}{\partial V}$、$\frac{\partial Q}{\partial f}$在工作点（$V_o$，$f_o$）处的值，且对于给定的电压 V 和频率 f，这几个特性参数是固定的。

进一步，可以得到工作点附近增量式的线性模型为

$$\Delta P=\left.\frac{\partial P}{\partial V}\right|_{V_o,f_o}\Delta V+\left.\frac{\partial P}{\partial f}\right|_{V_o,f_o}\Delta f$$

$$\Delta Q=\left.\frac{\partial Q}{\partial V}\right|_{V_o,f_o}\Delta V+\left.\frac{\partial Q}{\partial f}\right|_{V_o,f_o}\Delta f$$

在线性化时需要注意，采用泰勒级数进行线性化时，非线性函数在工作点处导数的值依赖于工作点。因此，在线性化之前，必须首先确定工作点。

2.3　传递函数

控制系统的微分方程是一种可以在时间域内描述系统运动规律的数学模型，在给定外输入及初始条件下，求解微分方程可以得到系统输出响应的全部时间信息。这种方法直观、准确，但是如果系统的结构改变或某个参数变化时，就要重新列写并求解微分方程，不便于对系统进行分析和设计。

本节介绍的传递函数是在拉普拉斯变换基础上引申出来的复数域数学模型。传递函数不仅可以表征系统的动态特性，还可以用来研究系统的结构或参数变化对系统性能的影响。传递函数是自动控制原理中最基本也是最重要的数学模型。此外，后续在第 5 章线性系统的频域分析、第 8 章采样控制系统的分析中要学习的频率特性和脉冲传递函数这两个控制系统的重要数学模型，也都与本章介绍的传递函数模型相关。通过以上分析可以看到，利用传递函数不仅可以研究控制系统在输入量的作用下的动态过程，还能分析系统的结构和参数变化对性能的影响，为控制系统的设计和综合提供方便。因此，对传递函数的理解和掌握是十分必要的。

2.3.1　传递函数的定义

线性定常系统传递函数是指在初始条件为零时，系统输出量的拉普拉斯变换与输入量的拉普拉斯变换之比。

线性定常系统的微分方程一般可写为

$$\begin{aligned}&a_0\frac{\mathrm{d}^nc(t)}{\mathrm{d}t^n}+a_1\frac{\mathrm{d}^{n-1}c(t)}{\mathrm{d}t^{n-1}}+\cdots+a_{n-1}\frac{\mathrm{d}c(t)}{\mathrm{d}t}+a_nc(t)\\&=b_0\frac{\mathrm{d}^mr(t)}{\mathrm{d}t^m}+b_1\frac{\mathrm{d}^{m-1}r(t)}{\mathrm{d}t^{m-1}}+\cdots+b_{m-1}\frac{\mathrm{d}r(t)}{\mathrm{d}t}+b_mr(t)\end{aligned}\tag{2-5}$$

式中，$c(t)$ 为输出量；$r(t)$ 为输入量；a_0，a_1，…，a_n 及 b_0，b_1，…，b_m 均为由系统结构和参数决定的常系数，与外作用及初始条件无关。

在初始条件为零时，对式（2-5）两端进行拉普拉斯变换，可以得到相应的代数方程：

$$(a_0s^n+a_1s^{n-1}+\cdots+a_{n-1}s+a_n)C(s)=(b_0s^m+b_1s^{m-1}+\cdots+b_{m-1}s+b_m)R(s)$$

进一步求得系统的传递函数为

$$G(s)=\frac{C(s)}{R(s)}=\frac{b_0s^m+b_1s^{m-1}+\cdots+b_{m-1}s+b_m}{a_0s^n+a_1s^{n-1}+\cdots+a_{n-1}s+a_n},m\leqslant n \tag{2-6}$$

线性定常系统传递函数定义的前提条件是初始条件为零。初始条件为零可以从两方面进行理解：一是指输入信号是在 $t=0$ 以后才作用于系统，因此，系统输入量及其各阶导数在 $t\leqslant 0$ 时均为零；二是指输入信号作用于系统之前，系统是“相对静止”的，即系统输出量及各阶导数在 $t\leqslant 0$ 时的值均为零。初始条件为零的规定不仅能简化运算，而且有利于在同等条件下比较系统的性能，所以，这样的规定是必要的。

实际中大多数工程系统都满足这样的条件。但需要注意，传递函数是在初始条件为零时定义的，所以，一般来说它不能反映初始条件非零时系统的自由响应运动规律。

传递函数是复变量 s 的有理分式，属于复变函数。此外，由于实际物理系统总是存在惯性，并且能量功率有限，所以实际系统传递函数的分母阶次 n 总是大于或等于分子阶次 m，即 $n\geqslant m$。

例 2-6 试求图 2-2 所示 RLC 电路的传递函数。

解： 由例 2-2 可知 RLC 电路的微分方程为

$$LC\frac{\mathrm{d}^2u_c(t)}{\mathrm{d}t^2}+RC\frac{\mathrm{d}u_c(t)}{\mathrm{d}t}+u_c(t)=u_i(t)$$

在初始条件为零时，对上式两端进行拉普拉斯变换，整理得到其传递函数为

$$G(s)=\frac{u_c(s)}{u_i(s)}=\frac{1}{LCs^2+RCs+1}$$

例 2-7 试求图 2-3 所示质量-弹簧-阻尼器系统的传递函数。

解： 由例 2-4 可知质量-弹簧-阻尼器系统的微分方程为

$$m\frac{\mathrm{d}^2y(t)}{\mathrm{d}t^2}+f\frac{\mathrm{d}y(t)}{\mathrm{d}t}+ky(t)=F(t)$$

在初始条件为零时，对上式两端进行拉普拉斯变换，整理得到其传递函数为

$$G(s)=\frac{Y(s)}{F(s)}=\frac{1}{ms^2+fs+k}$$

由例 2-6、例 2-7 可知，不同系统数学模型的结构有可能是一样的。理论上，某些系统，无论是机械系统、电子系统或是其他化工系统等，如果用数学工具描述后，得到的数学模型类似，那么可以认为这两个系统是类似的，定义为相似系统。对于相似系统，对某个系统的分析手段或结果是可以移植、套用到另一个系统上的，其效果是一致的。

由于传递函数与微分方程有直接联系，求出系统微分方程后，只要把方程式中各阶导数用相应阶次的变量 s 代替，就很容易求得系统的传递函数。反之，在传递函数分子多项式和分母多项式互质的条件下，若将 s 与 $\frac{\mathrm{d}}{\mathrm{d}t}$ 互换，则可以实现由传递函数到微分方程的相互转换。

下面介绍几个与传递函数相关的重要概念。

1）特征方程：传递函数分母多项式等于零的方程就是系统的特征方程。

2）阶数：传递函数分母多项式中 s 的最高阶次 n 就是系统的阶数。

3）极点：令传递函数分母多项式等于零，求得的复数域根就是系统的极点。

4）零点：令传递函数分子多项式等于零，求得的复数域根就是系统的零点。

由传递函数定义可知，其为输出量与输入量的比值，表达了某一系统或环节具有把输入量转换成输出量的传递关系，而与具体的输入量、输出量没有关系。一个系统或环节完成构建后，一般来说输入信号不同，输出信号不同，但是传递关系是确定的。

式（2-6）为传递函数的有理分式形式，分子、分母均为 s 的多项式。基于数学的等效变换，实际应用中为了方便对控制系统进行不同的分析和设计，可以对传递函数采用不同的表示形式，常用的还有零、极点形式和时间常数形式。

1. 零、极点形式

对式（2-6）中 a_0、b_0 系数进行提取，而后对分子部分和分母部分进行因式分解，即可得到传递函数的零、极点形式。

$$G(s)=\frac{C(s)}{R(s)}=K_g\frac{(s+z_1)(s+z_2)\cdots(s+z_m)}{(s+p_1)(s+p_2)\cdots(s+p_n)}=K_g\frac{\prod_{j=1}^{m}(s+z_j)}{\prod_{i=1}^{n}(s+p_i)},m\leqslant n \tag{2-7}$$

式中，传递函数的零点为 $-z_j(j=1,\ 2,\ \cdots,\ m)$；传递函数的极点为 $-p_i(i=1,\ 2,\ \cdots,\ n)$；$K_g=\dfrac{b_0}{a_0}$为零、极点形式时传递函数的增益。采用零、极点形式的传递函数，可以方便地确定系统的零、极点。由于传递函数采用零、极点形式进行表示，分解后每个因子中 s 前面的系数可以看作“1”，因此，式（2-7）这种表达形式又称为首 1 标准型。

传递函数的零、极点可以是实数、复数（为复数则共轭成对出现），在复数 s 平面上总能找到相对应的一点，故控制系统的传递函数与复数 s 平面有相应的对应关系。通常，在复数 s 平面上表示传递函数的零点和极点的图形，称为传递函数的零极点分布图。在图中一般用“∘”表示零点，用“×”表示极点。传递函数的零极点分布图可以更形象地反映系统的全面特性。

例 2-8　已知系统的传递函数 $G(s)=\dfrac{C(s)}{R(s)}=\dfrac{3s+2}{24s^2+20s+4}$，试写出系统传递函数的阶数、零点和极点。

解：由传递函数阶数的定义可知，系统的阶数为 2。将传递函数由有理分式转换为零、极点形式，有

$$G(s)=\frac{C(s)}{R(s)}=\frac{3s+2}{24s^2+20s+4}=\frac{3\left(s+\frac{2}{3}\right)}{24\left(s^2+\frac{5}{6}s+\frac{1}{6}\right)}=\frac{1}{8}\frac{\left(s+\frac{2}{3}\right)}{\left(s+\frac{1}{2}\right)\left(s+\frac{1}{3}\right)}$$

则系统的零点为 $z_1=-\dfrac{2}{3}$，极点为 $p_1=-\dfrac{1}{2}$、$p_2=-\dfrac{1}{3}$。

2. 时间常数形式

对式（2-6）中 a_0、b_0 系数进行提取，而后对分子部分和分母部分进行因式分解，若可将零、极点形式的式（2-7）中的分子部分的 z_j 提出到各括号外，分母部分的 p_i 也提出到各括号外，即可以得到传递函数的时间常数形式：

$$G(s)=\frac{C(s)}{R(s)}=K\frac{(\tau_1 s+1)(\tau_2 s+1)\cdots(\tau_m s+1)}{(T_1 s+1)(T_2 s+1)\cdots(T_n s+1)}=K\frac{\prod_{j=1}^{m}(\tau_j s+1)}{\prod_{i=1}^{n}(T_i s+1)},m\leqslant n \qquad (2\text{-}8)$$

式中，$\tau_j(j=1,\ 2,\ \cdots,\ m)$ 为分子各因子的时间常数；$T_i(i=1,\ 2,\ \cdots,\ n)$ 为分母各因子的时间常数；$K=\frac{b_m}{a_n}$为时间常数形式的传递函数的增益，有时也称为放大系数。K 与 K_g 的关系为 $K=\frac{K_g\prod_{j=1}^{m}|z_j|}{\prod_{i=1}^{n}|p_i|}$。

在第 5 章将使用时间常数形式的传递函数，会比较方便频率域问题的分析与研究。传递函数采用时间常数形式进行表示，分解后每个因子中时间常数固定为“1”，因此，式（2-8）这种表达形式又称为尾 1 标准型。

例 2-9 已知系统的传递函数 $G(s)=\frac{C(s)}{R(s)}=\frac{4s+3}{2s^2+6s+4}$，试写出对应的时间常数表达式。

解：$G(s)=\frac{C(s)}{R(s)}=\frac{4s+3}{2s^2+6s+4}=\frac{3}{2}\times\frac{\frac{4}{3}s+1}{(s^2+3s+2)}=\frac{3}{2}\times\frac{\frac{4}{3}s+1}{(s+1)(s+2)}$

$$=\frac{3}{4}\times\frac{\frac{4}{3}s+1}{(s+1)\left(\frac{1}{2}s+1\right)}$$

例 2-10 已知系统的传递函数 $G(s)=\frac{C(s)}{R(s)}=\frac{20(s+1)}{s(s+5)(s^2+2s+2)}$，试写出：

1）系统尾 1 标准型对应的增益 K 值。

2）系统的微分方程。

3）画出系统的零极点分布图。

解：

1）由题意可知：

$$K_g=20$$

$$K=\frac{20\times 1}{5\times 2}=2$$

2) $G(s)=\dfrac{C(s)}{R(s)}=\dfrac{20(s+1)}{s(s+5)(s^2+2s+2)}=\dfrac{20(s+1)}{s^4+7s^3+12s^2+10s}$

$$(s^4+7s^3+12s^2+10s)C(s)=20(s+1)R(s)$$

进行拉普拉斯反变换（零初始条件下），可得对应系统的微分方程为

$$\frac{\mathrm{d}^4c(t)}{\mathrm{d}t^4}+7\frac{\mathrm{d}^3c(t)}{\mathrm{d}t^3}+12\frac{\mathrm{d}^2c(t)}{\mathrm{d}t^2}+10\frac{\mathrm{d}c(t)}{\mathrm{d}t}=20\frac{\mathrm{d}r(t)}{\mathrm{d}t}+20r(t)$$

3) 由已知条件可知，系统有一个零点-1，四个极点分别为0、-1+j、-1-j、-5。系统的零极点分布图如图 2-6 所示。

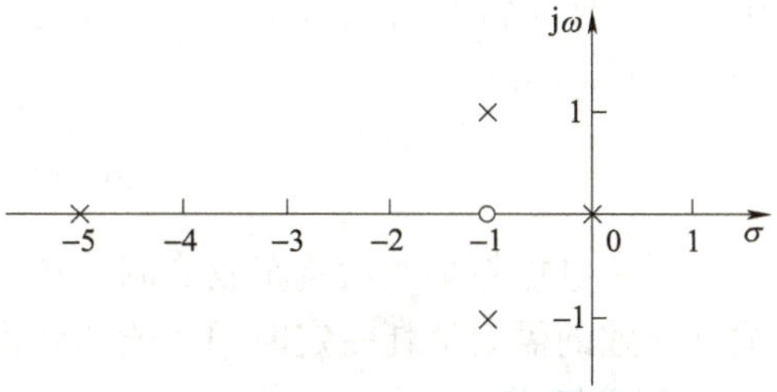

图 2-6　例 2-10 系统的零极点分布图

2.3.2　典型环节的传递函数

控制系统中用到多种部件，有电气的、机械的和光敏的等，若将其对应的传递函数抽象出来，就可以研究其运动规律和数学模型的共性。因此，按传递函数形式不同可以划分为有限的几类典型环节。如电位计、自整角机和测速发电机的传递函数都是常数，具有比例特性。超级电容器、超导储能系统在简化条件下，其传递函数都具有积分特性。前面介绍的相似系统，从数学抽象的角度也具有特性类似的含义。

在控制系统的分析中，常常将一个系统分解成若干个典型环节，掌握这些典型环节的特点，可以更方便地分析复杂系统内部各组成部分或单元之间的联系。需要指出的是，典型环节的数学模型都是在一定的理想条件下得到的。

1. 比例环节，又称放大环节

输出量以一定比例复现输入量。常见的分压器、传动链速比的关系，在理想条件下都可以认为是比例环节。

比例环节的输入输出描述为

$$c(t)=Kr(t) \tag{2-9}$$

式中，K 为比例系数。

式（2-9）两端进行拉普拉斯变换，整理后得到比例环节的传递函数为

$$G(s)=\frac{C(s)}{R(s)}=K \tag{2-10}$$

2. 积分环节

输出量为输入量对时间的积分。当输入信号消失后，输出端仍保留输入信号消失前的输出，即具有记忆功能。

积分环节的输入输出描述为

$$c(t)=\frac{1}{T}\int r(t)\,\mathrm{d}t \tag{2-11}$$

式中，T 为积分时间常数。

式（2-11）两端求导后再进行拉普拉斯变换，整理后得到积分环节的传递函数为

$$G(s)=\frac{C(s)}{R(s)}=\frac{1}{Ts} \tag{2-12}$$

3. 惯性环节

输出量与输入量之间的关系可用如下微分方程描述：

$$\tau\frac{\mathrm{d}c(t)}{\mathrm{d}t}+c(t)=r(t) \tag{2-13}$$

式中，τ 为时间常数。式（2-13）两端进行拉普拉斯变换，整理后得到惯性环节的传递函数为

$$G(s)=\frac{C(s)}{R(s)}=\frac{1}{\tau s+1} \tag{2-14}$$

生活中电加热炉及大货车收到制动指令后滑行一段时间才能真正停止等，都是由系统存在惯性导致的需要消耗一定时间才能达到设定值的示例。

4. 微分环节

理想情况下，输出量与输入量对时间的导数成正比，可用如下微分方程描述：

$$c(t)=K\frac{\mathrm{d}r(t)}{\mathrm{d}t} \tag{2-15}$$

式（2-15）两端进行拉普拉斯变换，整理后得微分环节的传递函数为

$$G(s)=\frac{C(s)}{R(s)}=Ks \tag{2-16}$$

由于惯性的存在，这种理想微分环节是难以实现的，用来执行微分作用的环节通常是近似的，其传递函数为

$$G(s)=\frac{C(s)}{R(s)}=\frac{Ks}{Ks+1} \tag{2-17}$$

此时，式中 K 足够小，使得 $Ks+1\approx1$，可近似具有理想微分环节特性。

5. 振荡环节

输出量与输入量的关系可以用如下二阶微分方程描述：

$$T^2\frac{\mathrm{d}^2c(t)}{\mathrm{d}t^2}+2\zeta T\frac{\mathrm{d}c(t)}{\mathrm{d}t}+c(t)=Kr(t) \tag{2-18}$$

式（2-18）两端进行拉普拉斯变换，整理后得振荡环节传递函数为

$$G(s)=\frac{C(s)}{R(s)}=\frac{K}{T^2s^2+2\zeta Ts+1} \tag{2-19}$$

式中，ζ 为阻尼比，对于振荡环节恒有 $0<\zeta<1$。

为简化分析，通常设 $K=1$，令 $\frac{1}{T}=\omega_n$，得

$$G(s)=\frac{C(s)}{R(s)}=\frac{\omega_n^2}{s^2+2\zeta\omega_n s+\omega_n^2} \tag{2-20}$$

式中，ω_n 为无阻尼自然振荡角频率，这样振荡环节具有一对复数极点：

$$s_{1,2}=-\zeta\omega_n\pm\mathrm{j}\omega_n\sqrt{1-\zeta^2}=-\zeta\omega_n\pm\mathrm{j}\omega_d$$

式中，ω_d 为有阻尼振荡角频率，振荡环节阶数是 2。在单位阶跃信号输入下，振荡环节的

响应求解如下：

$$
\begin{aligned}
C(s) &= \frac{\omega_n^2}{s^2+2\zeta\omega_n s+\omega_n^2}R(s)\bigg|_{R(s)=\frac{1}{s}} \\
&= \frac{\omega_n^2}{s^2+2\zeta\omega_n s+\omega_n^2}\frac{1}{s} \\
&= \frac{1}{s}-\frac{s+2\zeta\omega_n}{s^2+2\zeta\omega_n s+\omega_n^2} \\
&= \frac{1}{s}-\frac{s+\zeta\omega_n}{(s+\zeta\omega_n)^2+\omega_d^2}-\frac{\zeta\omega_n}{(s+\zeta\omega_n)^2+\omega_d^2}
\end{aligned}
\tag{2-21}
$$

对式（2-21）进行拉普拉斯反变换，整理后，可得振荡环节的单位阶跃响应为

$$
c(t)=1-\frac{e^{-\zeta\omega_n t}}{\sqrt{1-\zeta^2}}\sin\left(\omega_d t+\arctan\frac{\sqrt{1-\zeta^2}}{\zeta}\right) \tag{2-22}
$$

可见，振荡环节的单位阶跃响应的振荡程度与阻尼比 ζ 有关，ζ 越小振幅越大。当 $\zeta=0$ 时出现等幅振荡。反之，阻尼比 ζ 越大振幅越小，当 $\zeta=1$ 时没有振荡，响应为单调上升曲线。

6. 延迟环节，又称滞后环节

输出量要经过一段时间 τ 后才能复现输入信号，即

$$
c(t)=r(t-\tau) \tag{2-23}
$$

式中，时间常数 τ 为延迟时间。

根据拉普拉斯变换的延迟定理，可得该环节的传递函数为

$$
G(s)=\frac{C(s)}{R(s)}=e^{-\tau s} \tag{2-24}
$$

式（2-24）表明延迟环节是一个超越函数。实际生产过程中，特别是温度、湿度和流量等物理量，在过程控制系统中其变化通常存在一定的时间延迟。

这里特别要强调一下，延迟环节和惯性环节虽然都需要经过一段时间后才能复现输入信号，但是两者是有本质区别的。图 2-7 所示为输入单位阶跃信号后，延迟环节和惯性环节分别的响应曲线。

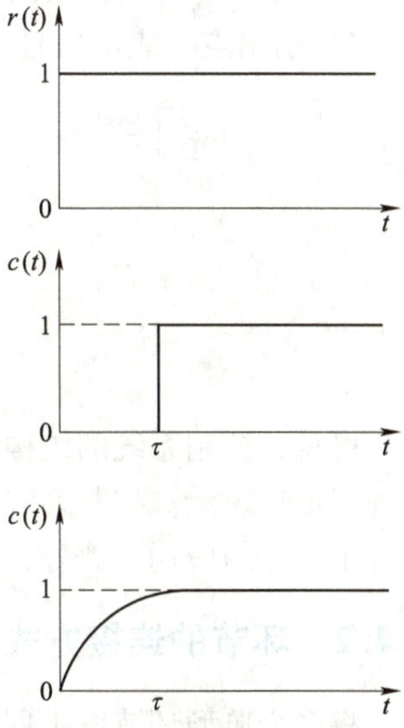

图 2-7 延迟环节与惯性环节单位阶跃响应曲线对比图

易知，延迟环节从输入信号加入开始后，在 $0\sim\tau$ 时间内是没有输出量的，仅在 $t=\tau$ 时刻之后，输出完全等于输入；而惯性环节在输入信号加入的开始时刻就已经有输出量，仅是由于惯性，输出要等待一段时间后才会逐渐接近输入。

最后，需要明确的是一个系统的数学模型可能是由若干个典型环节的数学模型组合而成，而若干个数学模型的组合也可能只构成一个典型环节。对于线性定常控制系统，复杂大系统可以拆分成多个典型环节，通过逐一分析每个环节的特性可以辅助研究复杂大系统。这种“分而治之”的思想方法在后续学习与工作中是值得借鉴的。

2.4　控制系统结构图及其化简方法

控制系统结构图是描述组成系统的各元部件之间信号传递关系的图形化数学模型。控制系统可以认为是由多个典型环节通过相互连接而组成，如图 2-8 所示。控制系统结构图可以形象、直观地描述系统中信号的传递、变换过程，以便于进行系统分析和研究。

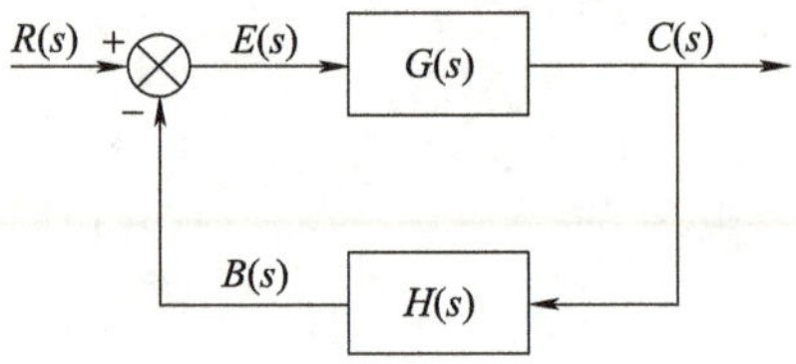

图 2-8　控制系统结构图

2.4.1　结构图的组成要素

如图 2-9 所示，控制系统结构图的组成要素有四项：

1）函数方框，用于表示系统或环节输入量和输出量的关系，通常将对应的传递函数放入方框内，表示输出量等于输入量与方框内传递函数的乘积，如图 2-9a 所示。

2）信号线，表示信号的流向，是一个用箭头表示方向的直线，如图 2-9b 所示。

3）比较点，又称综合点、求和点，表示多个信号之间进行代数加运算后得到一个新的变量，如图 2-9c 所示，表示 $R(s)=R_1(s)-R_2(s)$。

4）引出点，表示信号引出的位置，从同一点引出的信号相同，如图 2-9d 所示。

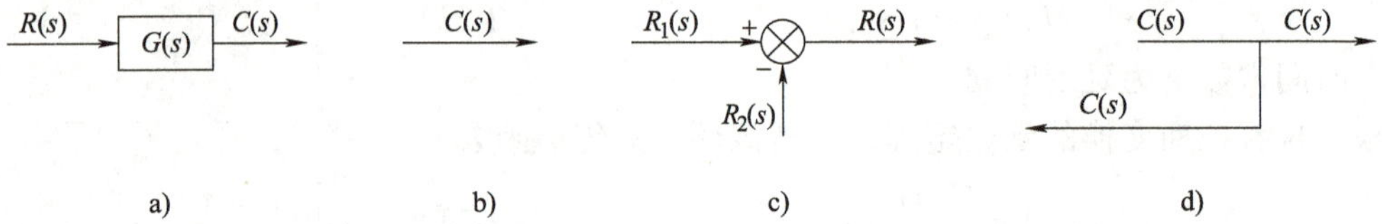

图 2-9　控制系统结构图的组成要素

可见，控制系统的结构图实际上是系统原理图和数学表达式的结合，是系统数学模型的一种图形化表示。控制系统结构图和数学模型一起成为分析系统的有力工具，在控制工程中得到了广泛的应用。此外，采用结构图更容易求取系统的传递函数，给工程研究带来方便。

2.4.2　环节的连接方式

将多个典型环节按不同关系连接起来，有三种基本连接方式，分别为：环节的串联、环节的并联和反馈连接。

1. 环节的串联

环节的串联是一种常见的结构形式，其特点是前一环节的输出量是后一个环节的输入量，如图 2-10 所示，为两个环节的串联。

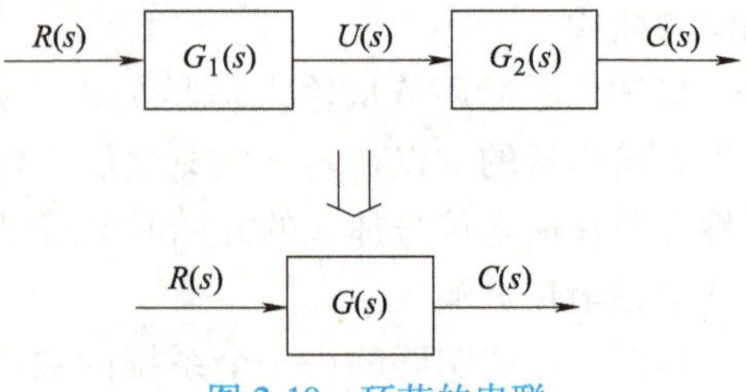

图 2-10　环节的串联

对于各个环节，由图 2-10 可知，有 $G_1(s)=\dfrac{U(s)}{R(s)}$，$G_2(s)=\dfrac{C(s)}{U(s)}$。通过环节串联，得

$$\frac{C(s)}{R(s)}=\frac{C(s)}{U(s)}\frac{U(s)}{R(s)}=G(s)=G_1(s)G_2(s)$$

上式表明，两个环节的串联可以用一个等效环节取代。推广开来，若系统输入、输出经过若干个相互串联的环节，则系统传递函数可等效为各个串联环节传递函数之积。

$$G(s)=\prod_{i=1}^{n}G_i(s) \tag{2-25}$$

需要指出的是，在实际应用中，只有当不存在负载效应时，即前一环节的输出不受后面环节的影响时，上面的结论才有效。

2. 环节的并联

其特点是多个环节具有同一个输入量，而以各环节的输出信号的代数和作为总输出量，如图 2-11 所示。

对于各个环节，由图 2-11 可知，有 $C_1(s)=G_1(s)R(s)$，$C_2(s)=G_2(s)R(s)$。通过环节并联，得

$$C(s)=C_1(s)+C_2(s)=G_1(s)R(s)+G_2(s)R(s)$$

进而，求得环节并联的传递函数为

$$\frac{C(s)}{R(s)}=G_1(s)+G_2(s)$$

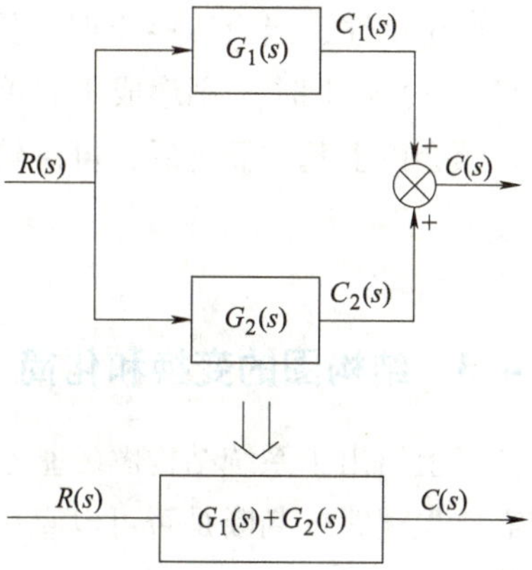

图 2-11 环节的并联

上式表明，两个环节的并联可以用一个等效环节取代。推广开来，若系统输入、输出经过若干个环节并联而成，则系统传递函数可等效为各个并联环节的传递函数之和。

$$G(s)=\sum_{i=1}^{n}G_i(s) \tag{2-26}$$

3. 反馈连接

反馈连接是控制系统非常重要的一种连接形式，如图 2-12 所示，与环节的串联、环节的并联显著的不同之处在于反馈连接中有输出信号反向传输到输入端与输入量进行比较以求取偏差的重要组成特点。

这部分涉及的重要概念如下。

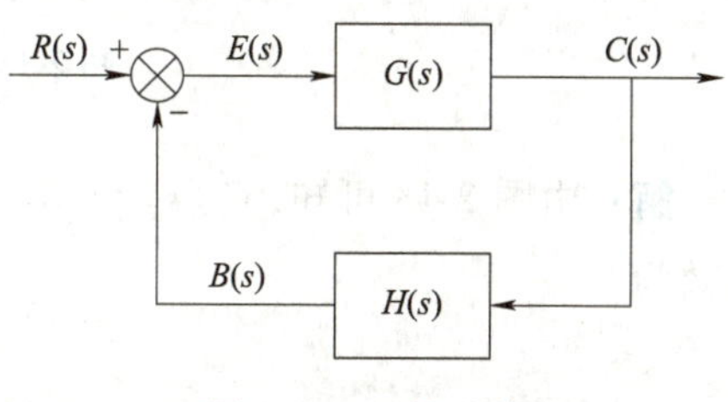

图 2-12 反馈连接

负反馈：如果反馈信号与给定输入量的信号极性相反，则称为负反馈，如图 2-12 所示。

正反馈：如果反馈信号与给定输入量的信号极性相同，则称为正反馈。

前向通道：如图 2-12 所示，从偏差信号 $E(s)$ 到输出量 $C(s)$ 的通道为前向通道。

反馈通道：如图 2-12 所示，从输出量 $C(s)$ 到反馈信号 $B(s)$ 的通道为反向通道。

前向通道传递函数：断开反馈时，输出量 $C(s)$ 与输入量 $R(s)$ 之间的传递函数为前向通道的传递函数。如图 2-12 所示，图中 $G(s)$ 为前向通道传递函数。

开环传递函数：断开反馈时，反馈信号 $B(s)$ 与输入量 $R(s)$ 之间的传递函数为开环传递函数。如图 2-12 所示，图中 $G(s)H(s)$ 为开环传递函数。可以形象地认为，开环传递函数

是为了分析控制系统方便考虑，在反馈点处，“人为”地断开系统的反馈通道，则系统的开环传递函数就等于前向通道传递函数与反馈通道传递函数的乘积。

闭环传递函数：如图 2-12 所示，对于此负反馈系统，闭环系统输入量为 $R(s)$，输出量为 $C(s)$，有 $C(s)=G(s)[R(s)-H(s)C(s)]$，则系统输入输出间的传递关系为

$$\frac{C(s)}{R(s)}=\frac{G(s)}{1+G(s)H(s)} \tag{2-27}$$

式（2-27）表示通过反馈环节形成闭环结构的一类控制系统的传递函数，称为闭环传递函数。

单位反馈：当 $H(s)=1$ 时，则称图 2-12 所示系统为单位反馈系统或称直接反馈系统，而当 $H(s)\neq 1$ 时，则形成了非单位反馈系统。

领会以上基本概念后，可以较为容易地自行推导出单位正反馈系统的传递函数为

$$\frac{C(s)}{R(s)}=\frac{G(s)}{1-G(s)}$$

2.4.3 结构图的变换和化简

以上给出了系统结构图的基本连接方式和简化公式。在实际使用时，对给出的系统结构图需要先观察，判断是否可以直接使用环节的串联、并联和反馈连接的对应公式进行结构图化简。

例 2-11 如图 2-13 所示，为一多回路控制系统，试求其闭环传递函数 $\dfrac{C(s)}{R(s)}$。

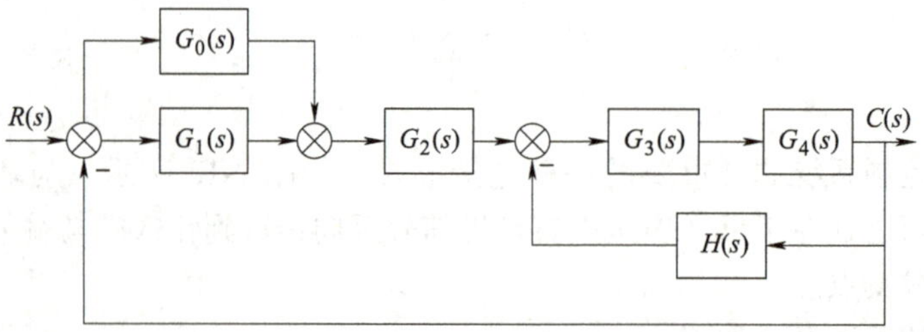

图 2-13 多回路控制系统结构图

解： 由图 2-13 可知，$G_0(s)$ 和 $G_1(s)$ 输入相同，输出相叠加，属于环节的并联。可化简等效为

$$G_0(s)+G_1(s)$$

这个化简后的环节的输出是 $G_2(s)$ 的输入，为环节的串联。可以化简等效为

$$[G_0(s)+G_1(s)]G_2(s)$$

此外，$G_3(s)$ 和 $G_4(s)$ 的结构满足环节的串联定义，则化简为等效环节 $G_3(s)G_4(s)$，与 $H(s)$ 为负反馈连接，得

$$\frac{G_3(s)G_4(s)}{1+G_3(s)G_4(s)H(s)}$$

可见，经过以上等效环节化简后，系统简化为一个单位负反馈系统。进而，可求得例 2-11 系统的闭环传递函数为

$$\frac{C(s)}{R(s)}=\frac{[G_0(s)+G_1(s)]G_2(s)\dfrac{G_3(s)G_4(s)}{1+G_3(s)G_4(s)H(s)}}{1+[G_0(s)+G_1(s)]G_2(s)\dfrac{G_3(s)G_4(s)}{1+G_3(s)G_4(s)H(s)}}$$

$$=\frac{[G_0(s)+G_1(s)]G_2(s)G_3(s)G_4(s)}{1+G_3(s)G_4(s)H(s)+[G_0(s)+G_1(s)]G_2(s)G_3(s)G_4(s)}$$

结构图是从具体系统中抽象出来的数学图形，建立结构图的目的是求取系统的传递函数。当只讨论系统的输入、输出特性，而不考虑它的具体结构时，完全可以对其进行必要的变换和化简。在实际工程处理过程中经常会遇到一些复杂的系统结构图，一般不能直接应用环节串联、并联和反馈连接的公式，还需要采用移动比较点、移动引出点等方式进行控制系统的结构变换以方便求得输入输出间的传递函数。

简化过程中需要遵守一条结构图的等效变换原则：系统结构图作为一种数学模型，比较点或引出点移动前后不应该改变原系统中各个变量之间的定量关系。

注意：比较点之间前后移动本质上是满足加法的交换律；引出点前后移动则满足引出信号等于引出点与所经过的方框内传递函数乘积不变的约束。此外，变换过程中引出点与比较点的前后位置一般不能交换。

表 2-1 给出一些比较常用的结构图简化代数规则，这些简化规则本质上是以上原则和变换规则的一种具体体现。表明遵循这些原则和变换规则，通过灵活的转换，可方便系统结构图简化。

表 2-1　常用结构图简化代数规则

	原始结构图	等效结构图
1. 比较点前移	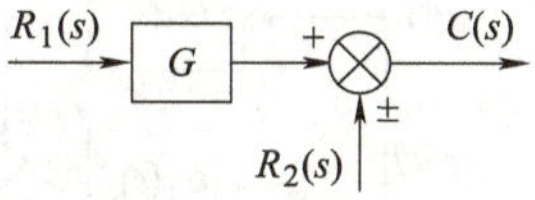	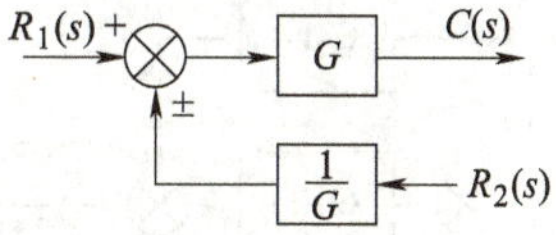
2. 比较点后移	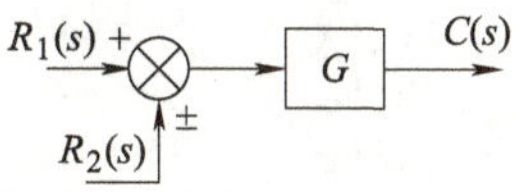	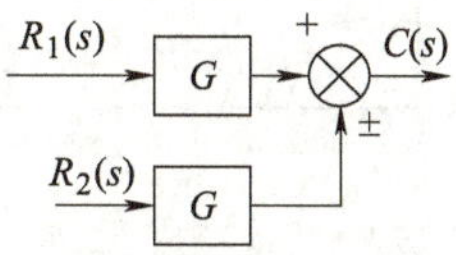
3. 比较点变位	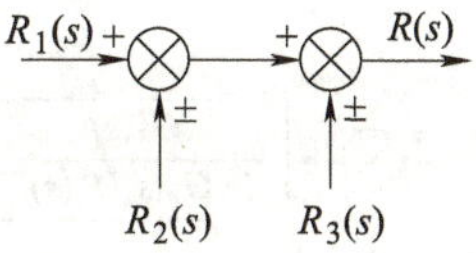	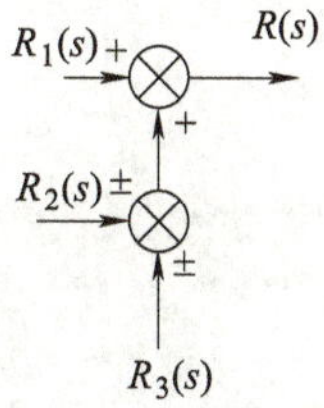
4. 引出点前移	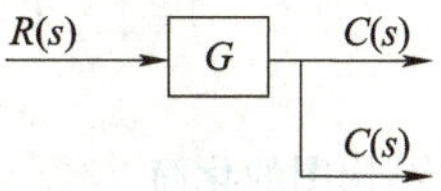	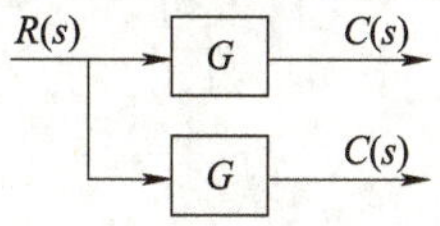

（续）

	原始结构图	等效结构图
5. 引出点后移	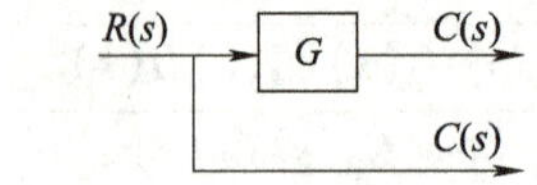	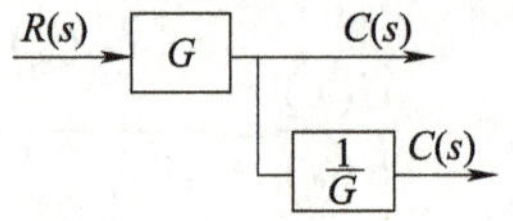
6. 负号在支路上移动	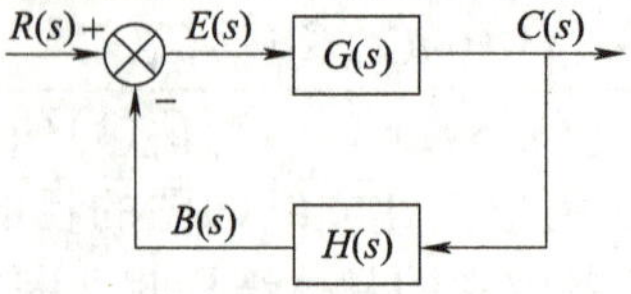	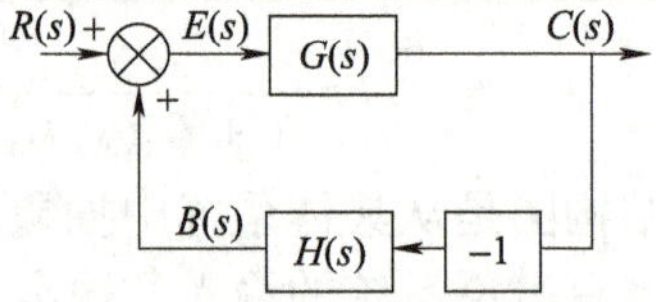

例 2-12 如图 2-14 所示，为一多回路控制系统，试求其闭环传递函数 $\dfrac{C(s)}{R(s)}$。

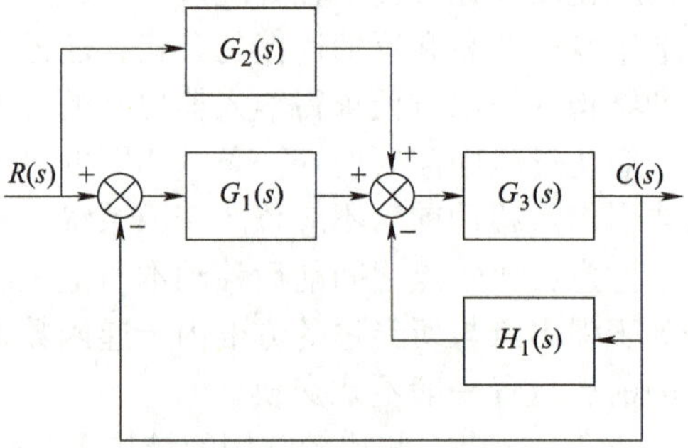

图 2-14 系统结构图

解： 由图 2-14 可知，$G_1(s)$ 和 $G_2(s)$ 输入不同，一个输入量为 $R(s)-C(s)$，另一个输入量为 $R(s)$，虽然输出相叠加，但不符合环节并联要求输入相同的定义。

这里，由于 $G_3(s)$ 和 $H_1(s)$ 结构为负反馈连接，化简后，如图 2-15a 所示，这部分的传递函数为 $\dfrac{G_3(s)}{1+G_3(s)H_1(s)}$。而后，观察引出点 A、比较点 B，当前单位负反馈信号 $-C(s)$ 的比较点位于引出点 A 的右侧，若移动到引出点 A 的左侧，似乎可以解开交错环节，但这

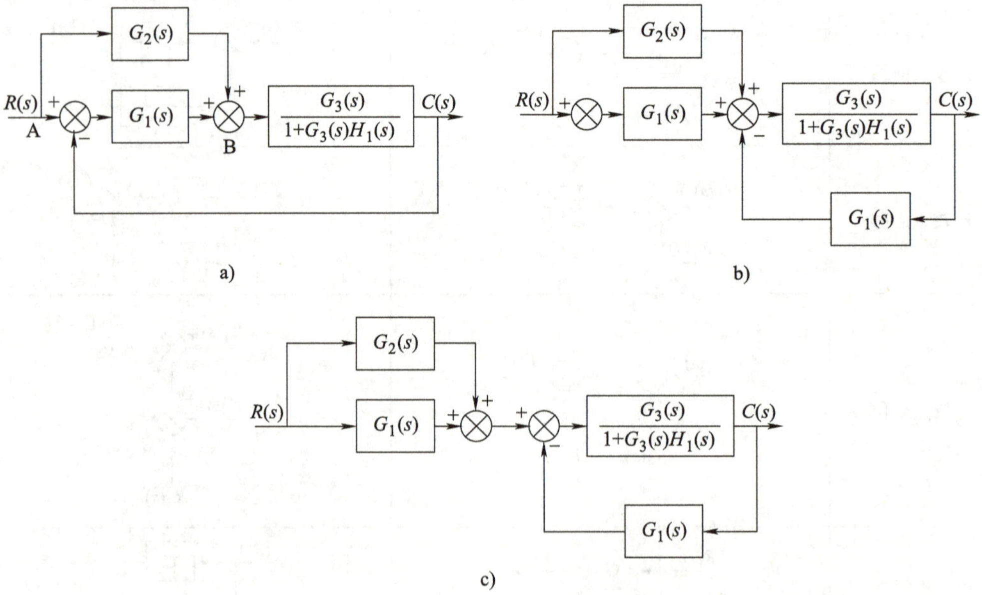

图 2-15 例 2-12 结构图的化简

样比较点与引出点的前后位置交换，会涉及比较复杂的加法与乘法的混合运算，难以分析出变换前后保持各变量不变的定量公式（这也是为何建议比较点与引出点不要交换前后位置的原因）。

此时，若将单位负反馈信号 $-C(s)$ 比较位置移动到 B 点，则可以不改变结构图中变量的定量关系，如图 2-15b 所示。为了使得变换前后各变量关系保持不变，这时需要注意在比较点移动后，原单位负反馈的反馈支路增益应变为原增益“1”乘以 $G_1(s)$。

接下来，分析可知，$G_1(s)$ 和 $G_2(s)$ 输入量都是 $R(s)$，符合环节并联的定义。在比较点 B 处进行信号的等效拆分，如图 2-15c 所示，系统结构更为清晰。

进而，可求得系统的闭环传递函数为

$$\frac{C(s)}{R(s)}=\frac{[G_1(s)+G_2(s)]\dfrac{G_3(s)}{1+G_3(s)H_1(s)}}{1+\dfrac{G_1(s)G_3(s)}{1+G_3(s)H_1(s)}}=\frac{[G_1(s)+G_2(s)]G_3(s)}{1+G_3(s)H_1(s)+G_1(s)G_3(s)}$$

例 2-13　如图 2-16 所示，为一多回路控制系统，试求其闭环传递函数 $\dfrac{C(s)}{R(s)}$。

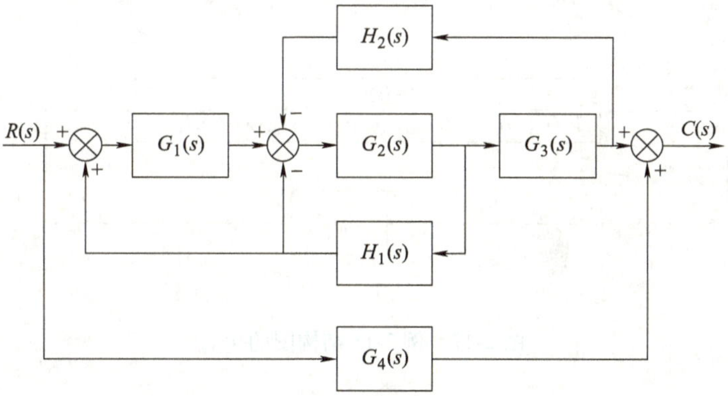

图 2-16　系统结构图

解： 由图 2-16 可知，本例结构图中 $H_2(s)$ 与 $G_2(s)G_3(s)$ 构成一个回环，为了确保 $H_1(s)$ 环节输入信号存在，不能直接化简。

若将 $H_2(s)$ 输入信号的引出点移动到与 $H_1(s)$ 为同一引出点，如图 2-17a 所示，为了保持变换前后各变量间的关系不变，移动后为 $H_2(s)G_3(s)$。这样对于 $G_2(s)$ 而言，反馈是由 $H_1(s)$ 与 $H_2(s)G_3(s)$ 并联后，共同构成一个反馈连接。

接下来，观察结构图 2-17a，发现可以直接多次使用环节的串联、并联和反馈连接进行化简，如图 2-17b、c 所示。

进而，可求得系统的闭环传递函数为

$$\frac{C(s)}{R(s)}=\frac{G_1(s)G_2(s)}{1+G_2(s)H_1(s)-G_1(s)G_2(s)H_1(s)+G_2(s)G_3(s)H_2(s)}+G_4(s)$$

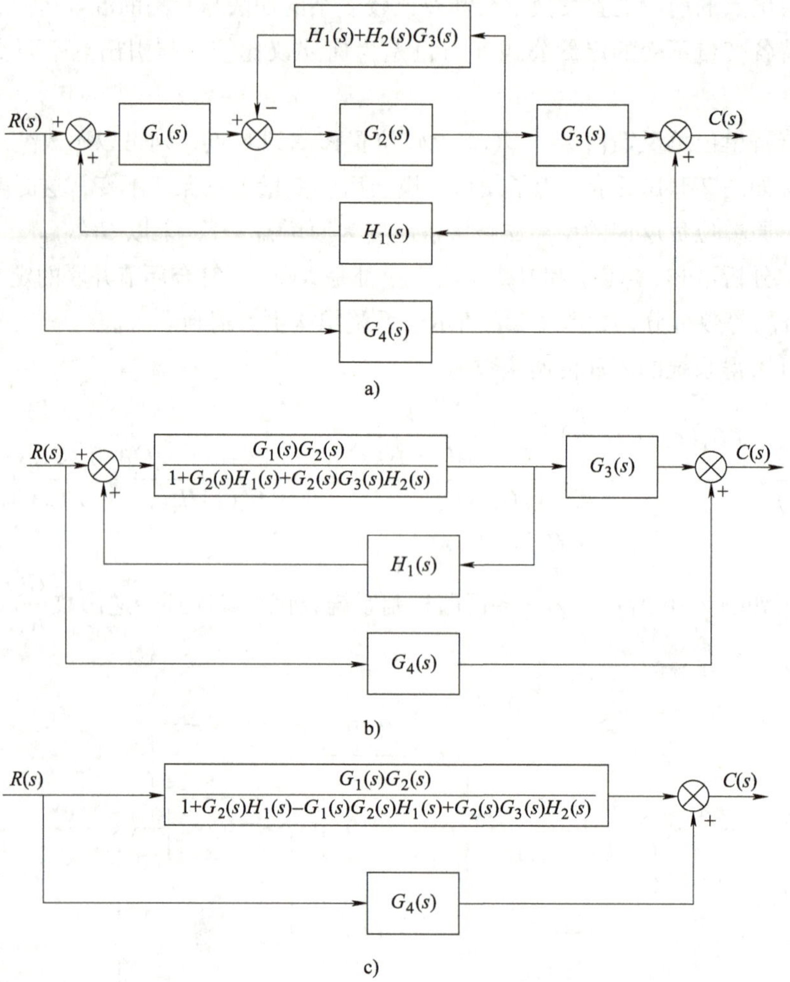

图 2-17 例 2-13 结构图的化简

2.5 信号流程图

对于比较复杂的控制系统，由于回路多且具有交叉特性，采用上节介绍的结构图变换与化简的方式往往费时且容易出错。本节介绍的信号流程图方法可以利用梅逊公式较为方便地求取控制系统中任意两个变量之间的传输特性。信号流程图与系统结构图类似，都可以表示系统结构和各变量之间的数学关系。二者具有共同特性，即都是控制系统的一种图形表示的数学模型，都能够反映系统的稳定性、准确性与快速性，只是具体形式不同而已。

由于信号流程图符号简单、便于绘制，因而在信号、系统和控制等相关学科领域中被广泛采用。

2.5.1 基本概念与常用术语

一个简单的、可以表述为线性方程组形式的系统，如

$$\begin{cases} x_1 = a_1x_0 \\ x_2 = a_2x_1 \end{cases},\quad \begin{cases} x_1 = a_1x_0 + b_1x_2 \\ x_2 = a_2x_1 + b_2x_0 \end{cases}$$

式中，x_0、x_1、x_2 表示变量，其中 x_0 为自变量；字母 a_1、a_2、b_1、b_2 表示增益倍数。

则方程组对应的信号流程图分别如图 2-18a、b 所示。在信号流程图中，用符号“∘”表示变量，称为节点。连接节点的有向线段称为支路，图中的箭头表示信号传递的方向，增益倍数、传递函数等表示所经过环节前后两变量的函数关系，通常标在支路之上。

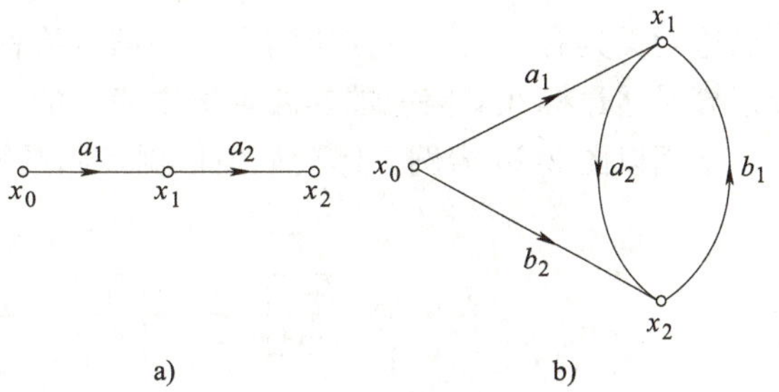

图 2-18　信号流程图

在信号流程图中涉及的常用术语比较多，这些术语的牢固掌握是后续正确映射和使用梅逊公式的基础。除了上面介绍的节点与支路是信号流程图中最重要的概念外，还有如下一些术语需要掌握。

通道：从一个节点出发，沿着支路的箭头方向相继经过各相连支路到另一节点所构成的路径称为通道。一个信号流程图中可以有多个通道。

源节点：只有出支路，表示自变量或外部输入量的点。

汇节点：只有入支路，表示因变量或输出量的点。

混合节点：既有出支路又有入支路的节点。

开通道：从通道某节点开始，终止于另一节点，并且通道中每个节点只经过一次。

闭通道：通道起点与终点为同一节点，且通道与其他任何节点只相交不超过一次，则该通道称为闭通道，又称回环。

前向通道：从源节点出发到汇节点终止，且通道中每个节点只经过一次的通道。

不接触回环：回环间没有任何公共节点的回环，称为不接触回环。

支路传输或支路增益：两个节点间的增益，即表示两个节点代表的变量之间的函数关系。

通道传输或通道增益：通道各支路传输的乘积。

回环传输或回环增益：回环/闭通道中各支路传输的乘积。

下面以图 2-19 所示信号流程图为例，说明以上术语。

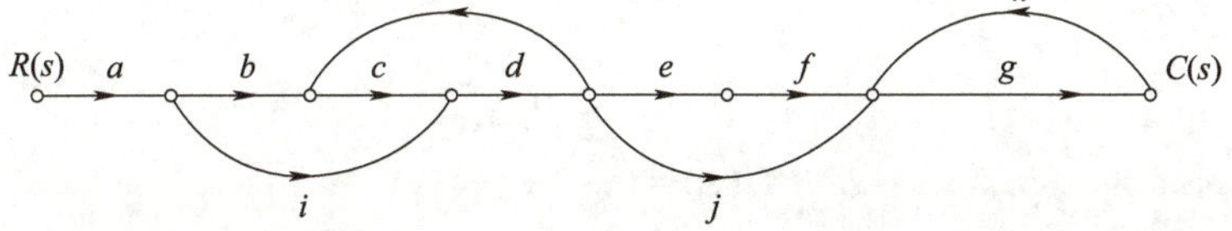

图 2-19　系统的信号流程图

图 2-19 中，$R(s)$ 是源节点，$C(s)$ 是汇节点，其他“∘”是混合节点。*abcd*、*ai* 是通道，*abh* 不是通道，因为 *h* 支路的方向与 *ab* 支路的方向不一致，*abcdh* 也不是通道，因为两次经过 *b* 和 *c* 之间的节点。从源节点到汇节点的前向通道有 *abcdefg*、*aidefg*、*aidjg* 和 *abcdjg* 共计

四条。此图共有两个回环，分别是 cdh、gk，这两个回环之间没有公共节点，所以为不接触回环。

控制系统的信号流程图可依据前面论述的变量关系方程组绘制。在已知系统结构图的情况下，也可以根据信号流程图与结构图的对应关系绘制。需要注意的是结构图中比较点和引出点这两类具有不同运算性质的点，在信号流程图中退化为一类点——节点。信号相加或相减运算是通过标在支路上的支路传输来表示的。

下面以图 2-20 为例，体会如何依据控制系统的结构图绘制出对应的信号流程图。

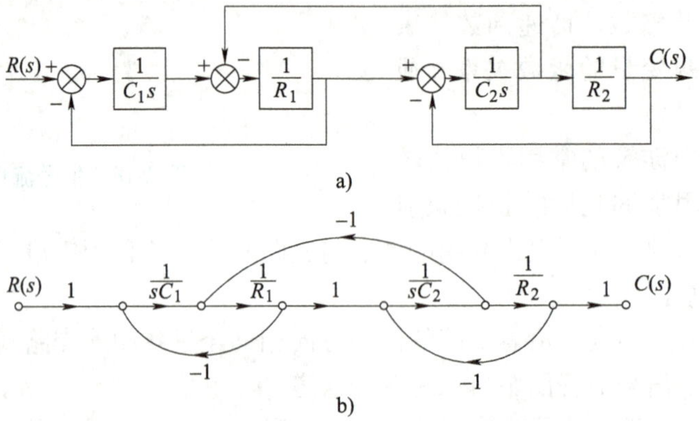

图 2-20　依据控制系统的结构图绘制出对应的信号流程图

首先，将结构图 2-20a 中的比较点、引出点全部找到，在信号流程图中一一对应绘制好各自对应的“◦”节点。

而后依据结构图给出的结构，连接好各“◦”节点之间的支路，并标注上对应的支路增益。其中，负反馈的支路增益在信号流程图中是通过“负增益”来表示的。

类似于结构图化简，信号流程图也有一套等效变换规则用于化简信号流程图。然而，由于比较繁杂，实际很少使用。信号流程图化简通常使用梅逊公式直接求取控制系统中变量间的传递函数，因此，本书对信号流程图化简部分不再赘述。

2.5.2　梅逊公式及其应用

对于回环较多的控制系统，使用本节介绍的梅逊公式可以依据信号流程图直接求出系统的传递函数，也称信号流程图的传输。梅逊公式是利用图形拓扑的方法推导出来的，具体公式表示如下：

$$G(s)=\frac{\sum_{k=1}^{n}P_k\Delta_k}{\Delta} \tag{2-28}$$

式中，n 表示从源节点到汇节点，前向通道的个数；P_k 表示从源节点到汇节点，第 k 条前向通道的传输；Δ 称为信号流程图的特征式，其表达式为

$$\Delta=1-\sum L_1+\sum L_2-\sum L_3+\cdots+(-1)^m\sum L_m \tag{2-29}$$

式中，$\sum L_1$ 为系统中各个回路的传输之和；$\sum L_2$ 为系统中任何两个不接触回环的传输乘积之和；$\sum L_3$ 为系统中任何三个不接触回环的传输乘积之和；同理，有 $\sum L_m$ 为系统中任何 m

个不接触回环的传输乘积之和。

Δ_k 称为第 k 条前向通道的特征式的余子式。即在确定第 k 条前向通道后，从特征式 Δ 中划掉与第 k 条前向通道有公共节点接触的回路后，余下的部分。

例 2-14 如图 2-19 所示，为一多回路控制系统，试求其闭环传递函数 $\dfrac{C(s)}{R(s)}$。

解： 由图 2-19 可知，从源节点 $R(s)$ 到汇节点 $C(s)$，系统有四条前向通道，即 $n=4$，其传输分别为

$$P_1 = abcdefg、P_2 = aidefg、P_3 = aidjg、P_4 = abcdjg$$

此系统有两个回环，则

$$\sum L_1 = cdh + gk$$

这两个回环之间没有公共节点，为不接触回环，则

$$\sum L_2 = cdhgk$$

可知，$\Delta=1-\sum L_1+\sum L_2=1-cdh-gk+cdhgk$。

由于四个前向通道与两个回环均有接触的公共节点，去除接触的回环后，对应的余子式分别为 $\Delta_1=1$、$\Delta_2=1$、$\Delta_3=1$、$\Delta_4=1$。根据梅逊公式式（2-28）可以求得系统的闭环传递函数：

$$G(s) = \frac{\sum_{k=1}^{n} P_k\Delta_k}{\Delta} = \frac{abcdefg + aidefg + aidjg + abcdjg}{1 - cdh - gk + cdhgk}$$

例 2-15 如图 2-20b 所示，为一多回路控制系统，试求其闭环传递函数 $\dfrac{C(s)}{R(s)}$。

解： 由图 2-20b 可知，从源节点 $R(s)$ 到汇节点 $C(s)$，系统有 1 条前向通道，即 $n=1$，其传输为

$$P_1 = \frac{1}{R_1}\frac{1}{sC_1}\frac{1}{R_2}1\frac{1}{sC_2} = \frac{1}{s^2C_1C_2R_1R_2}$$

此系统有三个回环，则

$$\sum L_1 = -\frac{1}{sC_1R_1} - \frac{1}{sC_2R_2} - \frac{1}{sC_2R_1}$$

两个回环之间没有公共节点的组合有一种，即 $\left(-\dfrac{1}{sC_1}\dfrac{1}{R_1}\right)\left(-\dfrac{1}{sC_2}\dfrac{1}{R_2}\right) = \dfrac{1}{s^2C_1C_2R_1R_2}$，所以

$$\sum L_2 = \frac{1}{s^2C_1C_2R_1R_2}$$

不存在三个互不接触的回环，则 $\sum L_3=0$。

可知，$\Delta=1-\sum L_1+\sum L_2=1+\dfrac{1}{sC_1R_1}+\dfrac{1}{sC_2R_2}+\dfrac{1}{sC_2R_1}+\dfrac{1}{s^2C_1C_2R_1R_2}$。

由于前向通道与四个回环均有接触的公共节点，去除接触的回环后，对应的余子式为 $\Delta_1=1$，根据梅逊公式式（2-28），整理后，有：

$$G(s)=\frac{\sum\limits_{k=1}^{n}P_k\Delta_k}{\Delta}=\frac{\dfrac{1}{s^2C_1C_2R_1R_2}}{1+\dfrac{1}{sC_1R_1}+\dfrac{1}{sC_2R_2}+\dfrac{1}{sC_2R_1}+\dfrac{1}{s^2C_1C_2R_1R_2}}$$

$$=\frac{1}{1+sC_2R_2+sC_1R_1+sC_1R_2+s^2C_1C_2R_1R_2}$$

使用梅逊公式求取控制系统的传递函数，需要正确识别所有回环并区分它们之间是否接触，即使仅有一个公共节点也是接触。

例 2-16 如图 2-21 所示，为一多回路控制系统，试求其闭环传递函数 $\dfrac{C(s)}{R(s)}$。

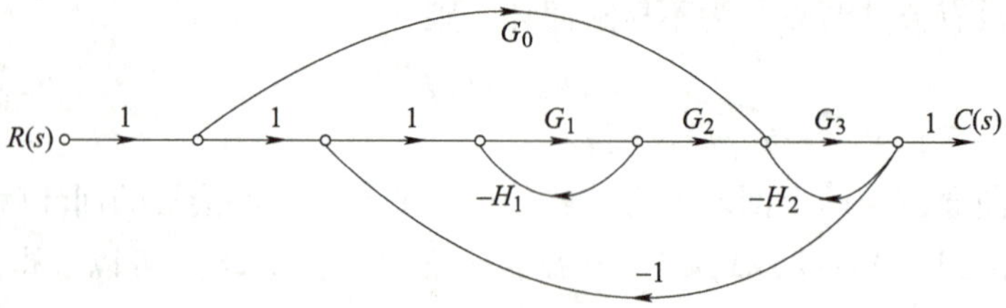

图 2-21 系统的信号流程图

解： 由图 2-21 可知，从源节点 $R(s)$ 到汇节点 $C(s)$，系统有两条前向通道，即 $n=2$，其传输分别为 $P_1=G_1G_2G_3$、$P_2=G_0G_3$。

此系统有三个回环，则

$$\sum L_1=-G_1H_1-G_3H_2-G_1G_2G_3$$

$-G_1H_1$ 和 $-G_3H_2$ 这两个回环之间没有公共节点，则 $\sum L_2=G_1G_3H_1H_2$。不存在三个互不接触的回环，则 $\sum L_3=0$。

可知，$\Delta=1-\sum L_1+\sum L_2=1+G_1H_1+G_3H_2+G_1G_2G_3+G_1G_3H_1H_2$。

由于前向通道 $P_1=G_1G_2G_3$ 与三个回环均有接触的公共节点，去除接触的回环后，对应的余子式为 $\Delta_1=1$；前向通道 $P_2=G_0G_3$ 与回环 $-G_1H_1$ 没有接触的公共节点，而与其他两个回环有接触，因此对应的余子式为 $\Delta_2=1+G_1H_1$。

根据梅逊公式式（2-28），整理后有

$$\frac{C(s)}{R(s)}=\frac{P_1\Delta_1+P_2\Delta_2}{\Delta}=\frac{G_0G_3+G_0G_1G_3H_1+G_1G_2G_3}{1+G_1H_1+G_3H_2+G_1G_2G_3+G_1G_3H_1H_2}$$

2.6 基于 MATLAB 的控制系统仿真模型

控制系统仿真总体上可涵盖控制系统模型描述、仿真建模、仿真实验和实验结果分析这四个步骤。其中模型是系统的抽象，仿真是通过对模型进行实验达到研究的目的。因此，进行控制系统仿真时，首先需要描述清楚控制系统的模型，然后在此基础上才能进行定量的分析和设计。

一般来说，利用电学、力学和热学等相关定理和定律可以获得控制系统的动态微分方程，因此，微分方程是控制系统模型的基础。通过拉普拉斯变换这种工程数学中常用的积分变换，可以将线性定常系统的时域微分方程转换为复数域的代数方程，即将一个实参数 t 的函数转换为一个复数参数 s 的函数。进一步，引入控制领域常用的数学模型——传递函数。

在 MATLAB 中，控制系统常用的数学模型有：有理分式表达的传递函数、零极点形式表达的传递函数以及状态空间模型等。

1. 控制系统模型描述

在 MATLAB 中，用函数 tf( ) 可以建立一个系统的有理分式表达的传递函数模型。命令格式为 sys=tf(num, den)。其中 num 和 den 分别为分子多项式和分母多项式降幂排列的系数向量；sys 是返回的 tf 的对象。

若传递函数的分子分母为因式连乘形式，如 $G(s)=\dfrac{3}{(0.5s+1)(s+7)}$，则可以采用 conv 命令进行多项式相乘，den=conv([0.5 1], [1 7])；获得展开后的分母多项式降幂排列的系数向量为 [0.5 4.5 7]，之后再使用 tf 命令就可以确定出系统的传递函数模型。

在 MATLAB 中，用函数 zpk( ) 可以建立一个系统的零极点表示的传递函数模型。命令格式为 sys=zpk(z, p, k)。其中 z、p、k 分别表示系统的零点、极点和增益。若系统没有零极点，则用 [ ] 表示。若 $G(s)=\dfrac{s+3}{(0.5s+1)(s+7)}$，则对应地可以描述为 $G=\dfrac{2(s+3)}{(s+2)(s+7)}=$ zpk([-3], [-2 -7], 2)。

此外，在 MATLAB 中，用函数 residue( ) 可以建立一个传递函数以部分分式展开形式的模型。命令格式为[r, p, k]=residue(num, den)。其中 r、p、k 分别表示部分分式展开的系数、极点和常数项。如 $G(s)=\dfrac{6}{(s+1)(s+2)}$，则 num=[6]，den=[1 3 2]；[r, p, k]=residue(num, den)，运行结果为 r=[-6; 6]、p=[-2 ; -1]、k=[ ]，意味着 $G(s)=\dfrac{6}{(s+1)(s+2)}=\dfrac{-6}{s+2}+\dfrac{6}{s+1}$。

以上简单的程序命令可直接通过 MATLAB 命令窗口以命令行的方式实现。一般来说，一个命令行以回车符作为结束。如果一个命令过长，一个物理行内若是写不下，可以在本行最后加上三个小黑点“…”（续行符）并按〈Enter〉键，然后接着在下一个物理行继续写命令剩余的其他部分。这样，就可以把下面的物理行看作是前一行的逻辑继续。

对于典型环节中比较特殊的延迟环节，如要表达延迟环节的模型 $G(s)=\dfrac{6}{(s+1)(s+2)}e^{-\tau s}$，较为简单的方式如下：

```
num=[6];
den=[1 3 2];
G(s)=tf(num,den);
G(s).ioDelay=τ   %τ为系统的延迟时间
```

上述几种数学模型也均可以在 Simulink 中实现。基本操作是在 Simulink 建立的系统模型中选择“Continuous”仿真模块集中的标准模块，如 Transfer Fcn 传递函数模块、Transfer Delay 固定时间传输延迟模块等。以添加或拖拽的方式放置在模型窗口中后，再双击模块，打开其属性设置对话框，将其中的对应参数设置好，如图 2-22 所示。最后单击“OK”，便得到 Simulink 中系统的传递函数。

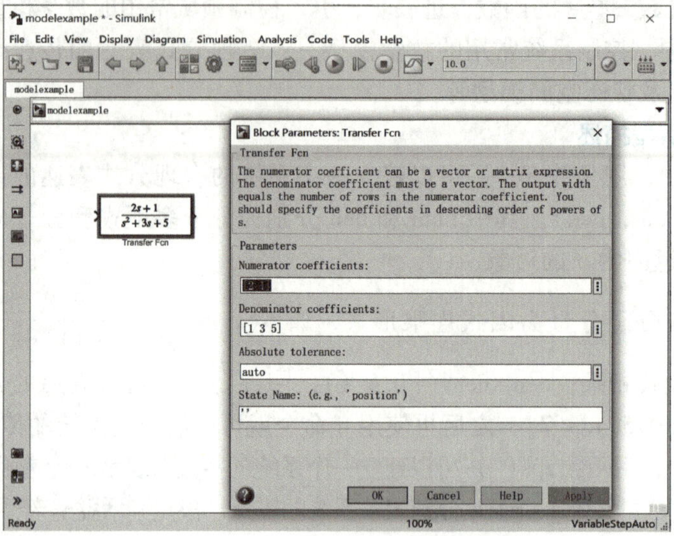

图 2-22 Simulink 中传递函数模块属性设置对话框

2. 控制系统模型转换

为了应用分析的方便，控制系统模型有时对数学模型的描述有特定要求，因此 MATLAB 提供了专门用于模型转换的命令，如

[z,p,k] = tf2zp(num,den)

[num,den] = zp2tf(z,p,k)

分别表示将常用的有理分式形式的传递函数模型转换为零极点模型和将零极点模型转换为有理分式的传递函数模型。

例 2-17 已知系统的传递函数为 $G(s)=\dfrac{2s^2+3s+3}{s^3+6s^2+11s+6}$，求零极点和增益，并写出零极点增益形式。

解： 仿真程序如下。

```
num=[2 3 3];
den=[1 6 11 6];
[z,p,k]=tf2zp(num,den)
```

命令行以“;”结尾，表示结束命令行，但命令窗口不进行结果显示；若不添加“;”，则表示结束命令行，命令窗口进行结果显示。“[ ]”表示构成向量和矩阵；“( )”表示算术表达式。

运行后，结果显示为

```
z=
   -0.7500+0.9682i
   -0.7500-0.9682i
p=
```

```
  -3.0000
  -2.0000
  -1.0000
k =
  2
```

对应地，转换后的零极点增益形式为 $G(s)=\dfrac{2(s+0.75-0.9682\mathrm{i})(s+0.75+0.9682\mathrm{i})}{(s+1)(s+2)(s+3)}$。

3. 环节连接

实际应用中，控制系统经常是由多个环节连接组成的，环节之间最基本的连接有串联、并联和反馈连接。MATLAB 提供了专门用于模型连接的命令。命令格式为

```
sys=series (sys1, sys2)
sys=parallel (sys1, sys2)
sys=feedback (sys1, sys2, sign)
```

其中，两个环节反馈连接函数中的 sign，用于表示反馈的性质，sign 默认时为负反馈，即 sign=-1，正反馈时，sign=+1。反馈连接的一个特例是单位反馈连接，令系统 sys2=1，表示系统为单位反馈这类特例。

例 2-18　已知系统结构如图 2-23 所示，采用 MATLAB 求系统的闭环传递函数 $\dfrac{C(s)}{R(s)}$。

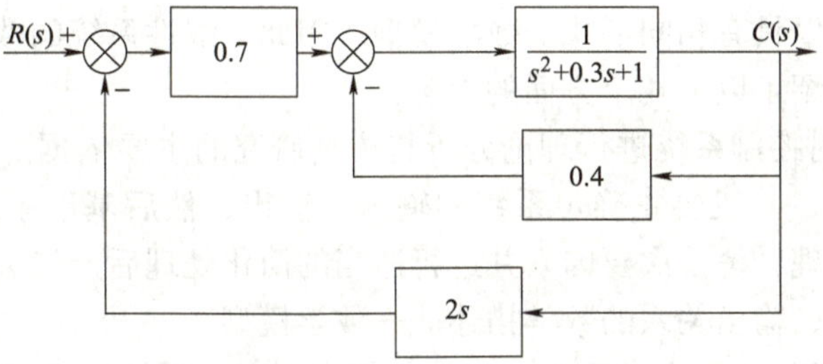

图 2-23　系统结构图

解： MATLAB 程序如下。

```
clc                                  %清除命令窗的内容
clear                                %清除工作空间的所有变量
G1=tf(1,[1 0.3 1]);                  %建立框图的传递函数模型
H1=0.4;
sys1=feedback(G1,H1,-1);             %计算由 G1、H1 组成的负反馈回路传递函数
G2=0.7;
sys2=series(G2,sys1);                %计算 G2 与反馈环节串联的传递函数
H2=tf([2 0],1);                      %反馈环节"2s"的传递函数表示
sys3=feedback(sys2,H2,-1)            %计算控制系统的传递函数
```

运行之后，求得系统的闭环传递函数为

$$\frac{C(s)}{R(s)}=\frac{0.7}{s^2+1.7s+1.4}$$

控制系统的数学模型是针对实际控制系统建立的，具体是指建立控制系统输入、输出量以及内部各变量之间关系的数学表达式。控制系统的数学模型是进行仿真的主要依据，需要反映控制系统的基本特性，提出合理的假设并进行科学抽象，能够合理表征各变量间的相互关系。通常系统建模时最基本的数学模型是微分方程表达式和差分方程表达式。

仿真建模是对实际控制系统所建立的数学模型采用适当的算法和仿真语言将其转换为计算机可以直接计算和仿真的模型。

仿真实验是采用仿真语言编写程序，将仿真模型载入计算机，然后按照设计的方案运行仿真模型，得到一系列仿真实验结果。这一步最重要的就是仿真程序的编写。好的仿真软件如 MATLAB 能够提高编程效率，语言简单易学，编程效率高，界面友好，通过调用丰富的库函数中的某条指令就可以直接实现某种功能，使得使用者不必再考虑如何编写一些通用函数，有助于集中精力，考虑具体控制系统的构建与算法实现。

实验结果分析，是指在课程学习、科学研究活动中人们为了检验某一种理论或假设，通过设计实验，观察过程中的现象、数据和规律，进而分析、判断理论和假设的正确性。仿真结果是对仿真模型和程序进行验证的必要步骤。多维度、多层次的实验结果分析对于认识复杂问题、提炼科学理论和发现演化规律具有重要意义。

本章小结

在实际工程中，不管是机械的、电气的，还是经济及生态系统，虽然各自具有不同的物理特性，但是都具有最基本的运动规律和一定的相似性，即其动态行为都可以用微分方程描述，不同物理系统可以具有相同形式的数学模型。因此，线性系统的数学模型这一章是以后各章的基础，主要介绍了以下几个方面的内容：

1）数学模型是对控制系统进行理论分析与仿真研究的主要依据。通过机理分析建立实际系统的数学模型时，一般要先确定系统的输入、输出，然后基于系统运行时应满足的物理、化学等规律或定理，舍去次要因素并进行适当的简化处理后，消去中间变量，最后就可以获得反映系统输入、输出关系的数学描述——数学模型。

2）传递函数定义为线性定常系统在初始条件为零时，系统输出量的拉普拉斯变换与输入量的拉普拉斯变换之比，是自动控制原理中重要的数学模型。微分方程是时间域的数学模型，传递函数是复数域 s 的数学模型，熟练掌握和运用传递函数的概念，有助于后续分析和研究复杂控制系统。学习过程中，对闭环系统中涉及的开环传递函数、前向通道传递函数和闭环传递函数等概念需要仔细体会并掌握。

3）根据运动规律和数学模型的共性，复杂系统都可划分为几种典型环节的组合，典型环节就是构成控制系统的基本要素，在系统分析和设计中起着重要作用。

4）结构图和信号流程图是控制系统中两种用图形表示的数学模型，可以方便、直观地显示控制系统各部分之间的结构特性。通过结构图化简或信号流程图使用梅逊公式皆可以求取控制系统的传递函数，以方便分析和研究控制系统的输入输出关系。

思考题

2-1 ________是在拉普拉斯变换基础上引申出来的复数域数学模型。

2-2 令传递函数分母多项式等于零，求得的复数域根就是系统的________。

2-3 环节的并联，其特点是多个环节具有________输入量，而以各环节的输出量的代数和作为总输出量。

2-4　系统的开环传递函数就等于________传递函数与反馈通道传递函数的乘积。

2-5　简述传递函数的定义。说明定义传递函数的前提条件是什么。

2-6　在自动控制系统中，常见的数学模型有哪些？

2-7　自动控制系统有哪些典型环节？它们的传递函数是什么样的？

2-8　控制系统结构图的组成要素有哪些？系统结构图有哪几种基本连接方式？

2-9　写出梅逊公式的表达式，并对公式中的符号进行简要说明。

2-10　初始条件均为零的前提下，已知线性定常系统的微分方程如下，其中 $r(t)$、$c(t)$ 分别表示系统的输入和输出量，试求对应系统的传递函数。

(1) $6\dfrac{\mathrm{d}^2c(t)}{\mathrm{d}t^2}+\dfrac{\mathrm{d}c(t)}{\mathrm{d}t}+c(t)=2\dfrac{\mathrm{d}r(t)}{\mathrm{d}t}+3r(t)$

(2) $\dfrac{\mathrm{d}^3c(t)}{\mathrm{d}t^3}+2\dfrac{\mathrm{d}^2c(t)}{\mathrm{d}t^2}+5c(t)=r(t)$

2-11　试求如图 2-24 所示网络的传递函数，其中 u_i 为输入，u_o 为输出，指出包含的典型环节。

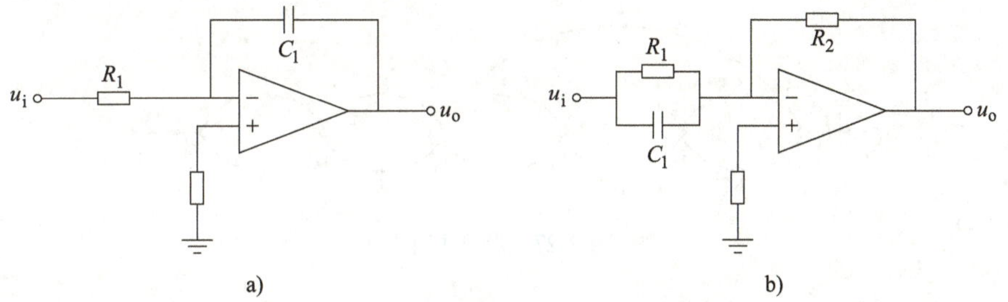

图 2-24　题 2-11 图

2-12　已知控制系统的结构图如图 2-25 所示，试通过结构图的等效变换求系统的传递函数 $\dfrac{C(s)}{R(s)}$。

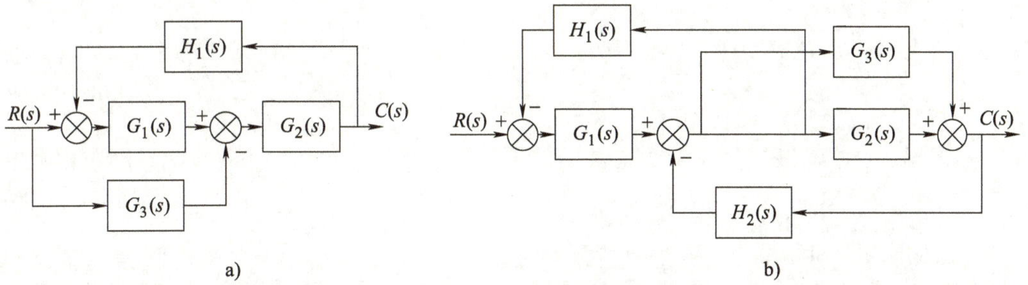

图 2-25　题 2-12 图

2-13　已知控制系统的结构如图 2-26 所示，试求

(1) 扰动 $N(s)=0$，设定系统输入为 $R(s)$，输出 $C(s)$ 时，系统的传递函数 $\dfrac{C(s)}{R(s)}$。

（2）$R(s)=0$，设定系统输入为 $N(s)$，输出 $C(s)$ 时，系统的传递函数 $\dfrac{C(s)}{N(s)}$。

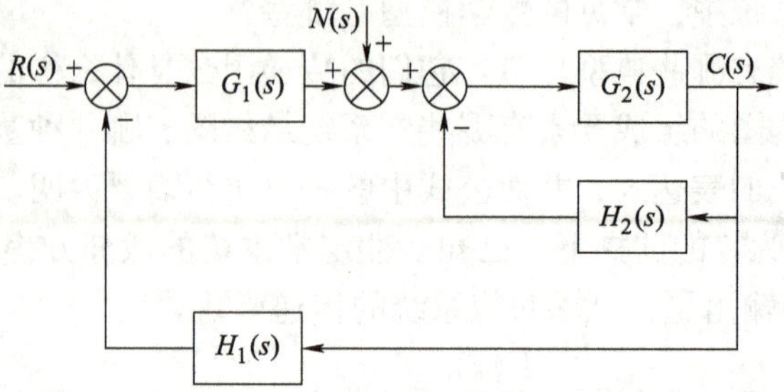

图 2-26　题 2-13 图

2-14　已知控制系统的信号流程图如图 2-27 所示，试使用梅逊公式求系统的传递函数 $\dfrac{C(s)}{R(s)}$。

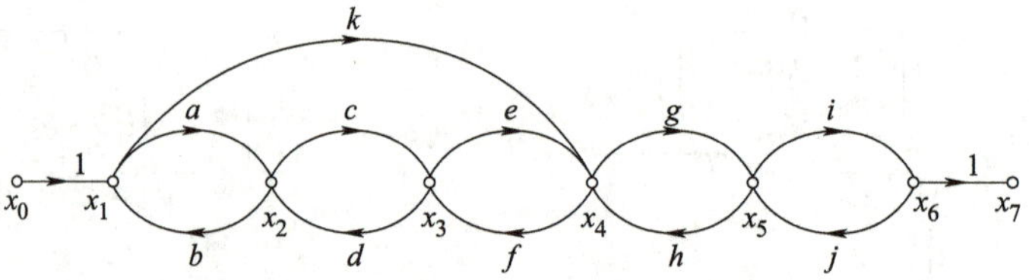

图 2-27　题 2-14 图

第 3 章　线性系统的稳定性和稳态特性分析

内容提要： 本章学习典型输入信号，概括论述了线性系统稳定性的基本概念，给出线性定常系统稳定判别的充分必要条件，介绍运用劳斯稳定判据分析系统的稳定性，要求熟练掌握稳态误差的定义和计算方法。

3.1　典型输入信号

控制系统的实际输入信号由于控制目的的不同，可能会是比较复杂的，甚至是无法事先知道的。为了测试控制系统的性能，方便进行对比分析，需要有一个共同的基准，因此需要这些典型输入信号，以便进行数学分析和实验研究。常用的典型输入信号有阶跃函数、斜坡函数、抛物线函数、脉冲函数及正弦函数这些简单的时间函数。

1. 阶跃函数

阶跃函数的数学描述为

$$r(t)=\begin{cases}0, t<0\\ A, t\geqslant 0\end{cases} \tag{3-1}$$

式中，A 为阶跃函数的幅值。当 $A=1$ 时，对应的阶跃函数为单位阶跃函数，记作 $r(t)=1(t)$，如图 3-1a 所示。阶跃函数的拉普拉斯变换为 $R(s)=\dfrac{A}{s}$。

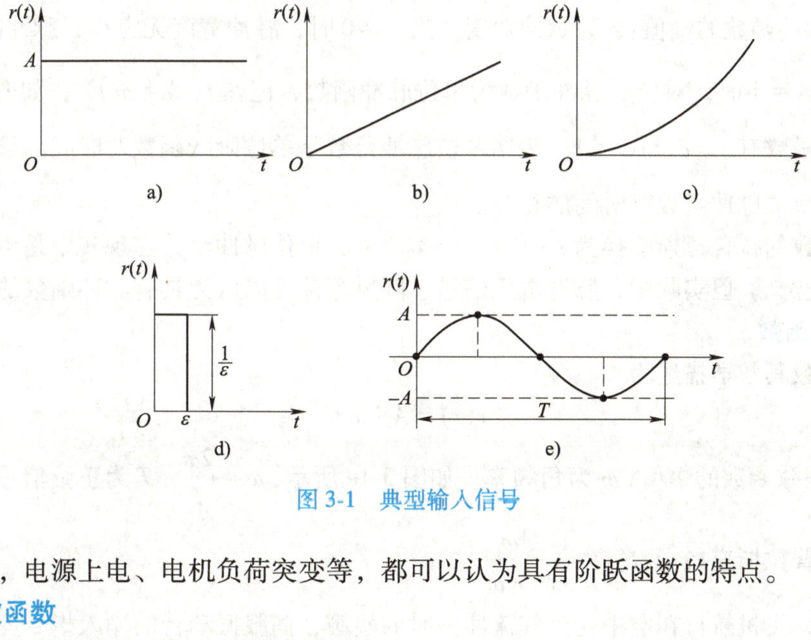

图 3-1　典型输入信号

实际中，电源上电、电机负荷突变等，都可以认为具有阶跃函数的特点。

2. 斜坡函数

斜坡函数又称速度函数，其数学描述为

$$r(t)=\begin{cases}0, t<0\\ At, t\geqslant 0\end{cases} \tag{3-2}$$

式中, A 为斜坡函数的幅值。当 $A=1$ 时，对应的斜坡函数为单位斜坡函数，记作 $r(t)=t$ ，如图 3-1b 所示。斜坡函数的拉普拉斯变换为 $R(s)=\dfrac{A}{s^2}$ 。

实际中，数控机床加工斜面时的进给命令、恒流源给超级电容器充电储能时线性升高的电容电压都可以认为具有斜坡函数的特点。

3. 抛物线函数

抛物线函数又称加速度函数，其数学描述为

$$r(t)=\begin{cases}0, t<0\\ \dfrac{A}{2}t^2, t\geqslant 0\end{cases} \tag{3-3}$$

式中, A 为抛物线函数的幅值。当 $A=1$ 时，对应的抛物线函数为单位抛物线函数，记作 $r(t)=\dfrac{1}{2}t^2$，如图 3-1c 所示。抛物线函数的拉普拉斯变换为 $R(s)=\dfrac{A}{s^3}$ 。

实际中，航天飞行器控制系统起飞阶段的输入信号接近等加速度，即可以认为具有抛物线函数的特点。

4. 脉冲函数

脉冲函数其数学描述为

$$r(t)=\begin{cases}0, t<0, t>\varepsilon(\varepsilon\to 0)\\ \dfrac{A}{\varepsilon}, 0<t<\varepsilon(\varepsilon\to 0)\end{cases} \tag{3-4}$$

式中, A 为脉冲函数的幅值; ε 为脉冲宽度，当 $\varepsilon\to 0$ 时，脉冲宽度无穷小，脉冲高度 $\dfrac{A}{\varepsilon}$ 趋于无穷大。当 $A=1$ 时，对应的脉冲函数为单位脉冲函数，记作 $r(t)=\delta(t)$ ，如图 3-1d 所示。对单位脉冲函数有 $\int_{-\infty}^{\infty}\delta(t)\mathrm{d}t=1$，表明单位脉冲函数是单位阶跃函数对时间的导数，而单位阶跃函数是单位脉冲函数对时间的积分。

脉冲函数的拉普拉斯变换为 $R(s)=A$ 。本质上，单位脉冲函数在现实中是不存在的，仅在数学上有意义。但实际中，脉冲电压信号、阵风等都可以认为具有脉冲函数的特点。

5. 正弦函数

正弦函数其数学描述为

$$r(t)=A\sin\omega t \tag{3-5}$$

式中, A 为正弦函数的幅值; ω 为角频率，如图 3-1e 所示, $\omega=\dfrac{2\pi}{T}$, T 为正弦信号的周期。正弦函数的拉普拉斯变换为 $R(s)=\dfrac{A\omega}{s^2+\omega^2}$ 。

实际中，飞机航行在空中受到气流冲击时的颠簸、伺服振动台的输入指令等都可以近似认为具有正弦函数的特点。

实际应用中究竟采用哪一种典型输入信号，取决于系统常见的工作状态。同时，在所有可能的信号中，选择最不利的信号作为系统的典型输入信号作为测试，在很多场合是可行的。例如，恒温调节系统、电动机恒速调节系统和水位调节系统等存在工作状态突然改变或者恒定输入作用的系统，都可以采用阶跃函数作为典型输入信号；跟踪通信卫星的天线控制系统等随时间变化逐渐变化的控制系统则采用斜坡函数作为典型输入信号是比较合适的。

需要注意，不同形式的输入信号所对应的输出响应是不同的，但对于线性控制系统来说，不管采用何种典型输入信号，对同一系统，其响应过程所表征的特征是一致的。通常选择单位阶跃函数作为典型输入信号，可以在一个统一的基础上对各种控制系统的特性进行比较和研究。

3.2　控制系统的稳定性分析

稳定是控制系统的重要性能，也是系统能够正常工作的首要条件。如果系统不稳定，意味着受到扰动信号后偏离预期设定的平衡状态，不能稳定运行的控制系统不可用。分析并找到保证系统稳定工作的条件，确保控制系统稳定，才能使控制系统完成设定的任务和性能指标。

3.2.1　稳定性的基本概念

如果系统在扰动作用下会偏离原平衡状态，扰动消失后，经过一段时间，系统又回到原先的平衡状态，则称系统是渐近稳定的，有时简称为稳定的。

若系统围绕原平衡状态做等幅振荡，或趋于某一非零值，则称系统是临界稳定的。

若系统偏离原平衡状态越来越远（或振荡幅值越来越大），则称系统是不稳定的。

为了方便从物理意义上理解稳定性的概念，如图 3-2 所示，以一个小球平衡状态是否稳定的示意图为例予以说明。

易知，当小球位于山峰顶点 A 这一平衡状态时，由于一些小扰动，对应地小球很容易就偏离平衡状态。当扰动撤销后，小球也不能自行回到 A 点，即不能恢复到原来的平衡状态，这种情形下称 A 点对应的平衡状态为不稳定的。然后观测，当小球位于山体凹点，对应 B 点平衡状态，小球在受到扰动时也会偏离平衡状态 B 点，但当扰动撤销后，小球会在自身重力的作用下，以 B 点为中心，沿着两侧凹坡面振荡，由于存在摩擦阻力，振荡幅值会随着时间的推移而逐步衰减，最后停止在 B 点，即恢复到原来的平衡状态，这种情形下称 B 点对应的平衡状态为稳定的。

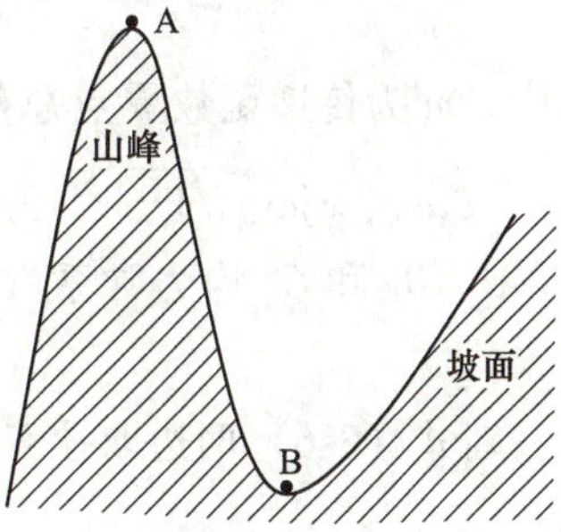

图 3-2　小球平衡状态稳定性示意图

上述示例比较直观、简单和易于理解。关于稳定性的严格定义，是由俄国学者李雅普诺夫于 1892 年建立的。李雅普诺夫稳定性理论涵盖了对非线性系统和时变系统也适用的稳定性，其定义的稳定，并不是要求系统最终恢复到原来的平衡状态，只要系统运动轨迹不超过设定的区域即可。此外，假设系统具有一个平衡状态，如果系统受到有界扰动，偏离了原平衡状态，无论扰动引起的初始偏差有多大，当扰动消失后，系统都能以足够的准确度恢复到初始平衡状态，则这种系统称为大范围稳定的系统；如果系统受到扰动后，只有当扰动引起的初始偏差小于某一范围时，系统才能在扰动消失后恢复到原平衡状态，则这样的系统称为小范围稳定的系统。对于稳定的线性系统，必然在大范围和小范围内都能稳定。只有非线性系统才可能存在小范围稳定而大范围不稳定的情况，有关非线性系统稳定性问题将在本书第7章中详细讨论。

这里只讨论线性定常系统的稳定性问题。

3.2.2 线性定常系统的稳定性分析

依据上述关于线性定常系统稳定性的表述可知，稳定性主要是考察扰动信号消失，经过足够长的时间后系统的状态。也就是说，线性定常系统的稳定性与有无外界输入无关，是系统的固有特性，仅取决于系统的结构和参数，而与初始条件也无关。

考虑线性定常系统在初始条件为零时，输入一个单位脉冲函数，对应地有一个单位脉冲响应。这模拟了扰动信号加入后又撤销的情景，若随着时间的增加，单位脉冲响应趋于“0”，则表明该线性定常系统是稳定的。

设系统的传递函数为 $\dfrac{C(s)}{R(s)}=K_g\dfrac{(s+z_1)(s+z_2)\cdots(s+z_m)}{(s+p_1)(s+p_2)\cdots(s+p_n)}$ $(m\leqslant n)$，$R(s)=1$，则系统的单位脉冲响应可以表达为如下形式：

$$
\begin{aligned}
C(s) &= K_g\frac{\prod\limits_{j=1}^{m}(s+z_j)}{\prod\limits_{i=1}^{q}(s+p_i)\prod\limits_{k=1}^{r}(s^2+2\zeta_k\omega_{nk}s+\omega_{nk}^2)}\times 1 \\
&= \sum_{i=1}^{q}\frac{A_i}{s+p_i}+\sum_{k=1}^{r}\frac{B_k(s+\zeta_k\omega_{nk})+C_k\omega_{nk}\sqrt{1-\zeta_k^2}}{s^2+2\zeta_k\omega_{nk}s+\omega_{nk}^2}
\end{aligned}
\tag{3-6}
$$

式中，m 为传递函数零点总数；q 为实极点数；$-p_i$ 为实极点；r 为共轭复数极点的对数；$s_k=-\zeta_k\omega_{nk}\pm j\omega_{nk}\sqrt{1-\zeta_k^2}$ 为一对共轭复数极点，$0<\zeta_k<1$；n 为传递函数极点总数，$n=q+2r$；A_i、B_k 和 C_k 均为常系数，可由具体的传递函数通过留数法或待定系数法等方法计算出来。

对式（3-6）两边取拉普拉斯反变换，整理后得到的高阶系统的单位脉冲响应为

$$
\begin{aligned}
c(t) &= \sum_{i=1}^{q}A_i e^{-p_i t}+\sum_{k=1}^{r}B_k e^{-\zeta_k\omega_{nk}t}\cos\omega_{nk}\sqrt{1-\zeta_k^2}\,t+\sum_{k=1}^{r}C_k e^{-\zeta_k\omega_{nk}t}\sin\omega_{nk}\sqrt{1-\zeta_k^2}\,t \\
&= \sum_{i=1}^{q}A_i e^{-p_i t}+\sum_{k=1}^{r}D_k e^{-\zeta_k\omega_{nk}t}\cos(\omega_{nk}\sqrt{1-\zeta_k^2}\,t+\theta_k),\ t\geqslant 0
\end{aligned}
\tag{3-7}
$$

可见为了保证系统是稳定的，系统极点 $-p_i$ 和 $-\zeta_k\omega_{nk}$ 的取值是至关重要的，由式（3-7）可知：

1）若所有 $-p_i<0$ 且 $-\zeta_k\omega_{nk}<0$，则当 $t\to\infty$，$c(t)\to 0$，系统是稳定的。

2）若存在一个$-p_i>0$，或$-\zeta_k\omega_{nk}>0$，则当$t\to\infty$，$c(t)\to\infty$，系统是不稳定的。

3）若存在一个$-p_i=0$，或$-\zeta_k\omega_{nk}=0$，而系统其他的特征根皆具有负实部时，则当$t\to\infty$，系统亦不能恢复到原来的平衡状态，呈现等幅振荡状态，表明系统处于临界稳定。在工程实践中，这种情况通常被认为是不稳定的。

由以上分析可以得出线性定常系统稳定的充分必要条件为：系统传递函数的全部极点具有负实部（负实数或具有负实部的共轭复数）。也就是说系统所有极点均位于复数s平面的左半部。

3.3　劳斯稳定判据

对于线性定常系统要判定系统稳定与否，需要求出系统传递函数中所有极点，进而分析其是否全部位于复数s平面的左半部。对于高阶系统，传递函数极点通过人工求解特征方程的方式比较困难，于是人们希望得到一种不需要求解高阶特征方程就能判别系统稳定与否的方法。

1877 年数学家劳斯提出了利用传递函数的分母多项式各项系数进行代数运算，得到判别全部特征根具有负实部的条件，据此来判别线性系统的稳定性。这种判据以线性系统特征方程的系数为基础，是一种代数判据，具体证明过程从略，可以从一阶系统、二阶系统求根公式出发，初步领会特征方程系数与特征根为负的关系。

本节主要介绍最常用的代数稳定判据——劳斯稳定判据，实际上还有一些其他代数稳定判据，如 1895 年赫尔维茨提出的线性系统稳定性代数判据，可参阅有关资料。

劳斯稳定判据：将系统的特征方程写成如下降幂排列的标准形式：

$$a_0s^n+a_1s^{n-1}+a_2s^{n-2}+\cdots+a_{n-1}s+a_n=0$$

式中，$a_i(i=0,1,2,\cdots,n)$为特征方程的实系数，不失一般性，这里设$a_0>0$。依据特征方程系数列写劳斯表的前两行，并计算劳斯表中其他行的系数。

s^n	a_0	a_2	a_4	a_6	$\cdots$
s^{n-1}	a_1	a_3	a_5	a_7	$\cdots$
s^{n-2}	b_1	b_2	b_3	b_4	$\cdots$
s^{n-3}	c_1	c_2	c_3	c_4	$\cdots$
$\vdots$	$\vdots$	$\vdots$	$\vdots$	$\vdots$	
s^2	e_1	e_2			
s^1	f_1				
s^0	g_1				

可见，劳斯表的行数是由系统特征的阶数决定的，从s^n行一直要列写到s^0行，劳斯表共有$n+1$行，最下面两行各有 1 列，劳斯表中相关系数的计算如下：

$$b_1=\frac{a_1a_2-a_0a_3}{a_1}$$

$$b_2 = \frac{a_1 a_4 - a_0 a_5}{a_1}$$

$$b_3 = \frac{a_1 a_6 - a_0 a_7}{a_1}$$

$$\cdots$$

系数 b_i 依据其前两行系数进行计算，直到其余的 b 行值全部等于零为止，而后开始下一行系数计算：

$$c_1 = \frac{b_1 a_3 - a_1 b_2}{b_1}$$

$$c_2 = \frac{b_1 a_5 - a_1 b_3}{b_1}$$

$$c_3 = \frac{b_1 a_7 - a_1 b_4}{b_1}$$

$$\cdots$$

系数 c_i 依据其前两行系数进行计算，直到其余的 c 行值全部等于零为止，而后开始下一行系数计算。计算到 s^0 这一行为止。可见，劳斯表中各元素排列呈上三角形。

列出劳斯表后，就可以根据劳斯稳定判据进行系统稳定性判别：系统稳定要求系统的全部极点均位于复数 s 平面的左半部的充分必要条件是特征方程的各项系数全部为正值，且劳斯表的第一列元素均为正数。若劳斯表中第一列元素出现小于零的值则系统不稳定，且第一列各系数符号改变的次数就是系统具有正实部极点的个数，也就是系统在复数 s 平面右半部极点的个数。

计算过程中为了简化数值计算量，可以用一个正数去乘或除某一行的各项，不会改变稳定性结论。

例 3-1 已知系统的特征方程为 $s^4 + 5s^3 + 11s^2 + 10s + 5 = 0$，试判别其稳定性。

解： 特征方程的系数均大于 0。列劳斯表：

$$\begin{array}{llll} s^4 & 1 & 11 & 5 \\ s^3 & 5 & 10 & \\ s^2 & 9 & 5 & \\ s^1 & \frac{65}{9} & & \\ s^0 & 5 & & \end{array}$$

由于劳斯表第一列各项系数均大于零，故该系统稳定。

例 3-2 已知单位负反馈系统的开环传递函数为 $G(s) = \dfrac{20}{s^2(s+6)}$，试判别其稳定性。

解： 系统传递函数为 $\dfrac{C(s)}{R(s)} = \dfrac{G(s)}{1+G(s)} = \dfrac{20}{s^3 + 6s^2 + 20}$，则特征方程为 $D(s) = s^3 + 6s^2 + 20 = 0$。特征方程虽然其他系数均大于 0，但是 s^1 的系数 = 0，可以判断系统不稳定。列劳斯表：

$$\begin{array}{lll} s^3 & 1 & 0 \\ s^2 & 6 & 20 \\ s^1 & -\dfrac{10}{3} & \\ s^0 & 20 & \end{array}$$

由于劳斯表第一列各项系数符号改变了两次，说明系统有两个极点在复数 s 平面的右半部，故系统不稳定。

例 3-3　已知单位负反馈系统的开环传递函数为 $G(s)=\dfrac{K}{s(0.5s+1)(0.02s+1)}$，试用劳斯稳定判据确定系统稳定时，增益 K 的取值范围。

解： 系统传递函数为 $\dfrac{C(s)}{R(s)}=\dfrac{G(s)}{1+G(s)}=\dfrac{K}{0.01s^3+0.52s^2+s+K}$，则系统的特征方程为 $D(s)=0.01s^3+0.52s^2+s+K=0$，特征方程的系数均大于 0，则需要 $K>0$。列劳斯表：

$$\begin{array}{lll} s^3 & 0.01 & 1 \\ s^2 & 0.52 & K \\ s^1 & \dfrac{0.52-0.01K}{0.52} & \\ s^0 & K & \end{array}$$

由于劳斯表第一列各项系数均大于零，系统稳定，有 $0.52-0.01K>0$、$K>0$，所以系统稳定时，增益 K 的取值范围为 $0<K<52$。

实际应用中，运用劳斯稳定判据分析系统的稳定性，有时在列出劳斯表后，会出现以下两种特殊情况，使得按常规计算方法无法计算表中的系数。此时，需要额外进行特殊的数学处理，处理的原则是不影响劳斯稳定判据的判别结果。

1）劳斯表计算过程中某行第一列的系数等于零，而其余各项系数不全等于零的情况。

这时可以用一个很小的正数 ε 来替代为零的那一项，然后按常规计算方法进行后续各项系数的计算。

例如，特征方程 $s^4+3s^3+2s^2+6s+9=0$，列劳斯表：

$$\begin{array}{llll} s^4 & 1 & 2 & 9 \\ s^3 & 3 & 6 & \\ s^2 & \varepsilon(0) & 9 & \\ s^1 & 6-\dfrac{27}{\varepsilon} & & \\ s^0 & 9 & & \end{array}$$

观察劳斯表第一列的各系数，当 ε 趋近于 0^+ 时，$6-\dfrac{27}{\varepsilon}$的值趋近于很大的负值，9 为正数。这样，劳斯表的第一列中的各系数的符号由 $\varepsilon\rightarrow 6-\dfrac{27}{\varepsilon}\rightarrow 9$ 经历了两次符号改变，表明该系统有两个具有正实部的极点，系统是不稳定的。

由于这里做了特殊的处理，因此如果 $\varepsilon(0^+)$ 上面对应的系数符号与 $\varepsilon(0^+)$ 下面对应的系数符号相同，就表明系统存在一对纯虚根。

例如，特征方程 $s^3+3s^2+2s+6=0$。列劳斯表：

s^3	1	2
s^2	3	6
s^1	$\varepsilon(0)$	
s^0	6	

这种情况下，$\varepsilon(0^+)$ 上面对应的系数 3 符号与 $\varepsilon(0^+)$ 下面对应的系数 6 符号相同，表明有一对纯虚根存在。究其根本，对特征方程进行分解，有 $(s^2+2)(s+3)=0$，可知系统极点确实存在一对纯虚根 $\pm \mathrm{j}\sqrt{2}$。

2）劳斯表计算过程中某行所有各项系数均等于零的情况。

研究发现，若系统特征方程中存在一些大小相等且对称于原点的根，例如，绝对值相同但符号相异的实根，一对共轭纯虚根，或者对称于实轴的两对共轭复根，则劳斯表中会出现全零行。

这种情况出现时，为了能够计算出后续各行系数，可以将不为零的最后一行的各项系数组成一个方程，这个方程称为辅助方程 $F(s)$，其中 s 均为偶次，表示数值相同但符号相反的根的个数。辅助方程 $F(s)$ 对 s 求导，导函数的系数替代全零行的对应项系数，然后按常规计算方法进行后续各项系数的计算，可以得出完整的劳斯表。对于原特征方程包含的特殊根，可以通过求解辅助方程获取。

例 3-4 已知系统的特征方程为 $s^6+2s^5+6s^4+10s^3+11s^2+12s+6=0$，试判别其稳定性。

解： 分析可知特征方程的系数均大于 0。列劳斯表：

s^6	1	6	11	6
s^5	2	10	12	
s^4	1	5	6	
s^3	0	0	0	

可见，s^3 行的各项系数全为零。为了求出后续 $s^2 \sim s^0$ 各行系数，将 s^3 行前一行的各项系数组成辅助方程 $F(s)$，$F(s)=s^4+5s^2+6$（本行 s 的最高次幂为 4，后续幂次依次递减 2）。辅助方程对 s 求导，有

$$\frac{\mathrm{d}F(s)}{\mathrm{d}s}=4s^3+10s$$

用辅助方程的导函数系数替换 s^3 行相应的系数，并继续计算下去，得劳斯表：

s^6	1	6	11	6
s^5	2	10	12	
s^4	1	5	6	
s^3	4	10	0	
s^2	2.5	6		
s^1	1			
s^0	6			

上表第一列没有变号，因此可以确定在复数 s 平面的右半部没有极点。由于 s^3 行的各项系数均为零，表示存在特殊根，这些根可以通过辅助方程求出。

$$s^4 + 5s^2 + 6 = 0 \Rightarrow (s^2 + 2)(s^2 + 3) = 0$$

求出 $s_{1,2} = \pm j\sqrt{2}$，$s_{3,4} = \pm j\sqrt{3}$。

例 3-5　已知系统的结构图如图 3-3 所示，试求满足稳定要求时 K 的临界值。

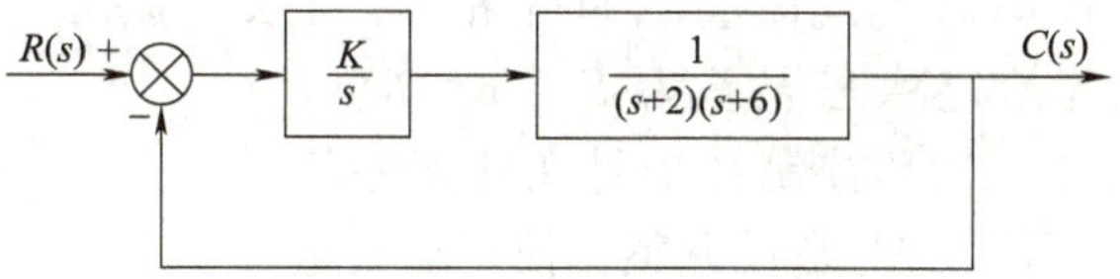

图 3-3　例 3-5 系统结构图

解： 系统传递函数为 $\dfrac{C(s)}{R(s)} = \dfrac{G(s)}{1 + G(s)} = \dfrac{K}{s^3 + 8s^2 + 12s + K}$，系统的特征方程为 $D(s) = s^3 + 8s^2 + 12s + K = 0$，可见特征方程的系数均大于 0，则需要 $K>0$。列劳斯表：

$$\begin{array}{lll} s^3 & 1 & 12 \\ s^2 & 8 & K \\ s^1 & \dfrac{96-K}{8} & \\ s^0 & K & \end{array}$$

依据劳斯稳定判据，系统稳定，则劳斯表第一列系数为正数，即 $K>0$，$96-K>0$，则有 $0<K<96$。

从而得出满足稳定的临界值为 $K_{\text{lin}} = 96$。

3.4　控制系统的稳态误差分析

衡量系统稳态特性好坏的主要时域指标是稳态误差。工程上，通常用系统对典型测试信号的稳态响应来表征系统的稳态精度。显然，只有稳定的系统，稳态误差才有意义。

稳态误差是衡量系统控制精度的一种度量，是控制系统设计中重要的稳态性能指标。稳态误差是指一个稳定的系统，由输入信号进行激励，经过足够长的时间后，系统的动态响应衰减到几乎为零的情况下，系统稳态响应的实际值与期望值之间的偏差。稳态误差反映控制系统跟踪控制信号或抑制扰动信号的能力和准确度。

控制系统的输入包含给定输入和扰动量，对应的控制系统的稳态误差也分为两类：给定稳态误差和扰动稳态误差。这里讨论的稳态误差仅限于由系统结构、参数及输入信号的不同而导致的稳态误差，不包含由于具体元件的灵敏性、温湿度影响所带来的误差问题。

可以说控制系统的稳态误差是不可避免的，控制系统设计的任务之一是尽量减小系统的稳态误差，或使稳态误差小于某一容许值。必须指出，只有当系统稳定时，研究稳态误差才有意义；对于不稳定的系统而言，根本不存在研究稳态误差的可能性。

1. 给定稳态误差

如图 3-4 所示，为同时存在给定输入信号 $R(s)$ 和扰动量 $N(s)$ 的一个典型闭环控制系统结构图。

假设扰动量 $N(s)=0$，若给定输入信号 $R(s)$ 与反馈量 $B(s)$ 不相等，定义系统给定稳态误差为 $E_r(s)=R(s)-B(s)$。闭环控制系统是在此误差信号作用下，进行自动调整，使得输出量趋于期望值。这种定义方法也称为在系统输入端定义误差的方法。

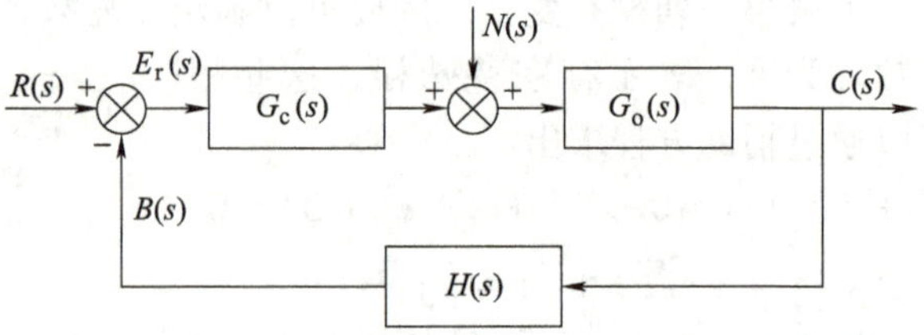

图 3-4　典型闭环控制系统结构图

由图 3-4 可知：

$$E_r(s)=R(s)-B(s)=R(s)-E_r(s)G_c(s)G_o(s)H(s)$$

进一步，求得系统给定稳态误差的像函数为

$$\begin{aligned}E_r(s)=R(s)-B(s)&=\frac{1}{1+G_c(s)G_o(s)H(s)}R(s)\\&=\frac{1}{1+G(s)}R(s)=\Phi_e(s)R(s)\end{aligned}\tag{3-8}$$

式中，$G(s)=\dfrac{B(s)}{E_r(s)}=G_c(s)G_o(s)H(s)$，是图 3-4 所示系统的开环传递函数；$\Phi_e(s)=\dfrac{E_r(s)}{R(s)}=\dfrac{1}{1+G(s)}$，是设定输入为 $R(s)$，输出为 $E_r(s)$ 时，系统的给定误差传递函数。

式（3-8）表明系统的给定稳态误差与控制系统的结构、参数特性以及给定输入信号的性质有关。

对于稳定的系统，由拉普拉斯变换的终值定理可知，若已知系统给定输入信号就可以方便地求得系统的稳态误差，即

$$e_{sr}=\lim_{t\to\infty}e_{sr}(t)=\lim_{s\to0}sE_r(s)=\lim_{s\to0}sR(s)\frac{1}{1+G(s)}=\lim_{s\to0}s\Phi_e(s)R(s)\tag{3-9}$$

注意：不稳定的系统没有稳定状态，因此也就没有稳态误差，也就不能使用终值定理。即如果有理函数 $sE_r(s)$ 的极点均位于复数 s 平面的左半部（包括坐标原点），则可采用式（3-9）求出系统在给定输入信号作用下的稳态误差。

2. 扰动稳态误差

扰动稳态误差是从控制系统的输出端定义的。假设给定输入 $R(s)=0$，则系统对应的期望输出 $C(s)=0$，然而由于扰动量 $N(s)$ 的作用，系统实际输出为 $C_n(s)$。由图 3-4 可知 $\dfrac{C_n(s)}{N(s)}=\dfrac{G_o(s)}{1+G(s)}$，式中 $G(s)=G_c(s)G_o(s)H(s)$。

定义系统扰动稳态误差，指控制系统输出量的实际值与期望值之差，记为 $E_n(s)$，即 $E_n(s)=C_n(s)-C(s)=C_n(s)$，进而有：

$$E_n(s)=\frac{G_o(s)}{1+G(s)}N(s)=\Phi_n(s)N(s)\tag{3-10}$$

式中，$\Phi_n(s)=\dfrac{C_n(s)}{N(s)}=\dfrac{G_o(s)}{1+G_c(s)G_o(s)H(s)}=\dfrac{G_o(s)}{1+G(s)}$，是设定输入为 $N(s)$，输出为 $C_n(s)$ 时，系统的扰动误差传递函数。

式（3-10）表明系统的扰动误差与控制系统的结构、参数特性以及扰动信号的性质有关。

与给定输入误差类似，利用拉普拉斯变换的终值定理，也能求出扰动稳态误差：

$$e_{sn}=\lim_{t\to\infty}e_{sn}(t)=\lim_{s\to 0}sE_n(s)=\lim_{s\to 0}sN(s)\frac{G_o(s)}{1+G(s)} \tag{3-11}$$

但是实际上，事先明确知道扰动信号具体形式的情况很少，且扰动信号多数属于随机扰动信号。因此，消除扰动信号影响和减小扰动误差是控制系统应用中不可避免要面对和解决的问题之一。

例 3-6　已知系统的结构图如图 3-5 所示，当输入信号 $r(t)=1(t)$、$r(t)=t$ 时，试求系统的给定稳态误差。

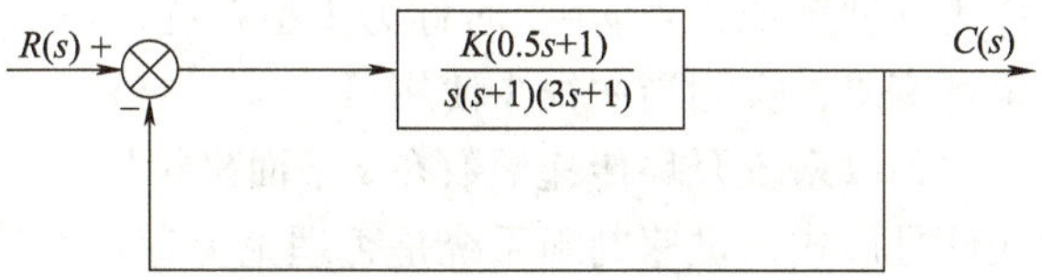

图 3-5　例 3-6 系统结构图

解： 计算系统稳态误差前，需要先分析系统的稳定性，否则系统不稳定没有计算稳态误差的意义。

由图 3-5 求得此系统的闭环特征方程为 $D(s)=s(s+1)(3s+1)+K(0.5s+1)=0$，整理得 $3s^3+4s^2+(1+0.5K)s+K=0$，列劳斯表：

$$\begin{array}{lll} s^3 & 3 & 1+0.5K \\ s^2 & 4 & K \\ s^1 & \dfrac{4-K}{4} & \\ s^0 & K & \end{array}$$

可知，系统的稳定条件为 $0<K<4$。

系统给定误差传递函数为 $\dfrac{E_r(s)}{R(s)}=\dfrac{1}{1+G(s)}=\dfrac{1}{1+\dfrac{K(0.5s+1)}{s(s+1)(3s+1)}}$，整理得 $E_r(s)=\dfrac{s(s+1)(3s+1)}{s(s+1)(3s+1)+K(0.5s+1)}R(s)$，使用终值定理，得

$$e_{sr}==\lim_{s\to 0}sE_r(s)=\lim_{s\to 0}s\frac{s(s+1)(3s+1)}{s(s+1)(3s+1)+K(0.5s+1)}\frac{1}{s}=0\ (r(t)=1(t))$$

$$e_{sr}==\lim_{s\to 0}sE_r(s)=\lim_{s\to 0}s\frac{s(s+1)(3s+1)}{s(s+1)(3s+1)+K(0.5s+1)}\frac{1}{s^2}=\frac{1}{K}\ (r(t)=t)$$

可见：①控制系统稳态误差的大小与系统的输入信号具体形式有关；②控制系统稳态误差的大小还与系统的开环增益 K 有关，系统的开环增益越大，误差越小；③控制系统稳态误差精度与稳定性对开环增益的要求是矛盾的，若 $K>4$，系统不稳定。

3. 控制系统的类型及稳态误差系数

由上述系统稳态误差的分析可知，控制系统的稳态误差数值计算与开环传递函数的结构、参数和输入信号的形式密切相关。对于一个给定的控制系统，在稳定的前提下，当输入信号形式确定后，系统的稳态误差主要取决于系统开环传递函数描述的系统结构和参数。所以，有必要按照控制系统跟踪不同输入信号的能力对系统进行分类。稳态性能的优劣一般是

根据系统响应某些典型输入信号的稳态误差来评价的。

一般情况下，控制系统的开环传递函数可以表示为

$$G(s)=G_{c}(s)G_{o}(s)H(s)=\frac{K\prod_{j=1}^{m}(T_{j}s+1)}{s^{v}\prod_{i=1}^{n-v}(\tau_{i}s+1)} \tag{3-12}$$

式中，K 为开环增益；v 为开环系统中串联积分环节的个数（也称重数），表明开环传递函数在复数 s 平面坐标原点处的极点有 v 个。控制系统的类型是以 v 的数值进行划分的，当 $v=0$ 时称为 0 型系统，当 $v=1$ 时称为Ⅰ型系统，当 $v=2$ 时称为Ⅱ型系统。当 $v>2$ 时，系统的稳定性变差，实际当中很少使用。

这种以系统开环传递函数在 s 平面坐标原点上的极点数来分类的方法，可以根据已知的输入信号形式，迅速判断系统是否理论上存在稳态误差及稳态误差大小。它与按系统的阶次进行分类的方法不同，阶次 m 和 n 的大小与系统的型别无关，不影响系统稳态误差的数值。

下面讨论几种在典型输入信号作用下，系统的稳态误差与系统的结构、参数之间的关系。

当给定输入信号为阶跃函数 $R(s)=\dfrac{A}{s}$ 时，依据式（3-9），系统的给定稳态误差值为

$$\begin{aligned} e_{sr}&=\lim_{s\to 0}sE_{r}(s)=\lim_{s\to 0}sR(s)\frac{1}{1+G(s)}\\ &=\lim_{s\to 0}s\frac{A}{s}\frac{1}{1+G(s)}=\frac{A}{1+\lim\limits_{s\to 0}G(s)}=\frac{A}{1+K_{p}} \end{aligned} \tag{3-13}$$

式中，A 为阶跃函数的幅值；K_p 为稳态位置误差系数，也称阶跃误差常数。

$$K_{p}=\lim_{s\to 0}G(s) \tag{3-14}$$

类似地，当给定输入信号为斜坡函数 $R(s)=\dfrac{A}{s^{2}}$ 时，依据式（3-9），系统的给定稳态误差值为

$$e_{sr}=\lim_{s\to 0}sR(s)\frac{1}{1+G(s)}=\lim_{s\to 0}s\frac{A}{s^{2}}\frac{1}{1+G(s)}=\frac{A}{\lim\limits_{s\to 0}sG(s)}=\frac{A}{K_{v}} \tag{3-15}$$

式中，A 为斜坡函数的幅值；K_v 为稳态速度误差系数，也称斜坡误差常数。这里的速度误差并非指系统稳态输出与输入之间存在速度上的误差，而是指系统在速度（斜坡）输入作用下，系统稳态输出与输入之间存在位置上的误差。

$$K_{v}=\lim_{s\to 0}sG(s) \tag{3-16}$$

当给定输入信号为抛物线函数 $R(s)=\dfrac{A}{s^{3}}$ 时，依据式（3-9），系统的给定稳态误差值为

$$e_{sr}=\lim_{s\to 0}sR(s)\frac{1}{1+G(s)}=\lim_{s\to 0}s\frac{A}{s^{3}}\frac{1}{1+G(s)}=\frac{A}{\lim\limits_{s\to 0}s^{2}G(s)}=\frac{A}{K_{a}} \tag{3-17}$$

式中，A 为抛物线函数的幅值；K_a 为稳态加速度误差系数，也称抛物线误差常数。加速度误

差是指系统在加速度（抛物线）输入作用下，系统稳态输出与输入之间存在位置上的误差。

$$K_a = \lim_{s \to 0} s^2 G(s) \tag{3-18}$$

综上所述，稳态误差系数（即静态误差系数）K_p、K_v 和 K_a 定量描述了系统跟踪不同形式输入信号的能力。当系统的输入信号形式、输出量的期望值和容许的稳态误差确定后，就可以方便地根据静态误差系数去选择系统的型别和开环增益。

可将反馈控制系统的型别、静态误差系数和输入信号形式之间的关系统一归纳在表 3-1 中。由于控制系统类型的不同，即串联积分环节个数的不同，依据定义，这三种稳态误差系数的数值可能为“0”“某常数值”“∞”。

建议读者先自行分析系统的开环传递函数为 0 型，输入信号为阶跃、斜坡和抛物线函数时，系统的稳态误差，而后对照表 3-1 给出的结果进行体会。再依次分析系统的开环传递函数分别为 I 型、Ⅱ型时，对应给定典型输入信号下系统的稳态误差。

表 3-1　给定典型输入信号下系统的稳态误差值 $e_{sr}=\lim_{s\to 0} sR(s)\dfrac{1}{1+G(s)}$

系统类型	阶跃信号 $R(s)=\dfrac{A}{s}$	斜坡信号 $R(s)=\dfrac{A}{s^2}$	抛物线信号 $R(s)=\dfrac{A}{s^3}$
0 型　$G(s)=\dfrac{K\prod_{j=1}^{m}(T_j s+1)}{\prod_{i=1}^{n}(\tau_i s+1)}$	$\dfrac{A}{1+K_p}$	∞	∞
I 型　$G(s)=\dfrac{K\prod_{j=1}^{m}(T_j s+1)}{s\prod_{i=1}^{n-1}(\tau_i s+1)}$	0	$\dfrac{A}{K_v}$	∞
Ⅱ型　$G(s)=\dfrac{K\prod_{j=1}^{m}(T_j s+1)}{s^2\prod_{i=1}^{n-2}(\tau_i s+1)}$	0	0	$\dfrac{A}{K_a}$

由于实际输入多为阶跃函数、斜坡函数和加速度函数的线性组合，使用时相应地按比例进行叠加就可以求得输入信号作用下的稳态误差。

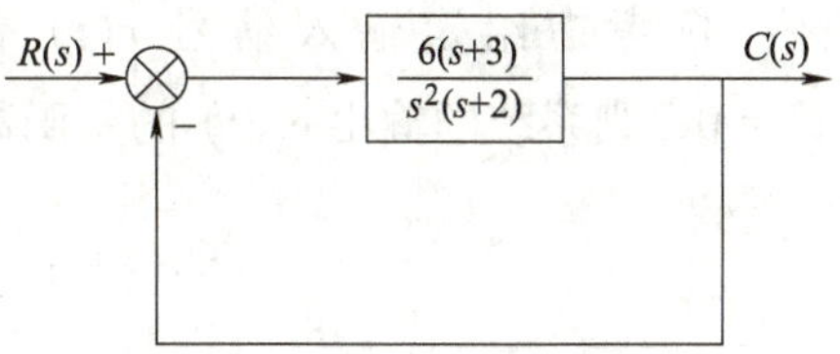

图 3-6　例 3-7 系统的结构图

例 3-7　已知系统的结构图如图 3-6 所示，当输入信号 $r(t)=1(t)+3t+t^2$ 时，试求：

1）系统的给定稳态误差值。

2）当系统的开环传递函数变更为 $G(s)=\dfrac{6}{s(s+2)}$ 时，系统的给定稳态误差值。

解：

1）这种情况下，由开环传递函数可知控制系统为Ⅱ型。输入为多个典型输入信号构成的组合输入，对应输入信号的象函数为 $R(s)=\dfrac{1}{s}+\dfrac{3}{s^2}+\dfrac{2}{s^3}$。对应系统的给定稳态误差也是由多部分组合而成，$e_{sr}=\dfrac{A_1}{1+K_p}+\dfrac{A_2}{K_v}+\dfrac{A_3}{K_a}=\dfrac{1}{1+K_p}+\dfrac{3}{K_v}+\dfrac{2}{K_a}$，其中

$$K_p=\lim_{s\to 0}G(s)=\lim_{s\to 0}\frac{6(s+3)}{s^2(s+2)}=\infty$$

$$K_v=\lim_{s\to 0}sG(s)=\lim_{s\to 0}s\frac{6(s+3)}{s^2(s+2)}=\infty$$

$$K_a=\lim_{s\to 0}s^2G(s)=\lim_{s\to 0}s^2\frac{6(s+3)}{s^2(s+2)}=9$$

进而计算得 $e_{sr}=\dfrac{2}{9}$。

2）这种情况下，由开环传递函数可知控制系统为Ⅰ型：

$$K_p=\lim_{s\to 0}G(s)=\lim_{s\to 0}\frac{6}{s(s+2)}=\infty$$

$$K_v=\lim_{s\to 0}sG(s)=\lim_{s\to 0}s\frac{6}{s(s+2)}=3$$

$$K_a=\lim_{s\to 0}s^2G(s)=\lim_{s\to 0}s^2\frac{6}{s(s+2)}=0$$

系统的给定稳态误差值 $e_{sr}=\dfrac{1}{1+K_p}+\dfrac{3}{K_v}+\dfrac{2}{K_a}=\dfrac{1}{1+\infty}+\dfrac{3}{3}+\dfrac{2}{0}=\infty$。

该示例表明开环传递函数不同的控制系统类型，在输入信号相同时稳态误差不同。系统型别 v 较小时，对于输入信号变化较大的抛物线函数跟踪性能不好，稳态误差值为“∞”，见表 3-1 中最后一列。

例 3-8 已知系统的结构图如图 3-7 所示，给定输入信号 $r(t)$，扰动信号 $n(t)$，试求系统输出 $c(t)$ 的象函数。

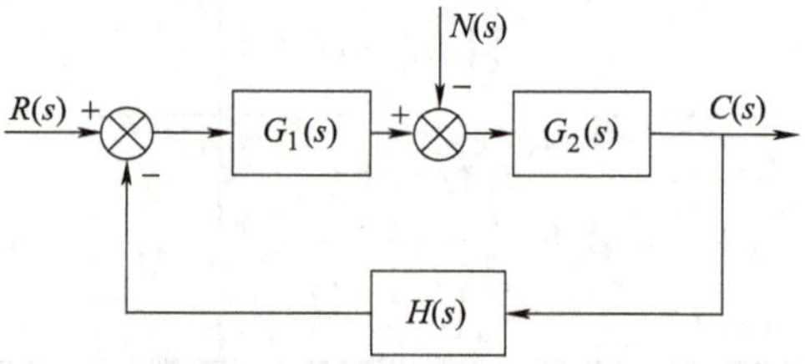

图 3-7 例 3-8 系统的结构图

解： 由图 3-7 可知，系统运行过程中的输出受给定输入信号 $r(t)$、扰动信号 $n(t)$ 的共同作用。仅考虑给定输入信号 $r(t)$ 作用，令 $n(t)=0$，则系统的输出 $c_1(t)$ 的象函数 $C_1(s)$ 为

$$C_1(s)=\frac{G_1(s)G_2(s)}{1+G_1(s)G_2(s)H(s)}R(s)$$

仅考虑扰动信号 $n(t)$ 作用，令 $r(t)=0$，则系统的输出 $c_2(t)$ 的象函数 $C_2(s)$ 为

$$C_2(s)=\frac{G_2(s)}{1+G_1(s)G_2(s)H(s)}[-N(s)]$$

此时的 $C_2(s)$ 与系统输出端定义的扰动稳态误差式（3-10）是一致的，区别仅在于扰动是信号以“+”还是“-”的方式进行信号综合而已。

根据线性系统的叠加定理，系统的总输出等于各个外部输入信号引起的输出响应的总和，则系统输出 $c(t)$ 的象函数 $C(s)$ 为

$$C(s)=C_1(s)+C_2(s)=\frac{G_1(s)G_2(s)}{1+G_1(s)G_2(s)H(s)}R(s)-\frac{G_2(s)}{1+G_1(s)G_2(s)H(s)}N(s)$$

该示例表明控制系统的输出一方面具有跟踪给定输入信号的趋势，另一方面不可避免地受到扰动量影响，使得实际输出偏离期望输出。

4. 减小稳态误差的主要方法

概括起来，减小控制系统稳态误差的措施包括：

1）增大系统的开环增益，但是应注意如例 3-6 所表明的，开环增益的提高需要在满足系统稳定性的前提下进行。

2）增加系统开环传递函数串联积分环节的个数，但是一般 v 不超过 2，以保证系统的稳定性。

3）如果控制系统中存在强扰动，特别是低频强扰动，则可以考虑引入补偿装置 $G_c(s)$，改变系统结构，以消除稳态误差。增加补偿装置减小稳态误差的结构如图 3-8 所示，通过设计 $G_c(s)$，尝试消除扰动干扰。

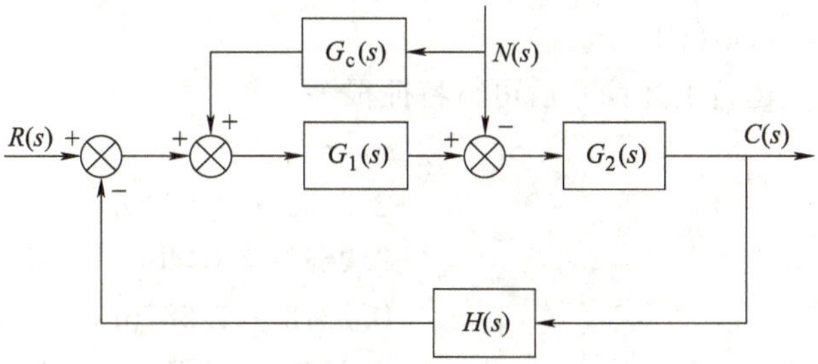

图 3-8　增加补偿装置减小稳态误差的结构示意图

由图 3-8 可知，设 $R(s)=0$，则期望输出 $C(s)=0$。然而这时扰动信号 $N(s)$ 为输入，激励的系统实际输出为

$$E_n(s)=C_n(s)-C(s)=C_n(s)$$

扰动信号 $N(s)$ 通过两个前向通道传递信号到输出端 $C_n(s)$，一条比较明显的通路是通过 $G_2(s)$ [输入 $-N(s)$]，还有一条是通过 $G_c(s)G_1(s)G_2(s)$ [输入 $N(s)$]。若认为输入为相同的输入信号 $-N(s)$，通过前向通道 $G_2(s)-G_c(s)G_1(s)G_2(s)$ 传递信号到输出端，系统的开环传递函数为 $-G_1(s)G_2(s)H(s)$，则对应地系统的闭环传递函数为

$$\frac{C_n(s)}{-N(s)}=\frac{G_2(s)[1-G_c(s)G_1(s)]}{1+G_1(s)G_2(s)H(s)}$$

进一步分析，有 $E_n(s)=C_n(s)=\dfrac{G_2(s)[1-G_c(s)G_1(s)]}{1+G_1(s)G_2(s)H(s)}[-N(s)]$，若令 $G_c(s)=\dfrac{1}{G_1(s)}$，代入上式可知，$E_n(s)=0$。表明通过改变结构，巧妙设计 $G_c(s)$，可以实现消除扰动量对系统输出稳态误差影响的目的。

3.5 MATLAB 在线性系统稳定性及稳态性能分析中的应用

在对控制系统做分析时，首先要判别系统是否稳定。如果稳定，就可以进一步分析该系统在典型输入信号作用下输出的稳态性能。上述工作应用 MATLAB 可以相对轻松地完成。

对于系统的稳定性判断，一般有两种方法：

1）直接求根判断系统稳定性：控制系统稳定的充要条件是其特征方程的根均具有负实部。因此为了判别闭环系统的稳定性就要求出闭环系统特征方程的根，并检验它们是否都具有负实部。在 MATLAB 中很容易求得闭环系统特征方程所有的根。因此通过系统特征根在 s 平面的位置，可以判断系统的稳定性。

例 3-9 已知单位负反馈系统的开环传递函数为 $G(s)=\dfrac{6s^2+7s+12}{s^4+5s^3+8s^2+9s+12}$，试着使用 MATLAB 求系统的闭环特征根，并判断系统的闭环稳定性。

解： 依据已知条件可知，系统的闭环特征方程为

$$D(s)=s^4+5s^3+8s^2+9s+12+6s^2+7s+12=s^4+5s^3+14s^2+16s+24=0$$

使用多项式求根 roots(p) 函数，返回由 p 表示的多项式的根作为列向量，其中 p 需要以 s 进行降幂排列后提取特征方程的多项式系数形成行向量进行表达。

```
p=[1 5 14 16 24]
roots(p)
```

运行上述命令后可得特征根为

```
ans=
-2.2682 + 2.0440i
-2.2682-2.0440i
-0.2318 + 1.5876i
-0.2318-1.5876i
```

由于系统的特征根皆具有负实部，所以此系统稳定。

还可以编写 M 文件如下：

```
p=[1 5 14 16 24];
P=roots(p);
if real(P)<0
    disp(['系统是稳定的'])
else
    disp(['系统是不稳定的'])
```

程序运行后的结果为：系统是稳定的。

2）劳斯稳定判据：劳斯稳定判据是通过构造控制系统的劳斯表，依据劳斯表的第一列是否有符号的变化，判断系统的稳定性。若劳斯表的第一列没有符号的变化，则系统是稳定的。由于 MATLAB 中没有自带的构造劳斯表的函数，所以需要自己编写。

以下给出一种实现构造劳斯表并进行稳定性判断的函数代码。由于考虑了本书中提及的劳斯表构建过程中可能出现的两种特殊情况，代码行数较多。调用此程序时需要注意，需将闭环特征方程的系数以 s 降幂排列后进行向量表达。

以例 3-9 为例，依据劳斯稳定判据判断系统的闭环稳定性。具体程序如下：

```
%初始化,清除变量,释放存储空间;关闭所有打开的图形窗口
clear
close all
clc                    %清空 MATLAB 命令窗口中的所有内容
%输入系数
% coeffVector=input('输入系数矩阵:\n [an an-1 an-2 ... a0]=');
```

```
coeffVector=[1 5 14 16 24];% 对应本章例 3-9 特征方程系数
epi=1e-6;%判断劳斯表第一列的值是否为 0,若为 0 则用一个极小数代替 epi
%根据系数构建劳斯表
coeffLength=length(coeffVector);%劳斯表的行数
rhTableColumn=round(coeffLength/2);%劳斯表的列数
rhTable=zeros(coeffLength,rhTableColumn);%不赋值的都是 0
rhTable(1,:)=coeffVector(1,1:2:coeffLength);
%根据系数向量长度的奇偶给劳斯表前两行赋值
if(rem(coeffLength,2)~=0)
    rhTable(2,1:rhTableColumn-1)=coeffVector(1,2:2:coeffLength);
else
    rhTable(2,:)=coeffVector(1,2:2:coeffLength);
end
%首列有 0
if rhTable(2,1)==0
    rhTable(2,1)=1e-3;
end
%计算劳斯表
for i=3:coeffLength
    %全 0 行
    if abs(rhTable(i-1,:))<=1e-10   %首项为 0,某行系数绝对值小于设定的小阈值
        power_first=coeffLength-i+2;   %全 0 行的上一行首项的幂数
        power_decrease=0;              %幂数减少量
        for j=1:rhTableColumn-1
            rhTable(i-1,j)=(power_first-power_decrease) * rhTable(i-2,j);
            power_decrease=power_decrease + 2;
        end
    fprintf('\n 原第%1.0f 行为全零行\n',i-1);
    label(i)=1;                        %给全 0 行的出现做标记
    end
    %特殊情况:首列有 0
    if rhTable(i,1)==0
        rhTable(i,1)=1e-3;
    end
    %非全 0 行,计算行中各位置的值并存入 pre
    for x=1:rhTableColumn-1
        pre(x)=(rhTable(i-1,1) * rhTable(i-2,x+1)-…
            (rhTable(i-2,1) * rhTable(i-1,x+1)))/rhTable(i-1,1);
    end
```

```
    if pre(1)==0 & all(pre(2:end)~=0)
%判断某行第一个数为0,但该行元素不全为0(与全0行区分)
        pre(1)=epi;%劳斯表第一列的值为0,若为0则用一个极小数代替epi
        for j=1:length(pre)   %赋值到劳斯表中
            rhTable(i,j)=pre(j);
        end
    else
        for j=1:length(pre)   %赋值到劳斯表中
            rhTable(i,j)=pre(j);
        end
    end
    clear pre
end
%判断稳定性及不稳定极点个数
unstablePoles=0;
for i=1:coeffLength-1
    if sign(rhTable(i,1))*sign(rhTable(i+1,1))==-1
        unstablePoles=unstablePoles+1;
    end
end
fprintf('\n 劳斯表为:')
rhTable
a=exist('label');       %全0行的标记是否存在
if a==0
    label=a;   %不存在标记为0,存在为1
end
if ismember(epi,rhTable(:,1))& unstablePoles==0
    fprintf('该系统临界稳定\n')
elseif ismember(1,label)& unstablePoles==0
    fprintf('该系统临界稳定\n')
elseif unstablePoles==0
    fprintf('该系统稳定\n')
else
    fprintf('该系统不稳定\n')
end
fprintf('\n s平面虚轴右侧的极点数为 %2.0f \n',unstablePoles)
```

运行结果如下。

劳斯表为

```
rhTable =
    1.0000    14.0000    24.0000
    5.0000    16.0000          0
   10.8000    24.0000          0
    4.8889          0          0
   24.0000          0          0
该系统稳定
s 平面虚轴右侧的极点数为   0
```

单位脉冲响应是指系统在单位脉冲信号的作用下所产生的零状态响应，因为其能很大程度上反映控制系统的响应特性和稳定性，所以在分析系统时是十分重要和常用的响应类型。对例 3-9 进行 MATLAB 仿真得到该系统的单位脉冲响应（Pulse Response）曲线如图 3-9 所示。表明此系统零状态时，在单位脉冲输入的作用下其脉冲响应会随着时间的推移而逐渐减小。这样就从时域响应角度表明系统能够保持原有的平衡状态，即系统是闭环稳定的。

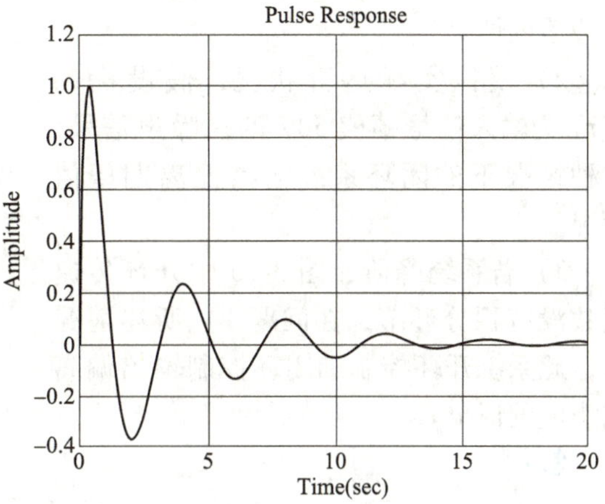

图 3-9　例 3-9 系统的单位脉冲响应曲线

例 3-10　已知某单位负反馈系统的闭环传递函数为 $\frac{C(s)}{R(s)}=\frac{3s+1}{3s^3+5s^2+2s+3}$，试判断系统的稳定性，若系统稳定，则求出系统的静态位置误差系数、速度误差系数和加速度误差系数。

解： 程序编写如下。

```
%判断系统稳定性
p=[3 5 2 3];
P=roots(p);
if real(P)<0
    disp(['系统是稳定的'])
%计算误差系数
syms s G Gk Kp Kv Ka % syms 函数用于创建符号对象,可以同时创建多个符号对象
G=(3*s+1)/(3*s^3+5*s^2+2*s+3);%输入闭环传递函数
Gk=G/(1-G);                          %求取开环传递函数,可依据 G=Gk/(1+Gk)推导
Kp=limit(Gk, s, 0)
Kv=limit(s*Gk, s, 0)
Ka=limit(s^2*Gk, s,0)
else
```

```
disp(['系统是不稳定的'])
end
```

程序运行后的结果为

```
Kp = 1/2
Kv = 0
Ka = 0
```

例 3-11 已知某机电伺服系统的结构简化后如图 3-10 所示，设给定输入为阶跃函数，试分析：

1）当 $N(s)=0$ 时，系统参量——开环增益 K 变化±5%，开环控制和闭环控制输出偏离期望值的情况。

2）模拟实际运行状况，假设扰动 $n(t)$ 为输入信号幅值 50%的白噪声信号，这种情况下的闭环系统输出偏离期望值情况。

3）若系统降阶，图 3-10 中开环传递函数没有积分环节，在问题 1）所述情况时，此系统开环控制和闭环控制输出偏离期望值的情况。

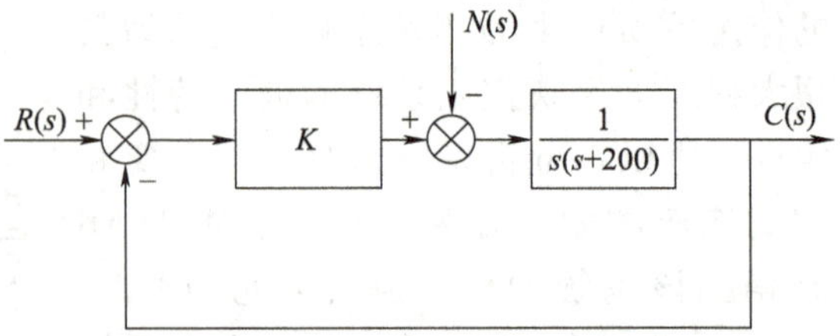

图 3-10　例 3-11 系统的结构框图

解：

1）开环传递函数为 $G(s)H(s)=\dfrac{K}{s(s+200)}$，考察开环增益 K 在标称值 500 的基础上，变化±5%的范围区间［475，525］时，系统为过阻尼系统，系统的单位阶跃响应曲线如图 3-11 所示。

实线为开环增益减小 5%时对应的开环单位阶跃响应曲线，虚线为开环增益增大 5%时对应的开环单位阶跃响应曲线。可见，系统在开环运行时是不能稳定运行的，输入信号在积分环节的作用下不断累积，导致输出信号呈现线性增大，随着时间的推移，输出偏离期望值越来越大，且开环增益 K 越大，系统输出单位时间偏离期望值越大，表明此系统开环时不能跟踪输入为单位阶跃的信号。

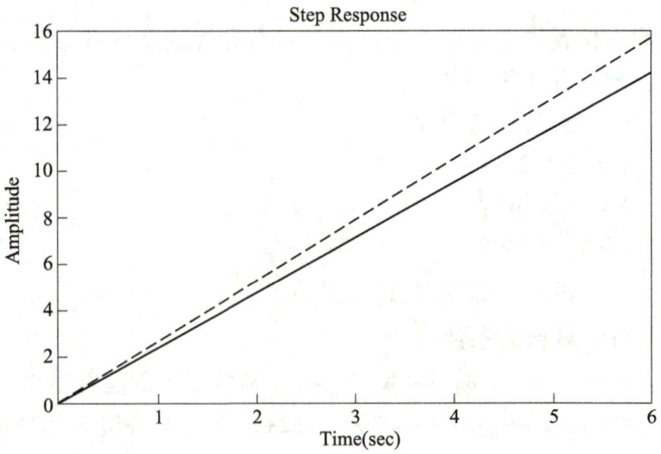

图 3-11　例 3-11 系统开环单位阶跃响应曲线

系统的闭环传递函数为 $\dfrac{C(s)}{R(s)}=\dfrac{K}{s^2+200s+K}$，在开环增益 $K=500$ 变化±5%的范围区间时，系统的单位阶跃响应曲线如图 3-12 所示。

可见，系统在闭环时是可以稳定运行的，且开环增益改变引起闭环系统输出偏离期望值的量很小。这里，闭环系统进入稳定状态后，由于积分环节的存在，控制器在无差的情况下也能保持输出恒定为期望值，因此可以认为此闭环系统为无差系统。

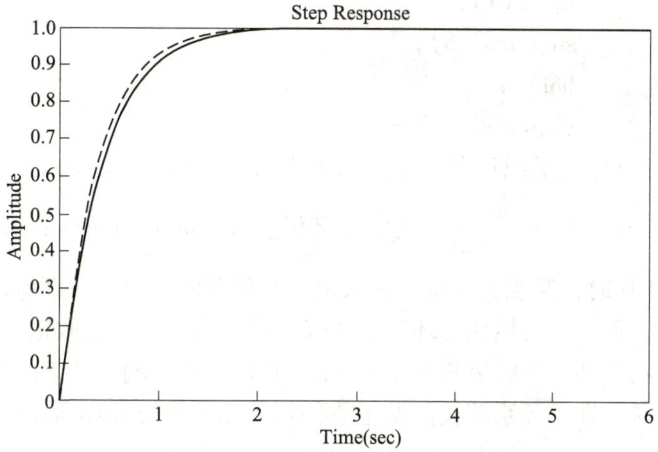

图 3-12 例 3-11 系统闭环单位阶跃响应曲线

2）这种情况下，由于该系统是线性定常系统，系统的输入信号相当于有两个：给定输入 $R(s)$ 和扰动输入 $N(s)$，系统的输出 $C(s)$ 等于这两部分输入引起的输出响应的代数叠加。

首先，仅考虑由给定输入引发的单位阶跃响应输出，此时：

$$C_1(s)=\frac{1}{s^2+200s+K}R(s)$$

而后，考虑输入 $r(t)=0$，仅有 $n(t)=0.5\times 1(t)$ 作用时系统输出的响应。理论上，此时系统的输出传递函数为 $C_2(s)=-\frac{1}{s^2+200s+K}N(s)$。因此，系统总的输出为

$$C(s)=C_1(s)+C_2(s)=\frac{K-0.5}{s^2+200s+K}\frac{1}{s}$$

系统的单位阶跃响应曲线如图 3-13 所示。可见虽然增加了扰动信号，但对于此闭环系统，其具有抗干扰能力，系统的单位阶跃响应稳态也可以认为是无差的。

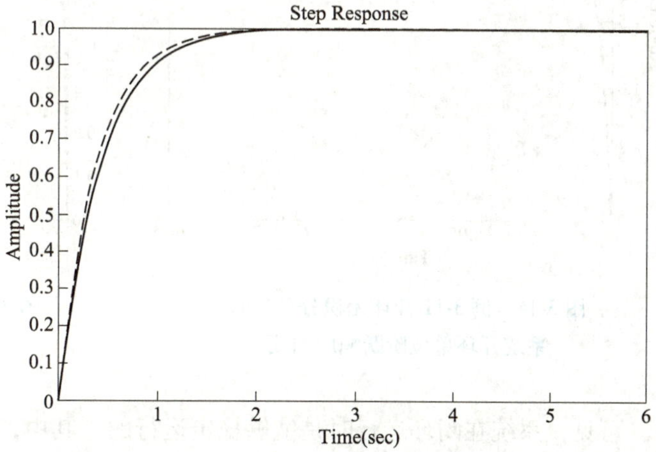

图 3-13 例 3-11 扰动存在时系统闭环单位阶跃响应曲线

具体程序如下：

```
clc
clear
k1=475
k2=525
num=1;
den1=[1,200,k1];
den2=[1,200,k2];
    sys1=tf((k1-0.5)*num,den1)
    sys2=tf((k2-0.5)*num,den2)
```

```
figure(1);
step(sys1,6);
hold on
step(sys2,6,'--');
```

3）若系统降阶，图 3-10 中开环传递函数没有积分环节，则开环传递函数变为 $G(s)H(s)=\dfrac{K}{s+200}$，考察开环增益 K 在标称值 500 的基础上，变化±5%的范围区间［475，525］时，系统为一阶惯性系统，开环系统的单位阶跃响应曲线如图 3-14 所示。

可见，去掉积分环节系统降阶后，输出信号接收输入信号经过一段时间后趋于稳态，系统在开环时是能够稳定运行的。相对于期望输出 2.5，实际的系统输出存在开环稳态误差±5%，即开环系统偏离期望值的百分比与系统开环增益的变化相等。

再分析，对应的闭环传递函数为 $\dfrac{C(s)}{R(s)}=\dfrac{K}{s+200+K}$，理论上，系统的稳态终值为 $\lim\limits_{t\to+\infty}c(t)=\lim\limits_{s\to0}sC(s)=\lim\limits_{s\to0}s\dfrac{K}{s+200+K}R(s)=\dfrac{1}{200/K+1}=\dfrac{5}{7}\approx0.7143$。此时，考察开环增益 K 在标称值 500 的基础上，变化 ±5% 的范围区间［475，525］时，系统仍为一阶惯性系统。但此时，对应的传递函数的分子、分母都发生变化，系统的单位阶跃响应曲线如图 3-15 所示。

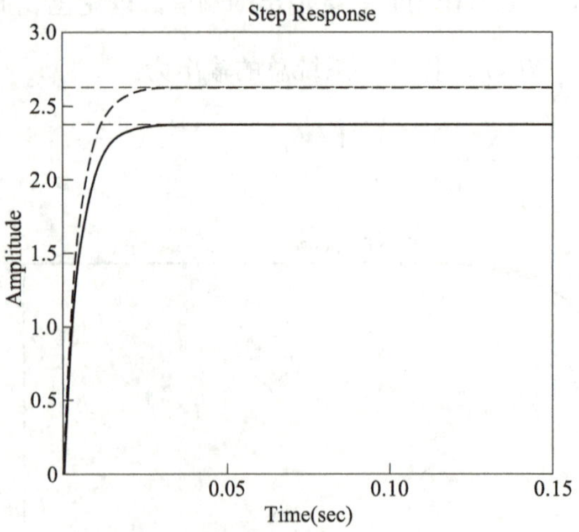

图 3-14 例 3-11 开环无积分环节时系统开环单位阶跃响应曲线

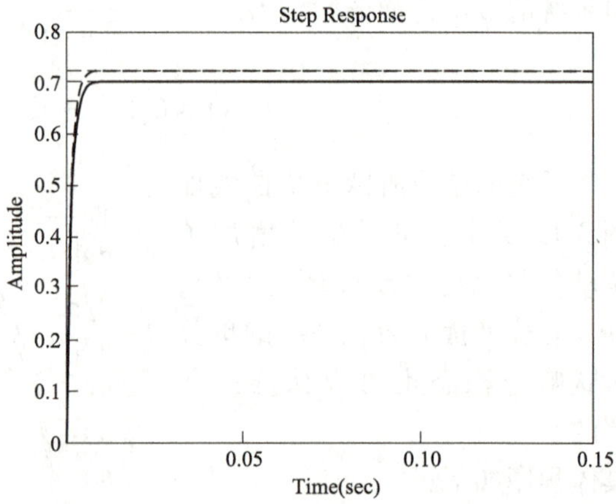

图 3-15 例 3-11 开环无积分环节时系统闭环单位阶跃响应曲线

可见，系统在闭环运行时是能够稳定运行的。其中，实线为开环增益减小 5%时对应的闭环单位阶跃响应曲线，输出稳态值约为 0.704；虚线为开环增益增大 5%时对应的闭环单位阶跃响应曲线，输出稳态值约为 0.727。此外，系统进入稳定状态后，由于去除了积分环节，开环增益改变引起闭环系统输出偏离期望值，可以认为是有差系统。

具体程序如下：

```
t=0:0.01:20;
```

```
num=[6 7 12];
%num2=[24];
den=[1 5 8 9 12]
sys=tf(num,den);
sys1=feedback(sys, 1);
%sys2=tf(num2,den);
c1=impulse(sys1,t);
% c2=step(sys2,t);
plot(t,c1)
```

本章小结

稳定性是控制系统能够正常运行的首要条件，也是控制系统的重要性能。稳态性能用系统的稳态误差予以度量。一个符合工程要求的系统，其稳态误差必须控制在允许的范围之内。本章主要介绍了以下几个方面的内容：

1）线性定常系统的稳定性与有无外界输入无关，是系统的固有特性，仅取决于系统的结构和参数，与初始条件也无关。

2）线性定常系统稳定的充分必要条件为：系统传递函数的全部极点具有负实部（负实数或具有负实部的共轭复数）。也就是说系统所有极点均位于复数 s 平面的左半部。

3）劳斯稳定判据是依据系统特征方程系数构建的一种代数稳定性判据。

4）稳态误差是系统控制精度的度量，也是系统稳态性能的重要指标。稳态误差与控制系统的结构、参数特性以及给定输入信号的性质有关。

5）通过增大开环增益、提高系统的类型可以减小系统的稳态误差值，但这两项措施使用时需要注意与保持系统稳定性的限制约束之间存在的矛盾关系。必要时可以通过在控制系统中设置额外的补偿装置来提高系统的稳态精度。

思考题

3-1 线性控制系统在扰动影响下，若其动态过程随时间的推移______，不能回到原来的______，则称系统是不稳定的。

3-2 线性定常系统稳定的充分必要条件为：系统传递函数的全部极点具有______。也就是说系统所有极点均位于复数 s 平面的______。

3-3 已知单位负反馈系统开环传递函数为 $G(s)=\dfrac{2}{s(s+3)}$，则此系统类型为______，系统的阶数为______，系统的开环极点为 ______、______，系统的闭环极点为________、________。

3-4 线性系统的稳定性与哪些因素有关?

3-5 如何减小线性控制系统的稳态误差?

3-6 已知系统的特征方程为 $D(s)=3s^4+9s^3+5s^2+2s+3=0$，试用劳斯稳定判据判别系统的稳定性。

3-7 已知单位负反馈系统的开环传递函数为 $G(s)=\dfrac{K(2s+1)}{s(s+3)(s+2)}$，试确定系统稳定时的 K 值范围。

3-8　已知控制系统结构如图 3-16 所示，试用劳斯稳定判据确定系统稳定时反馈参数 τ 的取值范围。

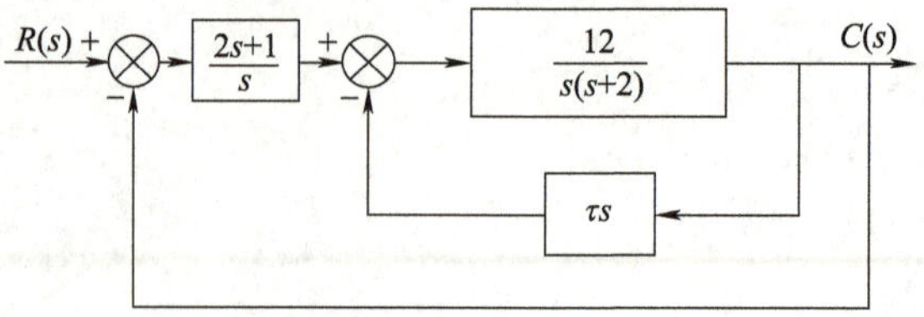

图 3-16　题 3-8 图

3-9　已知单位负反馈系统的开环传递函数如下式所示，对应的给定输入信号分别为 $r(t)=1(t)+3t$、$r(t)=5t+2t^2$ 时，试求控制系统的稳态误差。

(1) $G(s)=\dfrac{500}{s(s+5)(s+10)}$

(2) $G(s)=\dfrac{50(s+1)}{s(0.5s+1)(s+10)}$

(3) $G(s)=\dfrac{10(s+2)}{s(s^2+2s+10)}$

3-10　已知单位负反馈系统的闭环传递函数为 $\dfrac{C(s)}{R(s)}=\dfrac{9}{s^2+3s+9}$，试确定系统的开环传递函数 $G(s)$ 和给定误差传递函数 $\Phi_e(s)$，并求出系统在单位斜坡函数输入下的给定稳态误差。

3-11　已知单位负反馈系统的开环传递函数如下式所示，试求系统的稳态位置误差系数 K_p、稳态速度误差系数 K_v 和稳态加速度误差系数 K_a。

(1) $G(s)=\dfrac{500}{(s+5)(s+10)}$

(2) $G(s)=\dfrac{10(s+2)(0.2s+1)}{s^2(s^2+3s+3)}$

第 4 章　线性系统的动态时域分析

内容提要： 系统的数学模型建立后就可以对其主要性能进行分析，本章主要研究线性系统的时域分析法，学习在给定典型输入信号作用下，控制系统的时间域响应，研究其动态特性。理解控制系统的时域响应与系统本身的结构、参数和输入信号的具体形式有关。此外，不同初始状态也会对系统的动态特性有影响。学习控制系统极点在一阶系统、二阶系统和高阶系统运动特性中的作用，建立起系统随时间动态变化的基本概念。

4.1　控制系统时域响应的性能指标

控制系统除了稳定性和稳态误差这两个性能之外，动态时域响应性能是系统另外一个重要特性，也称动态特性。系统过度的振荡或响应过于缓慢都会使系统不能正常工作。在典型输入信号作用下，一个可用的控制系统通常是稳定的，其时间响应由动态过程和稳态过程两部分组成。

4.1.1　动态性能指标

动态过程，又称过渡过程或暂态过程，是指在典型输入信号作用下，系统的输出量从初始状态到最终趋于稳定状态的响应过程。通常一个系统的输出量会逼近给定输入量或按输入量指定的规律进行变化。动态过程可以提供有关系统平稳性的信息，用动态性能描述。

本节介绍的动态性能指标就是衡量系统动态特性的一组时域特征参量，通常在阶跃函数作用下测定或计算系统的动态性能指标。性能指标有多种形式，具有各自的特点，要依据具体问题和研究方法确定。在自动控制原理中，常用的性能指标有时域性能指标和频域性能指标。时域性能指标在时间域内可以比较直观地反映控制系统的性能。

控制系统的动态性能通常是在初始条件为零的情况下，以系统单位阶跃响应为依据进行分析比较的。采用单位阶跃响应进行性能指标分析，这是因为单位阶跃信号相对于其他典型输入信号容易获取，对系统来说是较为严峻的工作状态。如果系统在单位阶跃函数作用下的动态性能满足要求，那么系统在其他形式的函数作用下，其动态性能一般也是令人满意的，这符合多数实际应用情况。如图4-1所示，为控制系统典型单位阶跃响应曲线。

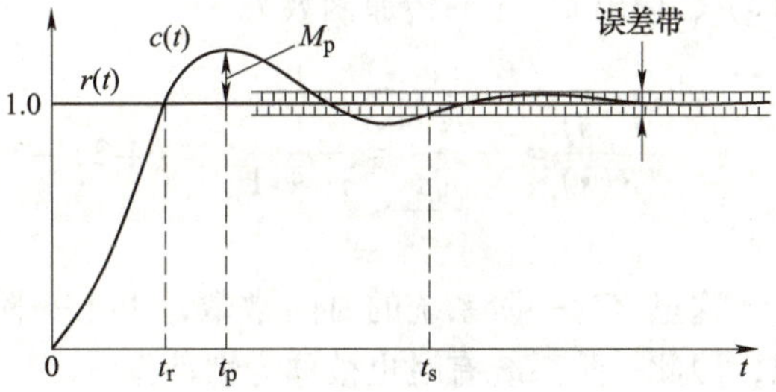

图 4-1　控制系统典型单位阶跃响应曲线

可见，实际控制系统的单位阶跃响应曲线在达到稳态前常常表现为衰减振荡过程。为了定量评价控制系统动态性能指标的优劣，依据系统的单位阶跃响应曲线定义如下常用动态性能指标。

上升时间 t_r：在动态过程中，系统输出响应上升，首次达到终值所需的时间。上升时间反映了系统的响应速度，上升时间越短，系统响应速度越快。

峰值时间 t_p：系统输出响应超过终值达到第一个峰值所需的时间。峰值时间也能够反映系统的响应速度。

调节时间 t_s：系统输出响应达到设定的稳态值误差带范围（一般取 2%或 5%）内，且后续变化不再超过误差带所需的最小时间。调节时间综合反映了系统响应速度和平稳性，又称过渡过程时间。

最大超调量 M_p：系统输出响应的最大值超过稳态终值的最大偏离量与稳态值的百分数，即

$$M_p = \frac{c(t_p) - c(\infty)}{c(\infty)} \times 100\% \tag{4-1}$$

超调量反映了系统动态过程中振荡的激烈程度，是对系统响应过程中平稳性的度量。对于一般的调速系统，最大超调量许可的范围是 10%~35%，而一些特殊设备，如造纸机等不允许有超调量。

上述四个动态性能指标，基本上可以表征系统动态过程的特征。在实际应用中，超调量 M_p 和调节时间 t_s 是最常用的动态性能指标。

4.1.2 稳态性能指标

稳态误差是描述系统稳态性能的指标，在第 3 章已经详细论述，此处不再赘述。

在控制系统性能分析中，“稳”“准”“快”是三个基本要求。至此，这三个基本的性能指标要求在第 3 章、第 4 章进行了详细的论述。

实际上，以上性能指标要求，在同一个系统中经常存在相互矛盾的情况，这就需要根据具体问题所提出的要求进行分析，对其中的某些指标有所侧重，同时又要注意统筹兼顾，不宜提过高的要求。

4.2 一阶系统的动态响应

传递函数的阶数为“1”，即可以采用一阶微分方程描述其动态过程的系统称为一阶系统。这是工程实践中最简单、最基本的一类系统。常见的 RC 网络、炉温和单水箱系统等都可以近似地看作一阶系统。

如图 4-2 所示的闭环系统，其输入 $R(s)$ 、输出 $C(s)$ 的传递函数为

$$\frac{C(s)}{R(s)} = \frac{\frac{1}{\tau s}}{1 + \frac{1}{\tau s}} = \frac{1}{\tau s + 1} \tag{4-2}$$

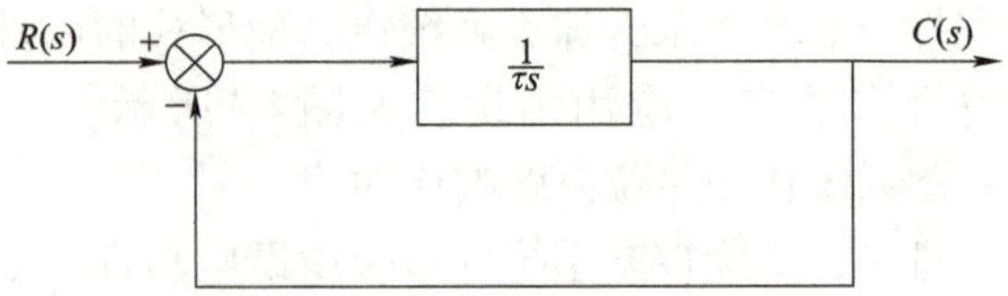

图 4-2 一阶系统结构图

这里 τ 为一阶系统的时间常数，由于一阶系统的传递函数与典型环节中的惯性环节类似，因此一阶系统有时也被称为惯性系统。

1. 一阶系统的单位阶跃响应

当系统的输入信号为单位阶跃函数 $r(t) = 1(t)$ 时，对应输入量的拉普拉斯变换为 $R(s) =$

$\frac{1}{s}$，由式（4-2）可知，此时

$$C(s)=\frac{1}{\tau s+1}R(s)=\frac{1}{\tau s+1}\frac{1}{s}=\frac{1}{s}-\frac{\tau}{\tau s+1}=\frac{1}{s}-\frac{1}{s+\frac{1}{\tau}} \tag{4-3}$$

对式（4-3）两端进行拉普拉斯反变换，有

$$c(t)=1-\mathrm{e}^{-\frac{t}{\tau}},\quad t\geqslant 0 \tag{4-4}$$

一阶系统的单位阶跃响应曲线及其与时间常数的关系如图 4-3 所示。可见，该响应从初始值 0 开始，为按指数规律上升的一条单调上升曲线，因此，不存在最大超调量。考虑不同时刻系统输出响应值，有 $c(t)|_{t=\tau}=1-\mathrm{e}^{-1}\approx 0.632$、$c(t)|_{t=3\tau}=1-\mathrm{e}^{-3}\approx 0.95$、$c(t)|_{t=4\tau}=1-\mathrm{e}^{-4}\approx 0.98$。表明这里的时间常数 τ 反映了一阶系统的惯性，τ 越大，系统响应越慢，经过 $(3\sim 4)\tau$，一阶系统响应将达到其稳态值的 95%~98%，通常认为这时系统的动态过程已经结束。

进一步，对式（4-4）求导，有

$$\frac{\mathrm{d}c(t)}{\mathrm{d}t}=\frac{\mathrm{e}^{-\frac{t}{\tau}}}{\tau},\quad t\geqslant 0 \tag{4-5}$$

这是一个指数函数，表明一阶系统动态过程中变化率是个时变函数。在 $t=0$ 时具有最大的斜率 $\frac{1}{\tau}$，其物理意义为：若系统响应保持这一初始变化率进行动态演化，则经过 τ 时间后，系统就可以达到稳态值。工程中常常利用这一特性，通过单位阶跃响应曲线在原点处的斜率来推算一阶系统的时间常数。

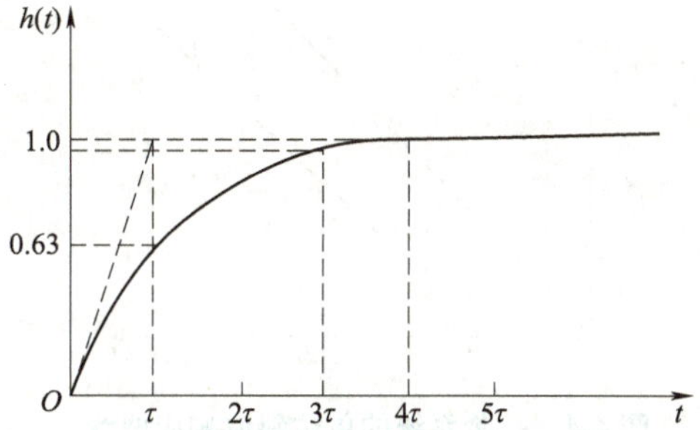

图 4-3 一阶系统的单位阶跃响应曲线及其与时间常数的关系

2. 一阶系统的单位斜坡响应

当系统的输入为单位斜坡函数 $r(t)=t$ 时，对应输入信号的拉普拉斯变换为 $R(s)=\frac{1}{s^2}$，由式（4-2）可知，此时

$$C(s)=\frac{1}{\tau s+1}R(s)=\frac{1}{\tau s+1}\frac{1}{s^2}=\frac{1}{s^2}-\frac{\tau}{s}+\frac{\tau^2}{\tau s+1}=\frac{1}{s^2}-\frac{\tau}{s}+\tau\frac{1}{s+\frac{1}{\tau}} \tag{4-6}$$

对式（4-6）两端进行拉普拉斯反变换，有

$$c(t)=t-\tau+\tau\mathrm{e}^{-\frac{t}{\tau}},\quad t\geqslant 0 \tag{4-7}$$

系统的给定跟踪误差为

$$e(t)=r(t)-c(t)=\tau-\tau\mathrm{e}^{-\frac{t}{\tau}}=\tau(1-\mathrm{e}^{-\frac{t}{\tau}}),\quad t\geqslant 0 \tag{4-8}$$

单位斜坡响应曲线如图 4-4 所示。可见，该响应从初始值 0 开始追踪单位斜坡输入信号，随着时间增大，误差信号 $e(t)$ 最终趋于时间常数 τ（$e(\infty)=\tau(1-\mathrm{e}^{-\frac{\infty}{\tau}})\approx\tau$）。

3. 一阶系统的单位脉冲响应

当系统的输入信号为单位脉冲函数 $r(t)=\delta(t)$ 时，对应输入量的拉普拉斯变换为 $R(s)=1$，由式（4-2）可知，此时

$$C(s)=\frac{1}{\tau s+1}R(s)=\frac{1}{\tau s+1}\times 1=\frac{1}{\tau s+1}=\frac{1}{\tau}\frac{1}{s+\frac{1}{\tau}} \tag{4-9}$$

对式（4-9）两端进行拉普拉斯反变换，有

$$c(t)=\frac{1}{\tau}e^{-\frac{t}{\tau}},\quad t\geqslant 0 \tag{4-10}$$

单位脉冲响应曲线如图 4-5 所示。可见，一阶系统的单位脉冲响应曲线是一条单调衰减的指数曲线。单位脉冲响应也是系统传递函数的拉普拉斯反变换，包含反映系统动态特性的全部信息。一阶系统脉冲响应最大幅值处的倒数为系统的时间常数 τ。

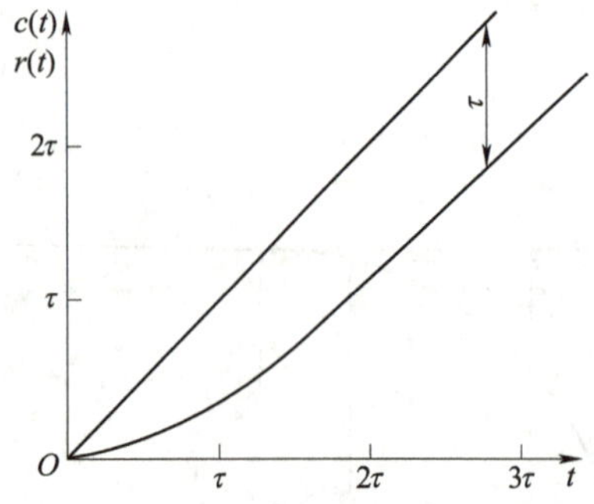

图 4-4 一阶系统的单位斜坡响应曲线

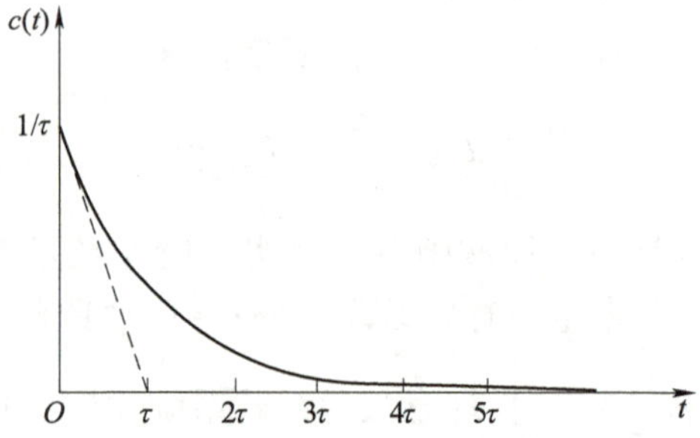

图 4-5 一阶系统的单位脉冲响应曲线

4. 一阶系统的单位抛物线响应

当系统的输入信号为单位抛物线函数 $r(t)=\frac{1}{2}t^2$ 时，对应输入量的拉普拉斯变换为 $R(s)=\frac{1}{s^3}$，由式（4-2）可知，此时

$$C(s)=\frac{1}{\tau s+1}R(s)=\frac{1}{\tau s+1}\frac{1}{s^3}=\frac{1}{s^3}-\frac{\tau}{s^2}+\frac{\tau^2}{s}-\frac{\tau^3}{\tau s+1}=\frac{1}{s^3}-\frac{\tau}{s^2}+\frac{\tau^2}{s}-\tau^2\frac{1}{s+\frac{1}{\tau}} \tag{4-11}$$

对式（4-11）两端进行拉普拉斯反变换，有

$$c(t)=\frac{1}{2}t^2-\tau t+\tau^2-\tau^2e^{-\frac{t}{\tau}},\quad t\geqslant 0 \tag{4-12}$$

系统的给定跟踪误差为

$$e(t)=r(t)-c(t)=\tau t-\tau^2(1-e^{-\frac{t}{\tau}}),\quad t\geqslant 0 \tag{4-13}$$

表明一阶系统的单位抛物线响应与给定输入信号间的跟踪误差随着时间的增大而增大，直至无穷大。因此，一阶系统不能实现对抛物线函数的跟踪。亦可以理解为一阶系统跟踪抛物线输入信号的能力有限，当给定输入信号变化剧烈时，系统的输出有可能跟踪不上输入信号的

变化。

分析可知，典型输入信号即单位抛物线函数、单位斜坡函数、单位阶跃函数和单位脉冲函数之间存在一阶导数关系。再结合以上典型输入信号的一阶系统输出响应函数可以发现，对于线性定常系统，系统输入信号微分（或积分）的响应等于系统对该输入信号响应的微分（或积分，积分常数由系统的初始条件确定）。有了这样一个重要特性后，可以使用该特性简化分析线性定常系统的响应特性。后续，研究线性定常系统的时间响应，就不必对每一种典型输入信号形式进行推导和计算，通常取给定输入信号为单位阶跃函数进行研究。

4.3　二阶系统的动态响应

传递函数的阶数为“2”，即可以采用二阶微分方程描述其动态过程的系统称为二阶系统。虽然在实际中更为常见的是三阶或三阶以上的高阶系统，但是它们有可能采用二阶系统进行近似，如常见的电动机、小功率随动系统。因此，分析与设计控制系统时，二阶系统的响应特性很重要。深入分析二阶系统的响应特性是有必要的。

4.3.1　典型二阶系统的数学模型

如图 4-6 所示的闭环系统为典型二阶系统结构图，其输入 $R(s)$、输出 $C(s)$ 的传递函数为

$$\frac{C(s)}{R(s)}=\frac{\dfrac{\omega_n^2}{s(s+2\zeta\omega_n)}}{1+\dfrac{\omega_n^2}{s(s+2\zeta\omega_n)}}=\frac{\omega_n^2}{s^2+2\zeta\omega_n s+\omega_n^2} \tag{4-14}$$

式中，ζ 为阻尼比；ω_n 为无阻尼自然振荡角频率。应当指出，对于结构和功用不同的二阶系统，ζ 和 ω_n 的物理含义不同。

由于系统的动态响应与系统的极点分布关系密切，依据式（4-14）可知二阶系统的闭环特征方程为 $s^2+2\zeta\omega_n s+\omega_n^2=0$，进一步由二阶系统的求根公式可知，系统的闭环特征根或称闭环极点为

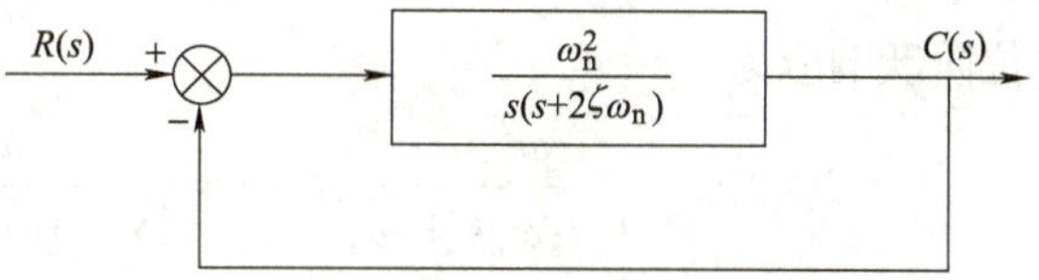

图 4-6　典型二阶系统结构图

$$s_{1,2}=-\zeta\omega_n\pm j\omega_n\sqrt{1-\zeta^2} \tag{4-15}$$

显然，阻尼比 ζ 在不同范围取值，对应的二阶系统的特征根在复数 s 平面上的位置不同。系统的动态特性与特征根在复数 s 平面的位置密切相关，依据式（4-15）可知：

1）$0<\zeta<1$，欠阻尼情况，特征根是一对具有负实部的共轭复数，分布在复数 s 平面的左半平面，如图 4-7a 所示。

2）$\zeta=0$，无阻尼情况，特征根是一对实部为零的纯虚根，分布在复数 s 平面的虚轴上，如图 4-7b 所示。

3）$\zeta=1$，临界阻尼情况，特征根是一对相等的负实根，分布在复数 s 平面的负实轴上，如图 4-7c 所示。

4）$\zeta>1$，过阻尼情况，特征根是一对不相等的负实根，分布在复数 s 平面的负实轴上，如图 4-7d 所示。

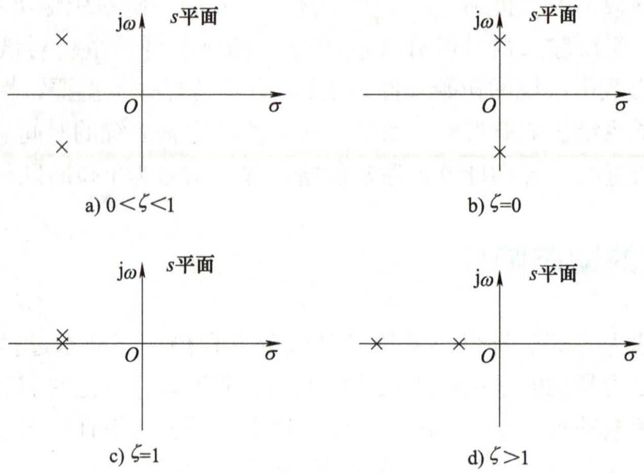

图 4-7 阻尼比 ζ 不同时二阶系统特征根的分布

5）$\zeta<0$，负阻尼情况，特征根具有正实根，分布在复数 s 平面的右半部。由于这种情况下系统一般不稳定，不能够使用，因此具体是实根还是一对共轭复数根，此处不再进行详细讨论。

4.3.2 二阶系统的单位阶跃响应

下面分别讨论过阻尼、临界阻尼和欠阻尼三种情况下，二阶系统的单位阶跃响应。

1. $\zeta>1$，过阻尼情况

系统具有两个不相等的负实根 $s_{1,2}=-\zeta\omega_n\pm\omega_n\sqrt{\zeta^2-1}$，由式（4-14）可知，系统的单位阶跃响应为

$$C(s)=\frac{\omega_n^2}{s^2+2\zeta\omega_n s+\omega_n^2}R(s)=\frac{\omega_n^2}{(s-s_1)(s-s_2)}\frac{1}{s}=\frac{a}{s}+\frac{b}{s-s_1}+\frac{c}{s-s_2} \tag{4-16}$$

可由待定系数法确定具体的 a、b、c 系数值，其中 $a=1$、$b=\dfrac{-1}{2\sqrt{\zeta^2-1}(\zeta-\sqrt{\zeta^2-1})}$、$c=\dfrac{1}{2\sqrt{\zeta^2-1}(\zeta+\sqrt{\zeta^2-1})}$。对式（4-16）两端进行拉普拉斯反变换，可求得过阻尼情况下二阶系统单位阶跃响应的时间域表达式为

$$c(t)=1+be^{s_1t}+ce^{s_2t},\quad t\geqslant 0 \tag{4-17}$$

由式（4-17）可以定性分析出二阶系统在过阻尼情况下，其单位阶跃的动态特性部分包括两个衰减的指数函数项，其代数和不会超过稳态值 1，因而对应的阶跃响应曲线如图 4-8 所示，是一条单调上升、非周期的曲线。虽然过阻尼二阶系统单位阶跃响应曲线与一阶系统的单位阶跃响应曲线都呈现非周期的单调上升特性，但无论是数学模型还是响应曲线初期的动态变化率都是不同的。

过阻尼情况下，当 ζ 远大于 1 时，一个根距离虚轴较远，另一个则距离虚轴较近。在复数 s 平面的左半部，离虚轴远的闭环特征根对应的时域响应衰减快，因此对应的响应分量对整个控制系统响应产生的影响小，为简化分析，有时可以忽略不计。

过阻尼二阶系统的单位阶跃响应比较慢，调节时间长。因此，在工程设计上，除了特殊用途，否则一般不使用过阻尼系统。

2. $\zeta=1$，临界阻尼情况

系统具有两个相等的负实根 $s_{1,2}=-\omega_n$，由式（4-14）可知，这种情况下系统的单位阶跃响应为

$$C(s)=\frac{\omega_n^2}{(s+\omega_n)^2}\frac{1}{s}=\frac{1}{s}-\frac{\omega_n}{(s+\omega_n)^2}-\frac{1}{s+\omega_n} \tag{4-18}$$

式（4-18）两端进行拉普拉斯反变换，可求得临界阻尼情况时二阶系统的单位阶跃响应的时间域表达式为

$$c(t)=1-\omega_n t\mathrm{e}^{-\omega_n t}-\mathrm{e}^{-\omega_n t}=1-(\omega_n t+1)\mathrm{e}^{-\omega_n t},\quad t\geqslant 0 \tag{4-19}$$

由此得出临界阻尼情况下二阶系统单位阶跃响应的误差为

$$e(t)=r(t)-c(t)=(\omega_n t+1)\mathrm{e}^{-\omega_n t},\quad t\geqslant 0 \tag{4-20}$$

当 $t\to\infty$时，由于指数函数 $\mathrm{e}^{-\omega_n t}$ 的衰减速度远大于线性函数 $\omega_n t$ 的增长速度（也可以使用高等数学中的洛必达法则进行分析、计算），有 $e(\infty)=0$，表明临界阻尼随着时间的推移，输出响应趋于常值 1。

如图 4-9 所示，临界阻尼情况下，二阶系统的单位阶跃响应也没有振荡现象出现。在电梯门控等既不希望出现超调又要求响应速度较快的场合，可以采用临界阻尼。

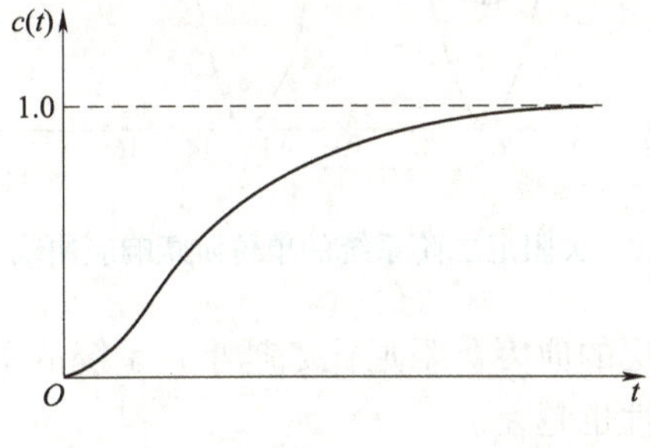

图 4-8　过阻尼二阶系统的单位阶跃响应曲线

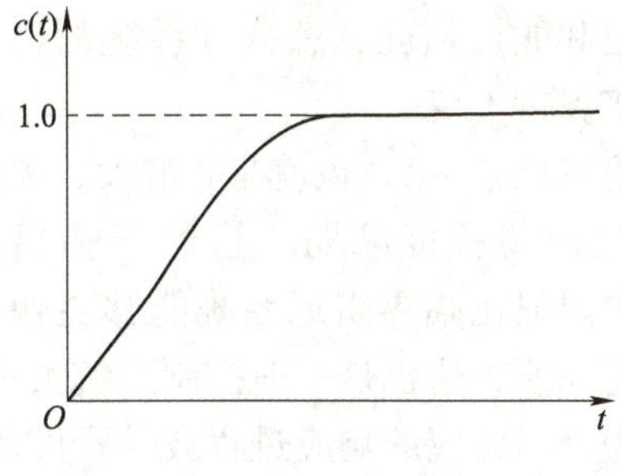

图 4-9　临界阻尼二阶系统的单位阶跃响应曲线

3. $0<\zeta<1$，欠阻尼情况

系统对应两个具有负实部的共轭复根 $s_{1,2}=-\zeta\omega_n\pm\mathrm{j}\omega_n\sqrt{1-\zeta^2}=-\zeta\omega_n\pm\mathrm{j}\omega_d$，式中，$\omega_d$ 称为阻尼振荡角频率，$\omega_d=\omega_n\sqrt{1-\zeta^2}$ 。由式（4-14）可知，系统的单位阶跃响应为

$$C(s)=\frac{\omega_n^2}{s^2+2\zeta\omega_n s+\omega_n^2}\frac{1}{s}=\frac{1}{s}-\frac{s+\zeta\omega_n}{(s+\zeta\omega_n)^2+\omega_d^2}-\frac{\zeta\omega_n}{(s+\zeta\omega_n)^2+\omega_d^2} \tag{4-21}$$

对式（4-21）两端进行拉普拉斯反变换，可求得欠阻尼情况下二阶系统的时间域响应表达式为

$$c(t) = 1 - e^{-\zeta\omega_n t}\left(\cos\omega_d t + \frac{\zeta}{\sqrt{1-\zeta^2}}\sin\omega_d t\right)$$

$$= 1 - \frac{1}{\sqrt{1-\zeta^2}}e^{-\zeta\omega_n t}\sin\left(\omega_d t + \arctan\frac{\sqrt{1-\zeta^2}}{\zeta}\right), \quad t \geqslant 0 \tag{4-22}$$

式（4-22）推导过程相对复杂，涉及三角函数、和差化积公式等初高中知识，详细的推导步骤此处省略。

显然，欠阻尼二阶系统的单位阶跃响应是一个衰减的振荡过程，其中衰减是由于指数函数 $e^{-\zeta\omega_n t}$ 随着时间的增加逐步减小，使得正弦函数的幅值随之发生衰减。衰减的关键是 $-\zeta\omega_n$ 为负，即二阶系统的特征根实部为负，进而控制指数函数 $e^{-\zeta\omega_n t}$ 随时间的推移而减小，否则不具备衰减的动态响应特性。振荡特性的体现是由于正弦函数 $\sin\left(\omega_d t + \arctan\frac{\sqrt{1-\zeta^2}}{\zeta}\right)$ 随着时间的推移具有按角频率 ω_d 振荡的特性。振荡的关键是存在角频率 $\omega_d = \omega_n\sqrt{1-\zeta^2}$，表明二阶系统特征根虚部的数值大小控制着正弦函数的振荡频率。这也就是为什么前面重点介绍二阶系统的闭环特征根，因为闭环系统的闭环特征根与系统的运动形式密切相关。

如图 4-10 所示，为阻尼比从 0 到 1 变化时，欠阻尼二阶系统的单位阶跃响应曲线。

易知，对于欠阻尼二阶系统，阻尼比 $\zeta \to 0$ 时，指数函数 $e^{-\zeta\omega_n t} = 1$ 不具备衰减特性，系统输出响应的振荡幅值保持不变，输出为等幅振荡的正弦信号。此外，阻尼比 $\zeta \to 0$ 时，相当于没有摩擦阻尼和能量损耗，意味着系统的运动状态将保持不变。

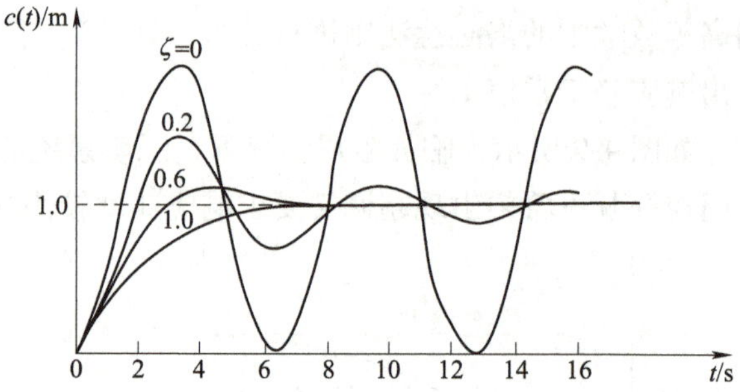

图 4-10　欠阻尼二阶系统的单位阶跃响应曲线

阻尼比 $\zeta \to 1$，也就是 ζ 增大，欠阻尼系统振荡程度减弱，趋近于临界阻尼。欠阻尼比临界阻尼系统能够更快地达到稳态值，这也是一般控制系统大都设计成欠阻尼的原因。阻尼比 ζ 越小，系统的上升时间越短，但对应的响应过程波动程度越剧烈，平稳性也越差。

一般地，对控制系统的响应速度和振荡程度需要综合考虑。通常认为取 $0.5<\zeta<0.8$，系统的超调量合理，调节时间相对较短，可以满足大多数的工程实际需求。工程上常将 $\zeta = 0.707$ 称为最佳阻尼比，此时不但调节时间最小，而且超调量也不大。

4.3.3　欠阻尼二阶系统的动态性能指标分析

相对于其他阻尼状态，欠阻尼二阶系统调节方便、响应快且平稳性也比较好，因此工程实际中通常将二阶系统设计成欠阻尼工作状态。

为了便于说明欠阻尼二阶系统性能与参数之间的关系，图 4-11 表示了欠阻尼二阶系统极点与参数之间的关系。可见，式（4-22）中的指数衰减系数 $-\zeta\omega_n$ 的绝对值是闭环极点到虚轴之间的距离；阻尼振荡角频率 $\omega_d = \omega_n\sqrt{1-\zeta^2}$ 是闭环极点与实轴之间的距离；无阻尼自

然振荡角频率 ω_n 是闭环节点到坐标原点之间的距离；极点到 s 平面坐标原点的直线与负实轴夹角的余弦正好是阻尼比 ζ，即

$$\zeta=\cos\beta$$

式中，β 称为阻尼角，且 $\beta=\arccos\zeta$、$\beta=\arctan\dfrac{\sqrt{1-\zeta^2}}{\zeta}$。

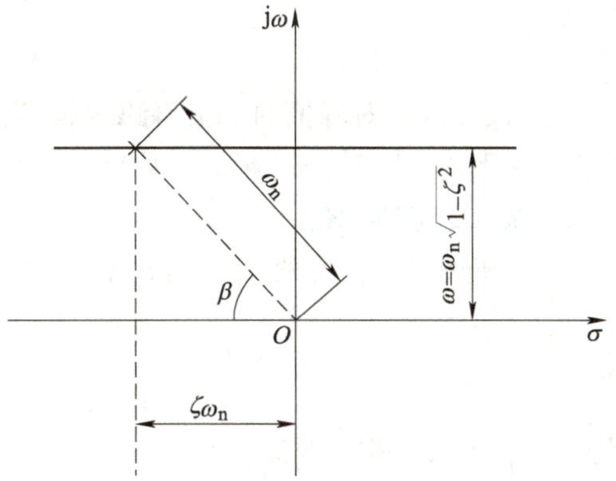

图 4-11　欠阻尼二阶系统极点与参数的关系图

下面针对欠阻尼二阶系统，定量分析如何依据 4.1 节介绍的系统时域性能指标定义，推导出欠阻尼二阶系统的动态性能指标的计算公式。

1. 上升时间 t_r

依据定义，上升时间 t_r 是指系统输出量从 0 上升到首次到达其稳态值所需的时间。

由欠阻尼二阶系统输出响应表达式式（4-22）可知，有 $c(t_r)=1$，即

$$c(t_r)=1-\frac{1}{\sqrt{1-\zeta^2}}e^{-\zeta\omega_n t_r}\sin\left(\omega_d t_r+\arctan\frac{\sqrt{1-\zeta^2}}{\zeta}\right)=1$$

由于指数函数 $e^{-\zeta\omega_n t}\neq 0$，所以有 $\sin\left(\omega_n\sqrt{1-\zeta^2}\,t_r+\arctan\dfrac{\sqrt{1-\zeta^2}}{\zeta}\right)=0$，进而 $\omega_d t_r+\arctan\dfrac{\sqrt{1-\zeta^2}}{\zeta}=\pi$。

$$t_r=\frac{\pi-\arctan\dfrac{\sqrt{1-\zeta^2}}{\zeta}}{\omega_d}=\frac{\pi-\arctan\dfrac{\sqrt{1-\zeta^2}}{\zeta}}{\omega_n\sqrt{1-\zeta^2}}\tag{4-23}$$

由式（4-23）可知 ζ 和 ω_n 对上升时间有影响，当 ω_n 一定时，阻尼比 ζ 越大，则上升时间 t_r 越长，而当阻尼比 ζ 一定时，ω_n 越大，则上升时间 t_r 越短。

2. 峰值时间 t_p

依据定义，峰值时间 t_p 是系统输出响应超过终值达到第一个峰值所需的时间，因此对应在 $t=t_p$ 时刻，系统的单位阶跃响应 $c(t)$ 随时间的变化率为零。

为求 t_p，将欠阻尼二阶系统的输出响应表达式式（4-22）对时间 t 求导，得

$$\zeta\omega_n\sin\left(\omega_d t_p+\arctan\frac{\sqrt{1-\zeta^2}}{\zeta}\right)-\omega_d\cos\left(\omega_d t_p+\arctan\frac{\sqrt{1-\zeta^2}}{\zeta}\right)=0$$

进一步整理，有 $\tan\left(\omega_d t_p+\arctan\dfrac{\sqrt{1-\zeta^2}}{\zeta}\right)=\dfrac{\omega_d}{\zeta\omega_n}=\dfrac{\sqrt{1-\zeta^2}\,\omega_n}{\zeta\omega_n}=\dfrac{\sqrt{1-\zeta^2}}{\zeta}$，由 $\beta=\arctan\dfrac{\sqrt{1-\zeta^2}}{\zeta}$ 可知 $\omega_d t_p=n\pi$，$n=0$、1、2、… 第一个满足条件的时间即为峰值时间，故得

$$t_p=\frac{\pi}{\omega_d}=\frac{\pi}{\sqrt{1-\zeta^2}\,\omega_n} \tag{4-24}$$

可知ζ和ω_n对峰值时间t_p有影响。当ω_n一定时，阻尼比ζ越大，则峰值时间t_p越长，而当阻尼比ζ一定时，ω_n越大，则峰值时间t_p越短。

3. 最大超调量 M_p

最大超调量发生在峰值时间t_p处，将$t=t_p$代入式（4-22）得

$$c(t_p)=1-\frac{1}{\sqrt{1-\zeta^2}}e^{-\zeta\omega_n t_p}\sin\left(\omega_d t_p+\arctan\frac{\sqrt{1-\zeta^2}}{\zeta}\right)$$

因为$\omega_d t_p=\pi$，进一步整理有

$$c(t_p)=1-e^{-\frac{\zeta\pi}{\sqrt{1-\zeta^2}}}$$

根据式（4-1），得

$$M_p=\frac{c(t_p)-c(\infty)}{c(\infty)}\times 100\%=e^{-\frac{\zeta\pi}{\sqrt{1-\zeta^2}}}\times 100\% \tag{4-25}$$

可见，阻尼比ζ对超调量有决定性作用，ζ越小，M_p越大，但两者之间不是线性关系。

4. 调节时间 t_s

对于单位阶跃响应，考虑$c(\infty)=1$，将其与式（4-22）作差，依据定义，t_s为系统达到设定的稳态值误差带范围内所需时间，则应满足如下约束：

$$\Delta=c(\infty)-c(t)=\frac{1}{\sqrt{1-\zeta}}e^{-\zeta\omega_n t}\sin\left(\omega_d t+\arctan\frac{\sqrt{1-\zeta^2}}{\zeta}\right)\leqslant\pm 0.05(\text{或}\ \pm 0.02),t\geqslant t_s$$

这里，由于正弦函数的波动特性，求解困难。为了简单起见，采用近似的计算方法。考虑到正弦函数的幅值实际上是受指数函数大小的控制，因此，忽略正弦函数的作用，认为指数函数衰减到0.05或0.02时，系统的动态过渡过程结束。

通过这种近似分析方法，可以得到$\frac{1}{\sqrt{1-\zeta^2}}e^{-\zeta\omega_n t_s}=0.05(\text{或}\ 0.02)$，进一步可以得到$\zeta\omega_n t_s=-\ln[0.05\sqrt{1-\zeta^2}]$或$\zeta\omega_n t_s=-\ln[0.02\sqrt{1-\zeta^2}]$。

由此求对应的调节时间为

$$t_s(5\%)=\frac{1}{\zeta\omega_n}\left(3-\ln\sqrt{1-\zeta^2}\right)\approx\frac{3}{\zeta\omega_n},\quad 0<\zeta<0.9 \tag{4-26}$$

$$t_s(2\%)=\frac{1}{\zeta\omega_n}\left(4-\ln\sqrt{1-\zeta^2}\right)\approx\frac{4}{\zeta\omega_n},\quad 0<\zeta<0.9 \tag{4-27}$$

上述两式表明，$\zeta\omega_n$乘积项对调节时间t_s有影响，当阻尼比一定时，闭环极点距虚轴的距离越远，则调节时间越短。因为阻尼比主要是根据对系统超调量的要求来确定的，所以调节时间主要由无阻尼自然振荡角频率ω_n决定。若能保持阻尼比ζ不变而加大ω_n，则可以在不改变超调量情况下缩短调节时间t_s。

此外，计算调节时间t_s时，若不采用上述忽略正弦项的近似处理方法，可以尝试采用数值分析方法以计算求出更为精确的解。

例 4-1 已知系统的传递函数为 $\frac{C(s)}{R(s)}=\frac{400}{s^2+10s+400}$，求系统的最大超调量 M_p、误差带为 5%时的调节时间 t_s。

解： 可知系统为二阶系统，根据二阶系统传递函数表达式 $\frac{C(s)}{R(s)}=\frac{\omega_n^2}{s^2+2\zeta\omega_n s+\omega_n^2}$ 可以求出无阻尼自然振荡角频率 ω_n 及阻尼比 ζ 分别为

$$\omega_n^2=400 \quad 得\ \omega_n=20\text{rad/s}$$

$$2\zeta\omega_n=10 \quad 得\ \zeta=0.25$$

性能指标为

$$M_p=\exp\left(-\frac{\zeta\pi}{\sqrt{1-\zeta^2}}\right)\times100\%=45\%$$

$$t_s(5\%)\approx\frac{3}{\zeta\omega_n}\text{s}=0.6\text{s}$$

例 4-2 已知系统的结构如图 4-12 所示，其中 $K=4$。试求系统的传递函数 $\frac{C(s)}{R(s)}$，并确定系统的无阻尼自然振荡角频率 ω_n 及阻尼比 ζ，计算系统的最大超调量 M_p、误差带为 2%时的调节时间 t_s。若要求阻尼比等于 0.707，应该怎样改变系统放大系数 K 值？

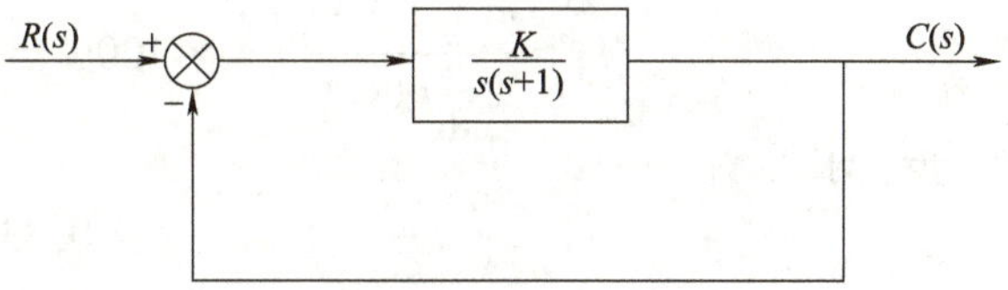

图 4-12 例 4-2 系统结构图

解： 由图 4-12 可知，系统的闭环传递函数为

$$\frac{C(s)}{R(s)}=\frac{\frac{K}{s(s+1)}}{1+\frac{K}{s(s+1)}}=\frac{K}{s^2+s+K}=\frac{4}{s^2+s+4}$$

根据二阶系统传递函数表达式 $\frac{C(s)}{R(s)}=\frac{\omega_n^2}{s^2+2\zeta\omega_n s+\omega_n^2}$ 可得

$$\omega_n^2=4\ 得\ \omega_n=2\text{rad/s}$$

$$2\zeta\omega_n=1\ 得\ \zeta=0.25$$

性能指标为

$$M_p=\exp\left(-\frac{\zeta\pi}{\sqrt{1-\zeta^2}}\right)\times100\%=45\%$$

$$t_s(2\%)\approx\frac{4}{\zeta\omega_n}\text{s}=8\text{s}$$

要求 $\zeta=0.707$ 时，由 $2\zeta\omega_n=1$，可得

$$\omega_n=\frac{1}{2\zeta}\text{rad/s}=\frac{1}{2\times0.707}\text{rad/s}=\frac{1}{\sqrt{2}}\text{rad/s}$$

$$K=\omega_n^2=\frac{1}{2}$$

可见，对于此二阶系统要使系统的阻尼比 ζ 增大，可以通过减小系统开环传递函数中的增益来实现，这种减小开环传递函数增益、提高二阶系统阻尼比，改善系统动态性能的方法，对系统的稳态性能会有什么影响？依据第 3 章的线性系统稳态性能分析可知，稳态误差会相应增大。

例 4-3 已知单位负反馈二阶系统的传递函数为 $\dfrac{C(s)}{R(s)}=\dfrac{K\omega_n^2}{s^2+2\zeta\omega_n s+\omega_n^2}$，其单位阶跃响应曲线如图 4-13 所示，$t_p=0.1\text{s}$，$c(t_p)=4\text{m}$。试确定传递函数中的参数 K、ζ 和 ω_n。

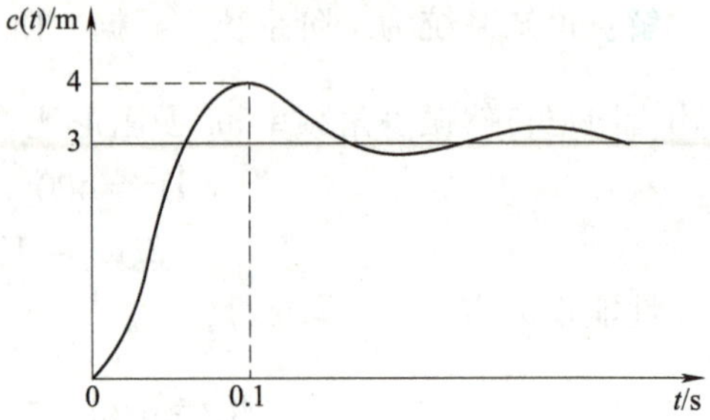

图 4-13 例 4-3 图

解： 在单位阶跃输入信号作用下，输出响应的稳态值为 3，故此系统的增益不是 1，而是 $K=3$。

由响应的 M_p、t_p 及相应公式，即可换算出 ζ、ω_n。

$$M_p=\frac{c(t_p)-c(\infty)}{c(\infty)}\times 100\%=\frac{4-3}{3}=33\%=e^{-\frac{\zeta\pi}{\sqrt{1-\zeta^2}}}$$

进一步，求得

$$\zeta=0.33$$

$$t_p=\frac{\pi}{\omega_d}=\frac{\pi}{\sqrt{1-\zeta^2}\,\omega_n}=0.1\text{s}$$

求得 $\omega_n=33.2\text{rad/s}$。

4.3.4 二阶系统的单位脉冲响应

当二阶系统的输入信号为理想单位脉冲函数 $R(s)=1$ 时，其响应称为二阶系统的单位脉冲响应。由式（4-14）可知，此时二阶系统输出的拉普拉斯变换为

$$C(s)=\frac{\omega_n^2}{s^2+2\zeta\omega_n s+\omega_n^2}$$

其闭环特征根见式（4-15），闭环极点分布如图 4-7 所示。

当 $\zeta=0$ 时，无阻尼二阶系统的单位脉冲响应为

$$c(t)=\omega_n\sin(\omega_n t),\quad t\geqslant 0 \tag{4-28}$$

当 $0<\zeta<1$ 时，欠阻尼二阶系统的单位脉冲响应为

$$c(t)=\frac{\omega_n}{\sqrt{1-\zeta^2}}e^{-\zeta\omega_n t}\sin(\omega_d t),\quad t\geqslant 0 \tag{4-29}$$

当 $\zeta=1$ 时，临界阻尼二阶系统的单位脉冲响应为

$$c(t)=\omega_n^2 t e^{-\zeta\omega_n t},\quad t\geqslant 0 \tag{4-30}$$

当 $\zeta>1$ 时，过阻尼二阶系统的单位脉冲响应为

$$c(t)=\frac{\omega_n}{2\sqrt{\zeta^2-1}}\left(e^{-(\zeta-\sqrt{\zeta^2-1})\omega_n t}-e^{-(\zeta+\sqrt{\zeta^2-1})\omega_n t}\right),\quad t\geqslant 0 \tag{4-31}$$

在不同阻尼比下，二阶系统的单位脉冲响应曲线如图 4-14 所示，可见，无阻尼二阶系

统的单位脉冲响应曲线是一条平均值为 0 的正弦形式的等幅振荡曲线；欠阻尼二阶系统的单位脉冲响应曲线是稳态值为 0 的衰减振荡曲线；临界阻尼二阶系统的脉冲响应曲线具有无振荡、单调衰减的特性。

4.3.5　传递函数含有零点的欠阻尼二阶系统动态性能

前面分析了典型二阶系统以及传递函数中串联比例环节的二阶系统的动态性能。若传递函数串联比例微分环节，即传递函数含有零点时，二阶系统的动态性能会相应地具有一些改变。

设系统的传递函数为

$$\frac{C(s)}{R(s)}=\frac{\omega_n^2(\tau s+1)}{s^2+2\zeta\omega_n s+\omega_n^2} \tag{4-32}$$

该系统可以看作在典型二阶系统式（4-14）基础上，增加了一个零点。设原典型二阶系统的单位阶跃响应为 $c_o(t)$，则对应传递函数含有零点的二阶系统单位阶跃响应为

$$\begin{aligned}C(s)&=\frac{\omega_n^2(\tau s+1)}{s^2+2\zeta\omega_n s+\omega_n^2}R(s)\\&=\frac{\omega_n^2}{s^2+2\zeta\omega_n s+\omega_n^2}R(s)+\tau s\frac{\omega_n^2}{s^2+2\zeta\omega_n s+\omega_n^2}R(s)\end{aligned}$$

可见，传递函数含有零点的二阶系统的单位阶跃响应由两部分组成，一部分对应典型二阶系统的单位阶跃响应，另一部分则相当于典型二阶系统的单位阶跃响应对时间求导后乘上 τ 倍的一个响应。

即传递函数含有零点的二阶系统的单位阶跃时域响应为 $c(t)=c_o(t)+\tau\dfrac{\mathrm{d}c_o(t)}{\mathrm{d}t}$。

可见，传递函数附加的零点具有微分作用，由于微分的作用，系统的单位阶跃响应如图 4-15 所示，相当于典型二阶系统的单位阶跃响应与单位脉冲响应的 τ 相叠加。脉冲响应部分能在实际动态性能出现之前产生一个修正作用，合理调节 τ 值，能够改善系统的动态性能。

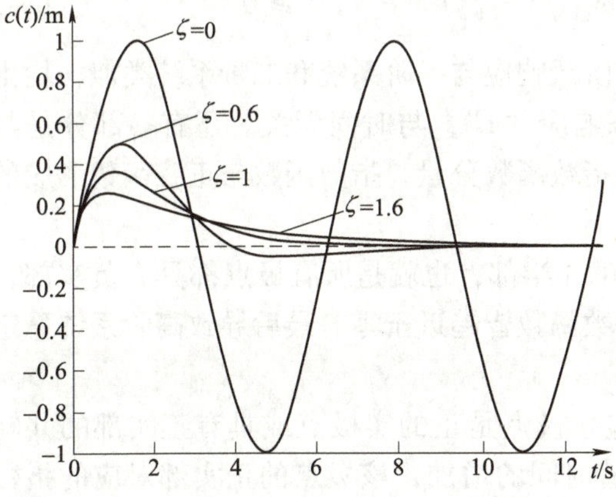

图 4-14　二阶系统的单位脉冲响应曲线

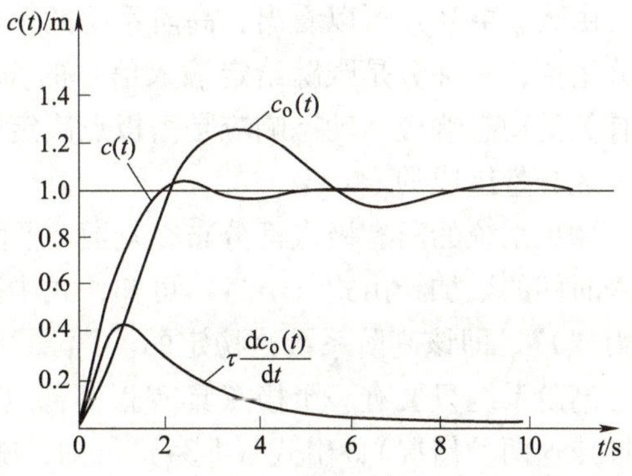

图 4-15　传递函数含有零点的欠阻尼二阶系统单位阶跃响应曲线

4.4 高阶系统的动态响应

传递函数的阶数为“3”或“3”以上，即可以采用三阶及以上微分方程描述其动态过程的系统称为高阶系统。实际应用中，大部分控制系统都是高阶系统，其数学模型比一阶、二阶系统要复杂，高阶系统的传递函数可以表示为如下的一般式

$$\frac{C(s)}{R(s)}=\frac{b_0s^m+b_1s^{m-1}+\cdots+b_{m-1}s+b_m}{a_0s^n+a_1s^{n-1}+\cdots+a_{n-1}s+a_n},m\leqslant n$$

将分子、分母分解成因式，上式可写成

$$\frac{C(s)}{R(s)}=K_g\frac{(s+z_1)(s+z_2)\cdots(s+z_m)}{(s+p_1)(s+p_2)\cdots(s+p_n)},m\leqslant n$$

如果系统是稳定的，全部的零点和极点都互不相同（实际系统通常如此），且极点中包含共轭复数极点，则当输入信号为单位阶跃函数时，其输出量的拉普拉斯变换为

$$C(s)=K_g\frac{\prod_{j=1}^{m}(s+z_j)}{\prod_{i=1}^{q}(s+p_i)\prod_{k=1}^{r}(s^2+2\zeta_k\omega_{nk}s+\omega_{nk}^2)}\frac{1}{s}$$

$$=\frac{1}{s}+\sum_{i=1}^{q}\frac{A_i}{s+p_i}+\sum_{k=1}^{r}\frac{B_k(s+\zeta_k\omega_{nk})+C_k\omega_{nk}\sqrt{1-\zeta_k^2}}{s^2+2\zeta_k\omega_{nk}s+\omega_{nk}^2} \tag{4-33}$$

式中，q 为实极点的个数；r 为复极点的个数；$n=q+2r$ 为传递函数极点总数；m 为传递函数零点总数；$s_k=-\zeta_k\omega_{nk}\pm j\omega_{nk}\sqrt{1-\zeta_k^2}$，为一对共轭复数极点；$A_i$、$B_k$ 和 C_k 等均为常系数。对式（4-33）两边进行拉普拉斯反变换，可得高阶系统的单位阶跃响应为

$$c(t)=1+\sum_{i=1}^{q}A_i e^{-p_it}+\sum_{k=1}^{r}B_k e^{-\zeta_k\omega_{nk}t}\cos\omega_{nk}\sqrt{1-\zeta_k^2}t+\sum_{k=1}^{r}C_k e^{-\zeta_k\omega_{nk}t}\sin\omega_{nk}\sqrt{1-\zeta_k^2}t$$

$$=1+\sum_{i=1}^{q}A_i e^{-p_it}+\sum_{k=1}^{r}D_k e^{-\zeta_k\omega_{nk}t}\cos(\omega_{nk}\sqrt{1-\zeta_k^2}t+\theta_k),\ t\geqslant 0 \tag{4-34}$$

由式（4-34）可以看出，高阶系统的单位阶跃响应与一阶系统和二阶系统类似，均由两部分组成，一部分是跟踪给定输入信号的稳态响应“1”，与时间无关。还有一部分是与时间有关的动态响应，动态响应是由极点决定的指数函数分量、指数函数与正弦函数形成的复合函数分量组成的。

如果系统的所有极点都分布在复数 s 平面的左半部，也就是所有极点都具有负实部，则随着时间的增加，由式（4-34）可知，式中指数函数皆趋近于零。最后导致高阶系统稳定输出为“1”，即该高阶系统是稳定的。

高阶系统只要有一个极点具有正实部（包含极点是正的实极点或具有正实部的共轭复数极点这两种情况），由式（4-34）可知，随着时间的增加，该极点的正实部对应的指数函数值就会趋向无穷大。进而，导致高阶系统的输出理论上也是趋近于无穷大，系统不能跟踪给定输入量，系统是不稳定的。

在稳定的前提下，依据式（4-34），进一步分析高阶系统的单位阶跃响应，还可以得到

如下结论：

1）高阶系统的动态响应是由多个一阶系统和二阶系统的动态响应分量合成的，各个分量系数与具体的高阶系统传递函数中的零极点有关。如果某一极点 s_i 附近有一个零点 z_j，而远离其他极点，且与复数 s 平面的原点相距也很远，则相应分量的系数 A_i 就较小，该暂态分量的影响也就小。工程实际中，当某个极点和某个零点间距很近，它们之间的距离比它们到虚轴的距离小于一个数量级时，称这对零极点为偶极子。极端情况下，若一对零极点重合，则该极点对暂态响应无影响。

2）高阶系统动态响应的各个分量衰减的快慢取决于指数函数的衰减常数，也就是高阶系统各闭环极点越远离虚轴（负实部的绝对值越大），其对应的响应分量衰减得越迅速。反之，则衰减得越缓慢，这意味着其在高阶系统的响应中持续时间较长，对系统的动态响应影响较大。

3）如果高阶系统中距离虚轴最近的极点，其实部比其他极点的实部的 1/5 还要小，并且该极点附近没有零点，则可以认为系统的响应主要由该极点决定。这些对系统响应起主导作用的极点，称为系统的主导极点。高阶系统的主导极点通常是共轭复数极点。如果找到一对共轭复数主导极点，则高阶系统就可以近似地当作二阶系统来分析，并可以采用二阶系统的动态性能指标来估算高阶系统的动态特性。在研究高阶系统的时候，常利用主导极点这一概念选择系统参数，使系统具有预期的一对共轭复数主导极点，这样就可以近似地用二阶系统的性能指标来设计系统。

这种利用主导极点来对高阶系统的动态响应进行近似分析的方法在实际工程领域普遍使用。近年来，随着数字计算机的高速发展和广泛普及，一些求解高阶微分方程的软件可以方便使用，如 MATLAB、Mathematica 等，辅助工程人员能够较为快速地求解出高阶微分方程的近似解，并绘制出相应的响应曲线，给控制系统中涉及的高阶系统的分析和设计提供了另外一条途径。

例 4-4　已知某闭环系统的传递函数为 $\dfrac{C(s)}{R(s)}=\dfrac{10}{(s+5)(s^2+2s+2)}$，结合主导极点的概念分析该三阶系统单位阶跃响应的动态性能。

解： 分析可知，该高阶系统具有一对共轭复数主导极点 $s_{1,2}=-1\pm \mathrm{j}$，非主导极点为 $s_3=-5$。可将该系统降阶，近似成二阶系统 $\dfrac{C(s)}{R(s)}=\dfrac{2}{s^2+2s+2}$，对应的参数 $\omega_{\mathrm{n}}=\sqrt{2}$，$\zeta=0.707$。求得近似二阶系统的超调量和调节时间分别为 4.6%、3~4s。实际，该系统的单位阶跃响应为

$$
\begin{aligned}
C(s)&=\frac{10}{(s+5)(s^2+2s+2)}\frac{1}{s}\\
&=\frac{1}{s}-\frac{0.1176}{s+5}-0.8824\frac{s+1}{s^2+2s+2}-1.47\frac{1}{s^2+2s+2}
\end{aligned}
$$

上式两端同时进行拉普拉斯反变换，有

$$c(t)=1-0.1176\mathrm{e}^{-5t}-0.8824\mathrm{e}^{-t}\cos t-1.47\mathrm{e}^{-t}\sin t$$

采用 MATLAB 绘制此系统的单位阶跃响应曲线如图 4-16 所示，原三阶系统和近似二阶系统的单位阶跃响应曲线分别用实线和虚线表示。

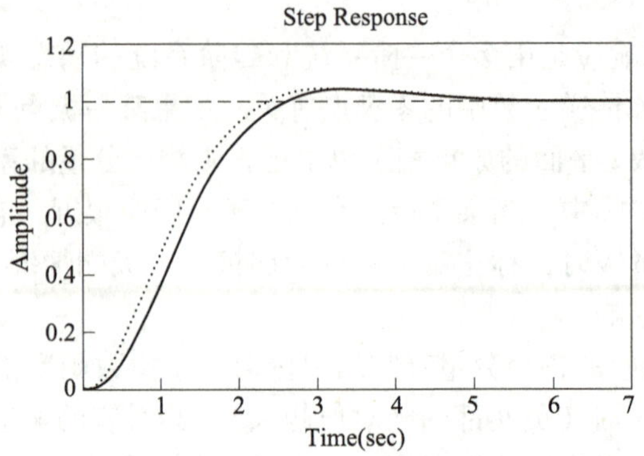

图 4-16　例 4-4 单位阶跃响应曲线

可见，原系统的单位阶跃响应与近似的欠阻尼二阶系统的单位阶跃响应不完全重合，但是曲线基本形状及性能指标非常接近。

4.5　基于 MATLAB 的线性控制系统动态时域分析

数学模型的建立为控制系统的性能分析提供了必要的基础，时域分析法是对系统输出响应的时间函数进行分析，具有直观简洁、结果精确的特点。通常，实际控制系统一般都是高阶系统。表示高阶系统运动规律的微分方程求解相对复杂，特别是高阶系统响应曲线的绘制和求取性能指标等问题会涉及大量、甚至反复的数值计算，这在计算机技术不甚发达的过去几乎是无法实现的任务。随着计算机技术的发展，求解微分方程得到时域响应不仅容易而且快捷准确。

类似 C、Python 等高级计算机语言采用控制流的程序设计方式，使用 MATLAB 可以编制一种以 .m 为扩展名的程序（简称 M 文件）。M 文件将 MATLAB 命令语句按照一定的顺序输入一个扩展名为 .m 的文本文件中，编写完成后再统一调用。这样既保持了命令行模式的优点，能使程序简洁明了，又便于对程序进行修改和维护。此外，利用 M 文件还可以进行二次开发、调用一些自己编写的适用于特殊场合的特定函数，从而方便后续调用。MATLAB 提供了两种 M 文件格式，脚本文件（Script）和函数文件（Function）。其中脚本文件包含了一组 MATLAB 所支持的语句集合。执行时仅需要在命令窗口输入一个已经存在的脚本文件的名称，MATLAB 就会自动运行该文件，并将运行结果返回工作窗口中。这种方式适宜处理小规模的运算，而函数文件是 MATLAB 程序设计的主流方式。由于现阶段掌握脚本文件就可以实现大部分的自动控制理论要求的实验分析与设计，因此本书的仿真主要采用脚本文件实现。

对于线性系统，其输出响应主要是由系统的结构和参数决定的，此外还与具体的输入信号有关。若系统分析时关注的是系统内在的品质，这种情况下采用典型输入信号不仅计算简便，还有利于进行性能的分析和比较。因此，对控制系统进行性能分析，通常使用典型输入信号，如单位阶跃函数 step（ ）、单位脉冲函数 impulse（ ）等。如果遇到的控制系统结构复杂，进行控制系统分析与设计时就需要大量的烦琐计算和曲线绘制，学习掌握并借助

MATLAB 计算机仿真技术，能够使用仿真模型进行仿真实验则会极大地提高工作效率。

本节介绍如何借助 MATLAB 软件，求解控制系统的输出响应并绘制系统的时域响应曲线，得到相应系统的动态性能指标。示例包含二阶及以上系统，对高阶系统进行时域分析，使用 MATLAB 更显优越性。

MATLAB 提供了求取线性定常系统的各种时间响应函数和各种动态性能分析函数，自动控制原理实验主要涉及的函数如下：

1）单位阶跃响应函数：y=step（sys，t）。

2）单位脉冲响应函数：y=impulse（sys，t）。

3）零输入响应函数：y=initial（sys，x0，t）。

4）任意输入响应函数：y=lsim（sys，u，t，x0）。

其中 t 用于设定仿真时间，可默认。当不带输出变量 y 时，上述各函数命令可以直接绘制时域响应曲线，带输出变量 y 则可以求取系统的响应值，方便依据数据进行精确分析。sys 表示系统的数学模型，u 表示输入，x0 用于设定初始状态，默认为 0。

例 4-5　已知典型二阶系统的传递函数为 $\frac{C(s)}{R(s)}=\frac{\omega_n^2}{s^2+2\zeta\omega_n s+\omega_n^2}$，考察阻尼比 ζ 和无阻尼自然振荡角频率 ω_n 对控制系统暂态响应的影响。

解：

1）不同阻尼比 ζ 对应的单位阶跃响应。

令阻尼比 ζ 分别为 0、0.2、0.6、0.8、1 和 1.6，$\omega_n=3\mathrm{rad/s}$，考察控制系统单位阶跃响应的异同之处。

这种情况下，涉及参数设定以及变化较多，不适合直接在 MATLAB 中使用最初的命令行模式求取系统的单位阶跃响应。因此，需要编制 M 文件来进行实验。

```
%duozuni.m 绘制不同阻尼比下二阶系统的单位阶跃响应曲线
clc                          %清除命令窗的内容
clear                        %清除工作空间的所有变量
wn=3
zta=[0,0.2,0.6,0.8,1,1.6]    %设置多个阻尼比值
figure(1)
hold on
for ztac=zta
    num=wn^2;
    den=[1,2*ztac*wn, wn^2];
    step(num,den,10)
end
hold off
```

式中，“^”表示乘方运算。图 4-17 为不同阻尼比时二阶系统的单位阶跃响应曲线。

阻尼比 ζ 为零时，二阶系统的单位阶跃响应为等幅振荡，随着阻尼比 ζ 的增加，系统的超调量减少，阻尼比 ζ 大于或等于 1 之后系统没有超调量。其中阻尼比 ζ 等于 1 的临界阻尼系统要比阻尼比 ζ 大于 1 的过阻尼系统的响应迅速。

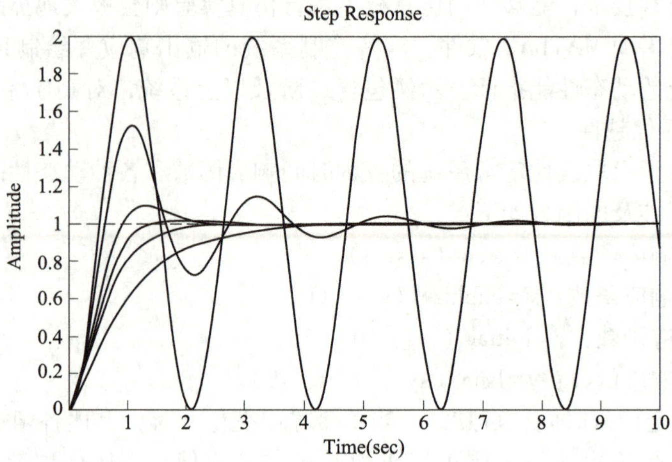

图 4-17　例 4-5 不同阻尼比时二阶系统的单位阶跃响应曲线

2）不同无阻尼自然振荡角频率 ω_n 下的单位阶跃响应。

令阻尼比 ζ 为 0.707，无阻尼自然振荡角频率分别 $\omega_n=3$rad/s、$\omega_n=6$rad/s、$\omega_n=9$rad/s 和 $\omega_n=12$rad/s。编制并执行名为 duojiaopinlv. m 的 M 文件进行实验。

```
%duojiaopinlv. m 绘制不同无阻尼自然振荡角频率下二阶系统的单位阶跃响应曲线
clc                    %清除命令窗的内容
clear                  %清除工作空间的所有变量
w=[3:6:9:12]           %设置多个不同的无阻尼自然振荡角频率
zta=0.707;
figure(2)
hold on
for   wn=w
      num=wn^2;
      den=[1,2*zta*wn,wn^2];
      step(num,den,3.9)
end
hole off
```

由图 4-18 可见，由于阻尼比 ζ 相同，无阻尼自然振荡角频率不同，但系统的超调量相同。无阻尼自然振荡角频率 ω_n 越大，系统的调节时间越长。

例 4-6　已知两个三阶系统的传递函数分别为 $\dfrac{C_1(s)}{R(s)}=\dfrac{2.6s+24}{0.04s^3+0.4s^2+4s+24}$ 和 $\dfrac{C_2(s)}{R(s)}=\dfrac{24}{0.04s^3+0.4s^2+4s+24}$，在同一幅图上绘制响应 $c_1(t)$ 和 $c_2(t)$ 的单位阶跃响应曲线，分析其超调量和响应速度的异同，及其与系统传递函数的联系。

解： 如图 4-19 所示，为两个系统的单位响应曲线。显然，$c_1(t)$ 的超调量比 $c_2(t)$ 的要大，响应速度比 $c_2(t)$ 要快，这是由于传递函数中包含一阶比例微分环节，类似 4.3.5 节中

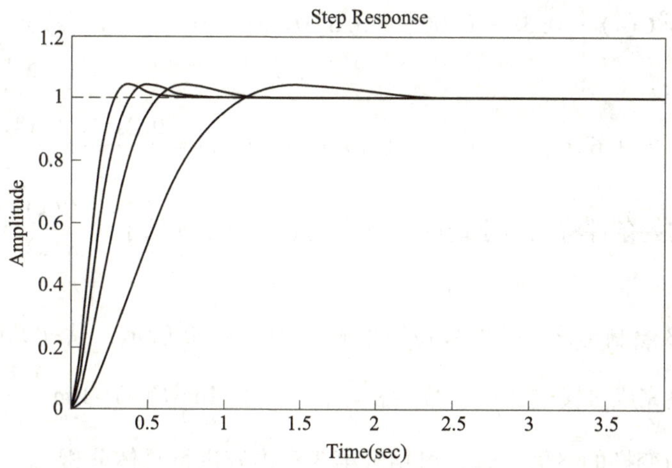

图 4-18　例 4-5 无阻尼自然振荡角频率不同时二阶系统的单位阶跃响应曲线

传递函数含有零点的欠阻尼二阶系统动态性能的分析，其中的微分环节反映输入信号的变化速率，与比例环节叠加使用在动态响应阶段会加速系统的响应速度，随着系统的稳定，其对输出响应的影响会逐渐削减。需要注意：微分极易引起超调甚至系统失稳的问题，因而实际中应谨慎调节微分项的参数。

具体程序如下：

```
t=0:0.01:5;
num1=[0.4 4];
num2=[4];
den=[0.04 0.4 4 24]
sys1=tf(num1,den);
sys2=tf(num2,den);
y1=step(sys1,t);
y2=step(sys2,t);
plot(t,y1,t,y2,'--')
grid
title('Step Responses')
xlabel('Time(seconds)')
ylabel('Amplitude')
```

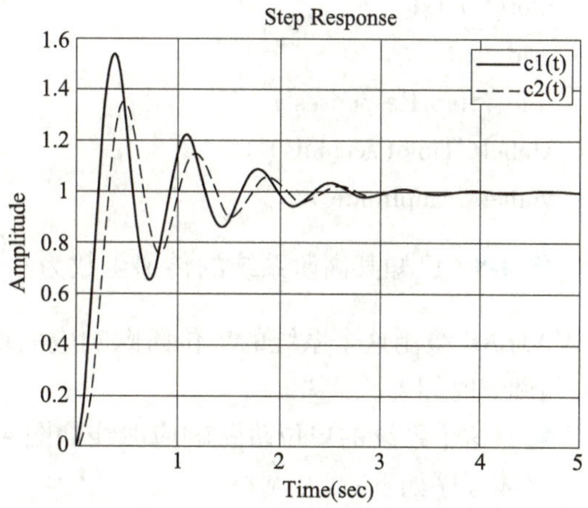

图 4-19　例 4-6 系统的单位阶跃响应曲线

例 4-7　已知系统微分方程数学模型为 $\ddot{c}(t)+3.6\dot{c}(t)+6c(t)=u(t)$，$t\geqslant 0$，输入信号 $u(t)$ 为单位阶跃函数，初始条件为 $c(0)=0.3$，$\dot{c}(0)=0.06$，试着绘制 $c(t)$ 对 t 的响应曲线。

解： 对方程两端同时进行拉普拉斯变换可以得到

$$[s^2C(s)-sc(0)-\dot{c}(0)]+3.6[sC(s)-c(0)]+6C(s)=U(s)$$

进一步代入已知条件，得

$$[s^2C(s)-0.3s-0.06]+3.6[sC(s)-0.3]+6C(s)=\frac{1}{s}$$

整理可得

$$[s^2+3.6s+6]C(s)=0.3s+1.14+\frac{1}{s}\Rightarrow C(s)=\frac{0.3s^2+1.14s+1}{s^2+3.6s+6}\frac{1}{s}$$

可见，考虑初始条件将题目系统的单位阶跃响应转化为求系统$\dfrac{C(s)}{R(s)}=\dfrac{0.3s^2+1.14s+1}{s^2+3.6s+6}$的单位阶跃响应。

使用 MATLAB 绘制出该系统的单位阶跃响应如图 4-20 所示，从初始时刻的 $c(0)=0.3$ 开始通过动态调整完成过渡过程后，最后稳定在 $c(\infty)=\lim\limits_{s\to 0}sC(s)=\lim\limits_{s\to 0}\dfrac{0.3s^2+1.14s+1}{s^2+3.6s+6}=\dfrac{1}{6}$ 处（依据拉普拉斯变换的终值定理，可结合第 3 章内容进行具体分析）。

具体程序如下：

```
t=0:0.01:9;
num=[0.3 1.14 1];
den=[1 3.6 6]
sys=tf(num,den);
c=step(sys,t);
plot(t,c)
grid
title('Step Responses')
xlabel('Time(seconds)')
ylabel('Amplitude')
```

例 4-8 已知某高阶系统的传递函数为$\dfrac{C(s)}{R(s)}=\dfrac{6.3223s^2+18s+12.811}{s^4+6s^3+11.3223s^2+18s+12.811}$，试用 MATLAB 绘制这个系统的单位阶跃响应曲线，并求上升时间 t_r、峰值时间 t_p、最大超调量 M_p 和调节时间 t_s。

解： 这个系统的单位阶跃响应曲线如图 4-21 所示。

具体程序如下：

```
t=0:0.02:20;
num=[6.3223 18 12.811];
den=[1 6 11.3223 18 12.811]
sys=tf(num,den);
c=step(sys,t);
plot(t,c)
grid
title('Step Responses')
xlabel('Time(seconds)')
ylabel('Amplitude')
```

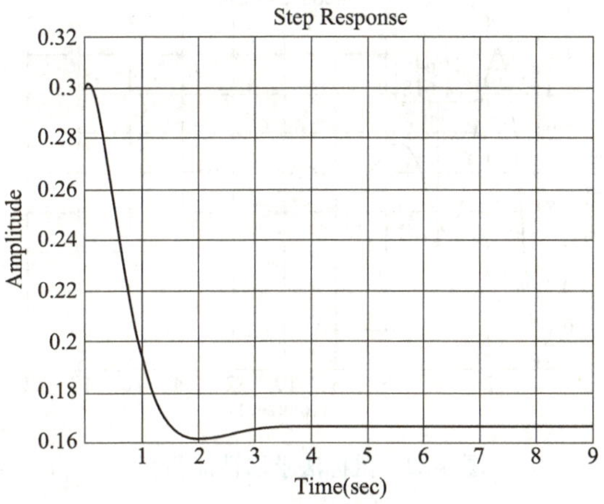

图 4-20　例 4-7 初始状态不为零时系统的单位阶跃响应曲线

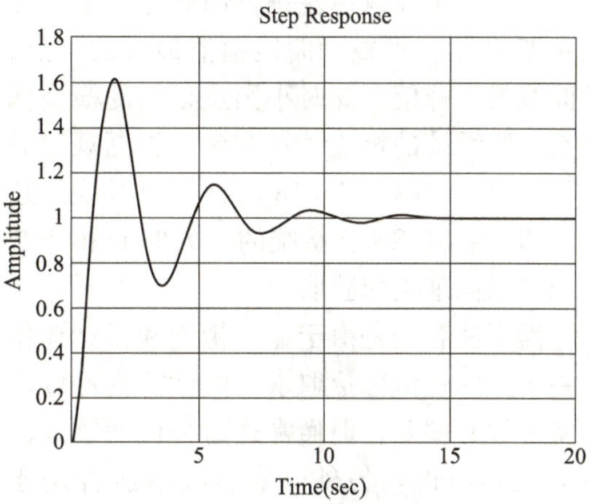

图 4-21　例 4-8 高阶系统的单位阶跃响应曲线

```
%以下为编程法求取性能指标
r1=1
while   c(r1)<0.05,r1=r1+1;
end
r2=1
while   c(r2)<0.95,r2=r2+1;
end
risetime=(r2-r1)*0.02
[cmax,tp]=max(c)
peaktime=(tp-1)*0.02
maxovershoot=(cmax-1)*100
s=1000
while c(s)>0.97 & c(s)<1.03;
    s=s-1;
end
settlingtime=(s-1)*0.02
```

求得上升时间对应程序中的 risetime=0.6800、峰值时间 peaktime=1.6600、最大超调量 maxovershoot=61.8181%和调节时间 settlingtime=9.7200。

上面程序中将语句 while c(s)>0.97 & c(s)<1.03 改为 while c(s)>0.95 & c(s)<1.05，即可求取出误差带为±5%的调节时间。

上述使用编程法求取性能指标，虽然精度高但是稍显繁杂。利用 MATLAB 绘制出系统的响应曲线后，还可以采用鼠标拾取的方式直接在响应曲线上拾取性能指标。具体就是程序运行完毕绘制出时域曲线后，单击时域响应曲线任意点，系统会自动跳出一个小圆点，小圆点显示了鼠标拾取点的横坐标（时间）和纵坐标（幅值）。

这样，按住鼠标左键在曲线上移动，如图 4-22 所示，可找到曲线幅值最大的一点，即曲线最大峰值，此时小圆点显示的横坐标就是二阶系统的峰值时间 1.64，根据观测到的稳态值 1 和峰值 1.618 可计算出系统的超调量 M_p 为 61.8%。系统的上升时间和调节时间可以同理类似获取。

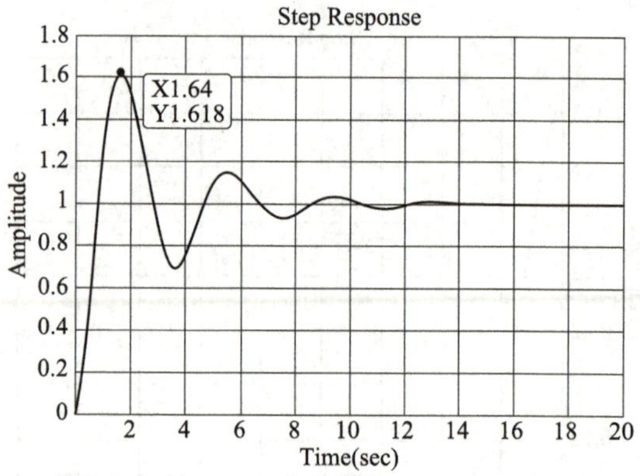

图 4-22 鼠标法求取性能指标

需要注意的是由于显示精度和鼠标动作误差的原因，鼠标拾取求得的性能指标可能与实际值有偏差，但通常这对分析问题是没有太大影响的。另外，鼠标法不适合用于 plot（ ）命令画出的图形，也就是说，它只能用在非 plot（ ）函数绘制的曲线上。

例 4-9 已知系统的传递函数为 $\dfrac{C(s)}{R(s)}=\dfrac{3}{s^2+8s+3}$，试用 MATLAB 绘制：

1）此控制系统的单位斜坡响应。

2）此系统在输入为 $r(t)=\mathrm{e}^{-0.5t}$ 时的响应。

解：

1）在 MATLAB 中没有关于斜坡响应的函数，因此，需要利用阶跃响应 step( ) 函数或任意输入响应函数来获得斜坡响应。具体地讲，要得到给定传递函数在零初始条件下的斜坡响应，可以将传递函数除以 s 后，利用单位阶跃响应函数获得等效的响应曲线。因此，对于本题：

$$\frac{C(s)}{R(s)}=\frac{3}{s^2+8s+3}$$

单位斜坡函数作为输入，由于 $R(s)=\dfrac{1}{s^2}$，所以有

$$C(s)=\frac{3}{s^2+8s+3}\frac{1}{s^2}=\frac{3}{(s^2+8s+3)s}\frac{1}{s}$$

可见，为了获得这个系统的单位斜坡响应，需要串联一个积分环节，然后再采用单位阶跃响应函数进行求取，获得如图 4-23a 所示单位斜坡响应曲线。

2）调用 MATLAB 中的任意输入响应函数 lsim( )，将输入 u 设定为指数函数，获得如图 4-23b 所示指数函数输入时系统的响应曲线。

具体程序如下：

```
% Ramp Responses
t=0:0.02:16;
num=[3];
den=[1 8 3 0]
sys=tf(num,den);
c=step(sys,t);
plot(t,c,t,t,'--')
```

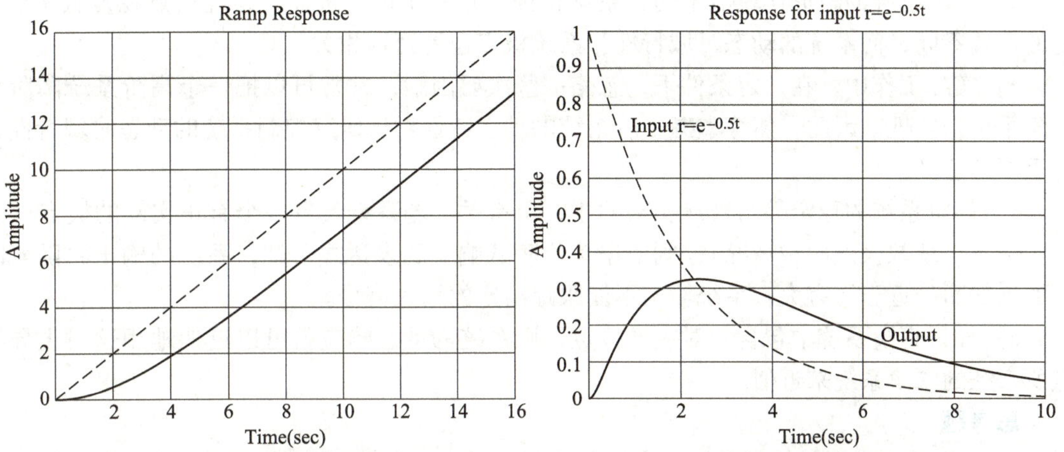

a) 单位斜坡响应曲线　　b) 指数函数响应曲线

图 4-23　例 4-9 不同输入信号下系统的响应曲线

```
grid
title('Ramp Responses')
xlabel('Time(seconds)')
ylabel('Amplitude')
%'Responses for input r=e^-^0^.^5^t
t=0:0.02:10;
num=[3];
den=[1 8 3]
sys=tf(num,den);
r=exp(-0.5*t)
c=lsim(sys,r,t);
plot(t,c,t,r,'--')
grid
title('Responses for input r=e^-^0^.^5^t')
xlabel('Time(seconds)')
ylabel('Amplitude')
text(0.9,0.75,'Input r=e^-^0^.^5^t')
text(6,0.2,'Output')
```

本章小结

一个稳定的控制系统，对输入信号的时域响应由两部分组成：动态响应和稳态响应。本章主要研究典型输入信号作用下，系统输出响应随时间变化的动态特性。本章主要介绍了以下几个方面的内容：

1）使用典型输入信号，便于对控制系统进行分析和评价。典型输入信号作用下，时域分析是通过直接求解系统的输出时域响应来分析系统的性能。线性系统的动态特性常用最大超调量、调节时间等性能指标来评价系统动态性能的优劣。

2）二阶系统的阻尼比取值不同，系统特征根形式不同。进而，系统极点在复数 s 平面上的位置不同，而系统的动态时域特性与系统极点位置密切相关。

3）实际工作中，在一定条件下，忽略一些次要因素，常常可以把一个高阶系统降阶为二阶系统来处理。因此，熟练掌握二阶系统的动态特性对于研究控制系统的动态时域特性具有重要的意义。

4）高阶系统的稳定性与极点实部的正、负有关，若系统具有一个有正实部的极点（包括实极点、复数极点两种情况），则依据单位阶跃响应的表达式可知，系统的输出将随着时间的增加而趋近于无穷大，系统输出不能跟踪给定的输入信号。

5）如果高阶系统中包含一对主导极点，则系统的动态响应就可以近似地用这对主导极点所表征的二阶系统来近似。

思考题

4-1　为了定量评价控制系统动态性能指标的优劣，依据系统的单位阶跃响应曲线定义了上升时间、峰值时间、________和________等性能指标。

4-2　当二阶系统的阻尼比为 $0<\zeta<1$ 时，对应系统特征根分布在复数 s 平面的______________。

4-3　什么是主导极点？高阶系统包含主导极点对系统的分析与设计有什么意义？

4-4　什么是偶极子？

4-5　已知系统的单位脉冲响应，试求系统的传递函数。

（1）$c(t)=0.2\mathrm{e}^{-3t}$

（2）$c(t)=0.2\mathrm{e}^{-3t}+0.6\mathrm{e}^{-0.3t}$

4-6　已知控制系统的单位阶跃响应为 $c(t)=1+0.5\mathrm{e}^{-30t}-1.5\mathrm{e}^{-10t}$，试确定：

（1）系统的单位脉冲响应。

（2）系统的传递函数。

（3）系统的阻尼比 ζ 和无阻尼自然振荡角频率 ω_n。

4-7　已知二阶系统的单位阶跃响应为 $c(t)=1-1.25\mathrm{e}^{-1.2t}\sin(1.6t+53.1°)$，试确定：

（1）系统阻尼比的范围。

（2）系统的最大超调量为多少？

（3）系统特征根的实部、虚部为多少。

（4）系统的阻尼比和无阻尼自然振荡角频率 ω_n。

（5）系统的传递函数 $\dfrac{C(s)}{R(s)}$。

4-8　已知控制系统如图 4-24 所示，试着分析如下问题。

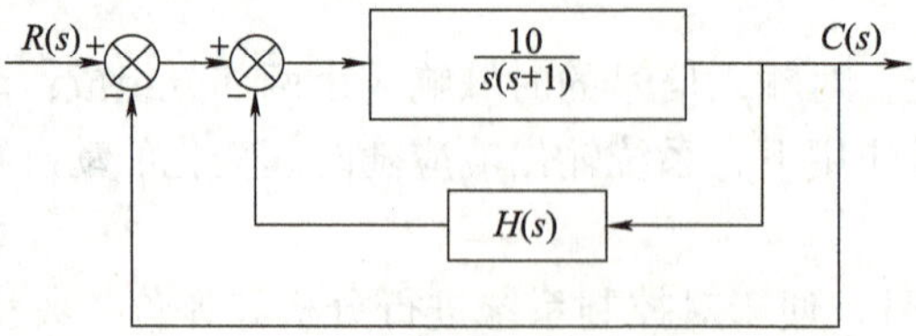

图 4-24　题 4-8 图

（1）无反馈环节 $H(s)$ 时系统的动态性能指标 M_p 和 t_s。

（2）反馈环节为比例微分 $H(s)=0.216s$ 时，系统的动态性能指标 M_p 和 t_s。

4-9　已知单位负反馈二阶系统的开环传递函数为 $G(s)=\dfrac{\omega_n^2}{s(s+2\zeta\omega_n)}$，其单位阶跃响应如图 4-25 所示，其中最大超调量 $M_p=9.6\%$，调节时间 $t_s=0.2\text{s}$。

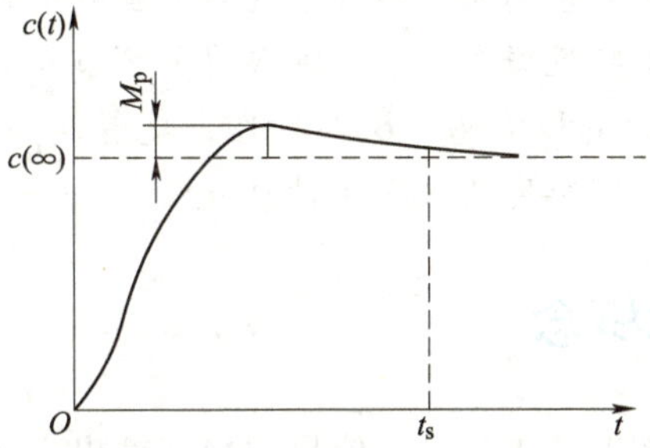

图 4-25　题 4-9 图

（1）试写出该系统的闭环传递函数 $\dfrac{C(s)}{R(s)}$。

（2）试写出系统的阻尼比 ζ 和无阻尼自然振荡角频率 ω_n。

4-10　已知控制系统结构图如图 4-26 所示，系统的单位阶跃响应的最大超调量为 $M_p=9\%$，峰值时间 $t_p=0.75\text{s}$，输出稳态值为 2，试求出系统对应的参数 K、a。

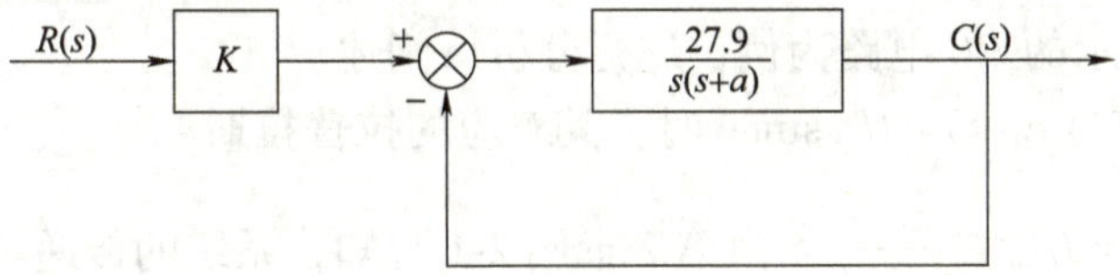

图 4-26　题 4-10 图

第 5 章　线性系统的频域分析

内容提要：本章主要研究对控制系统施加不同频率正弦输入信号，分析其频率域稳态响应。正确理解控制系统的频率特性概念，熟练掌握典型环节和系统的频率特性，能够根据开环传递函数绘制相应的极坐标图和伯德（Bode）图，能够运用奈奎斯特（Nyquist）稳定判据分析系统的稳定性，掌握稳定裕度的含义及计算方法。

5.1　频率特性的基本概念

描述控制系统在不同频率下，正弦输入信号与稳态输出之间关系的数学模型称为频率特性。应用频率特性研究线性系统的经典方法称为频域分析法，是 20 世纪 30 年代发展起来的一种工程实用方法。

5.1.1　频率特性

频率特性又称频率响应，指线性定常系统（或元件）对不同频率正弦输入信号的稳态响应。控制系统中的一些周期信号可以认为是由不同频率正弦信号合成的。为了说明频率特性的概念，以图 5-1 所示的 RC 电路为例，进行分析、阐述。

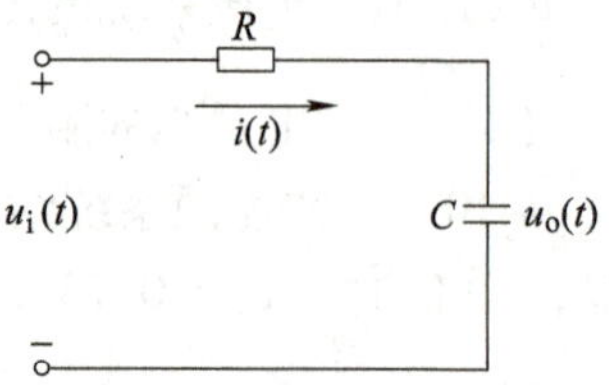

图 5-1　RC 电路

当输入为正弦信号 $u_i(t)=U_{im}\sin\omega t$ 时，其对应的拉普拉斯变换象函数为 $U_i(s)=U_{im}\dfrac{\omega}{s^2+\omega^2}$。由第 2 章例 2-1 可知，系统的传递函数为

$$\frac{U_o(s)}{U_i(s)}=\frac{1}{\tau s+1} \tag{5-1}$$

式中，$\tau=RC$。则

$$U_o(s)=\frac{1}{\tau s+1}U_i(s)=\frac{1}{\tau s+1}U_{im}\frac{\omega}{s^2+\omega^2}$$

上式进行拉普拉斯反变换，得到输出电压的时域表达式为

$$u_o(t)=\frac{U_{im}\tau\omega}{1+\tau^2\omega^2}e^{-\frac{t}{\tau}}+\frac{U_{im}}{\sqrt{1+\tau^2\omega^2}}\sin(\omega t+\varphi) \tag{5-2}$$

式中，$\varphi=-\arctan\tau\omega$。

式（5-2）中第一项随着时间的推移将衰减为零，是输出的暂态分量，而第二项为正弦信号，是输出的稳态分量。输出的稳态分量与输入信号比较，可知输出正弦信号的频率与输入信号是同频率的，仅幅值和相位有变化，且这种变化与角频率 ω 和反映系统特性的传递函数有关（本质上与系统的具体结构、参数有关）。

令 $s=j\omega$，代入控制系统传递函数式（5-1），整理成复指数的形式：

$$\frac{U_o(j\omega)}{U_i(j\omega)}=\frac{1}{\tau j\omega+1}=\frac{1e^{j0°}}{\sqrt{1+\tau^2\omega^2}^{\,\mathrm{j}\arctan\tau\omega}}=\frac{1}{\sqrt{1+\tau^2\omega^2}}e^{-\mathrm{j}\arctan\tau\omega} \tag{5-3}$$

可见，对于一阶系统，传递函数为式（5-1），输入为正弦信号时，输出稳态响应为同频率的正弦信号，输出稳态响应的幅值相对输入信号的幅值比为 $\frac{1}{\sqrt{1+\tau^2\omega^2}}$，输出稳态响应的相位相对于输入信号的相位差为 $-\arctan\tau\omega$。

推广这种具有普遍意义的概念，给出常用的描述频率特性的定义：对于稳定的线性定常系统，在正弦输入信号的作用下，输出的稳态分量与正弦输入信号之间的复数比称为频率特性。易知频率特性与系统的数学模型——传递函数关系密切。

不失一般性，设控制系统的传递函数为 $G(s)$，令 $s=j\omega$，得控制系统的频率特性为

$$G(j\omega)=|G(j\omega)|e^{j\angle G(j\omega)} \tag{5-4}$$

将频率特性表达成复指数函数的形式，易知其由两部分组成：①反映正弦输入信号作用下，系统稳态输出与输入信号的幅值比的部分，定义为幅频特性 $A(\omega)=|G(j\omega)|$；②反映正弦输入信号作用下，系统稳态输出与输入信号的相位差的部分，定义为相频特性 $\varphi(\omega)=\angle G(j\omega)$。则式（5-4）可以进一步表示为

$$G(j\omega)=A(\omega)e^{j\varphi(\omega)} \tag{5-5}$$

频率特性与传递函数、微分方程一样，能够表征系统的动态特性和稳态特性，也是系统的一种数学模型。其中，幅频特性 $A(\omega)$ 是频率 ω 的函数，表明系统对不同频率正弦信号幅值衰减或放大的特性；相频特性 $\varphi(\omega)$ 也是频率 ω 的函数，表明系统对不同频率正弦信号相位差的特性。

对于稳定的控制系统，通过频率特性的定义与物理意义的对应关系可知：采用实验的方法能够比较方便地获取系统的频率特性。即在系统的输入端施加不同频率的正弦信号，然后测量系统的稳态输出分量，再根据对应的幅值比和相位差作出系统的频率特性曲线，就能分析系统的具体组成环节了。

5.1.2　频率特性的图形表示

在实际工程应用中，通常需要把线性定常系统的频率特性绘制成曲线，再运用图解法进行分析和设计。频率特性的图示方法有多种，本章主要介绍极坐标图和伯德图。这里需要注意，虽然系统的频率特性的图示表示可以有多种形式，但其本质内涵和数学模型是一样的，仅是呈现形式不同而已。

1. 极坐标图

极坐标图又称为幅相频率特性图、奈奎斯特图。系统的幅频特性可以表示为复指数形式或由实部和虚部共同组成的代数形式。

设控制系统的传递函数为 $G(s)=\frac{1}{\tau s+1}$，则其频率特性可以表达为如下两种形式：

$$G(j\omega)=\frac{1}{\tau j\omega+1}=\frac{(1-j\tau\omega)}{(1+j\tau\omega)(1-j\tau\omega)}$$

$$=\frac{1}{\sqrt{1+\tau^2\omega^2}}e^{-\mathrm{j}\arctan\tau\omega}$$

$$= \frac{1}{1+(\tau\omega)^2} + \mathrm{j}\frac{-\tau\omega}{1+(\tau\omega)^2}$$

即同一个系统的频率特性，除了采用式（5-5）中幅频特性和相频特性的方式进行表达外，还可以表述成 $G(\mathrm{j}\omega)=X(\omega)+\mathrm{j}Y(\omega)$ 这种代数形式。其中 $X(\omega)$ 为实频特性，$Y(\omega)$ 为虚频特性，复数 s 平面上的极坐标如图 5-2 所示，这两种表示方式可以互相转换，定量关系为

$$A(\omega)=\sqrt{X^2(\omega)+Y^2(\omega)}$$

$$\varphi(\omega)=\arctan\frac{Y(\omega)}{X(\omega)}$$

极坐标图需要在以横轴为实轴、纵轴为虚轴的复数 s 平面上绘制。绘制过程中首先将控制系统的频率特性进行整理，获取幅频特性 $A(\omega)$ 和相频特性 $\varphi(\omega)$ 的函数表达式或者实频特性 $X(\omega)$ 和虚频特性 $Y(\omega)$ 的函数表达式；而后依据函数表达式取点、列表、计算频率 ω 从零变化到 $+\infty$ 时，$A(\omega)$ 和 $\varphi(\omega)$ 相应的数值对，或 $X(\omega)$ 和 $Y(\omega)$ 相应的数值对；最后，如图 5-3 所示，将这些数值对在复数 s 平面上通过描点的方式标注出来并连接成光滑曲线，曲线的箭头表示频率 ω 增大的方向。

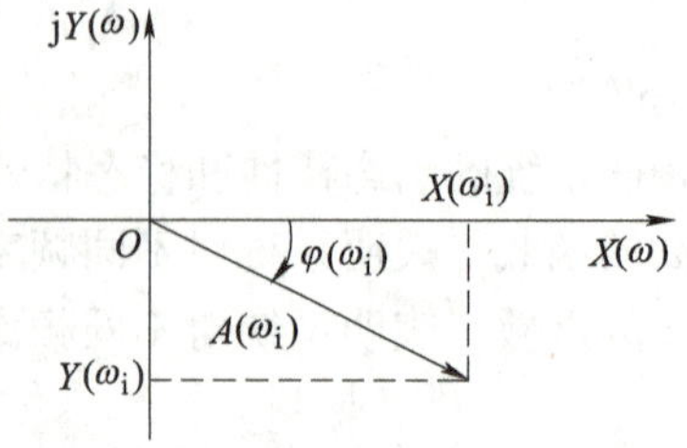

图 5-2　复数 s 平面上的极坐标

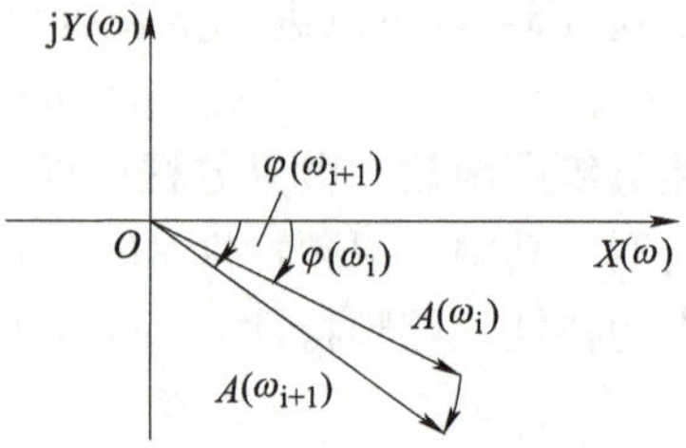

图 5-3　极坐标图绘制示例

基于数学分析的美观性与对称性，绘制的极坐标图可以计及频率 ω 从 $-\infty$ 变化到 0 这部分的频率区间。由于控制系统的传递函数是实系数有理分式，分析可知，频率为负时的极坐标图曲线与频率为正时的极坐标图曲线（ω 从 0 变化到 $+\infty$）是关于实轴对称的。因此，在熟练掌握极坐标图后，允许只绘制频率为正的极坐标图曲线。

2. 伯德图

伯德图又称对数频率特性图。与通过实频特性和虚频特性或幅频特性和相频特性形成坐标数值对，共同表示复数 s 平面上复数点的极坐标图不同，伯德图是绘制两张图，分别用来表示系统的对数幅频特性和相频特性。伯德图将频率特性表示在半对数坐标中，这种特殊的坐标对于简化控制系统工程分析与设计具有重要意义。

半对数坐标是指，横坐标是按对数 $\lg\omega$ 进行均匀分度，单位为 rad/s，这样对 ω 而言就不是均匀分度的了。纵坐标按线性分度，其中对数幅频特性曲线的纵坐标按 $L(\omega)=20\lg A(\omega)$ 线性分度，单位为分贝（dB）；相频特性则依据表达式 $\varphi(\omega)=\angle G(\mathrm{j}\omega)$ 进行线性分度，纵坐标单位为度（°）。对数分度和分度对比图如图 5-4 所示。特别需要指出，对数频率特性曲线横坐标通常是以 ω 标出的，但是不应标出 $\omega=0$ 的点，因为半对数坐标实际上是按 $\lg\omega$ 进行分度的。

不同于常规坐标的横、纵坐标都是线性分度，横坐标表示自变量，变量变化一个单位时用“1”表示一个单位长度。在半对数坐标中，横坐标同样表示自变量，自变量变化 10 倍

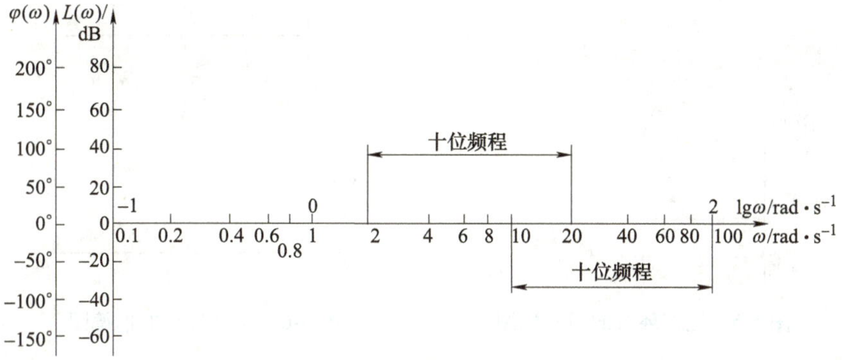

图 5-4 半对数坐标

时比较容易度量，称为十倍频程（dec），表示坐标之间距离变化的一个标准单位长度。如图 5-4 所示，横坐标的频率从 2 变化到 20（$\lg20-\lg2=\lg10=1$），从 10 变化到 100（$\lg100-\lg10=\lg10=1$），横坐标变化量的距离相等，这两频程皆对应十倍频程。

伯德图中两张图的横坐标相同，并且通过采用 $\lg\omega$ 这种对数分度，可以将很宽的频率范围进行压缩。在伯德图上可以清楚地表示出控制系统的低频段、中频段和高频段。此外，多个环节串联，对数幅频特性 $L(\omega)=20\lg A(\omega)$ 能起到将对数幅频特性中的乘除运算降低运算级别为加减运算，进而可以简化控制系统的分析和伯德图的绘制。

5.2 典型环节的频率特性

通过第 2 章的学习知道控制系统通常是由若干个典型环节所组成，因此，掌握了典型环节的频率特性，对于掌握控制系统的频率特性大有裨益。

1. 比例环节

由第 2 章典型环节传递函数的学习可知，比例环节的传递函数为 $G(s)=K$，则比例环节的频率特性为

$$G(\mathrm{j}\omega)=K \tag{5-6}$$

可见，比例环节的实频特性 $X(\omega)=K$，虚频特性 $Y(\omega)=0$；幅频特性 $A(\omega)=K$，相频特性 $\varphi(\omega)=0°$。能够看出比例环节的实频特性和虚频特性或幅频特性和相频特性均与频率 ω 无关。如图 5-5 所示，比例环节的极坐标图为实轴上的一点，幅值长度恒为 K，相角恒为 0°。

比例环节的对数幅频特性 $L(\omega)=20\lg A(\omega)=20\lg K$，在伯德图上是平行于横轴的一条水平线。当 $0<K<1$ 时，$20\lg K<0$ 具有负的分贝数；当 $K=1$ 时，$20\lg K=0$ 为零分贝；当 $K>1$ 时，$20\lg K>0$ 具有正的分贝数。

比例环节的相频特性为 $\varphi(\omega)=0°$，如图 5-6 所示，在伯德图上无论 ω 为何值，相频特性是恒过 0°的一条水平线。需要提示的是，伯德图的两张图横坐标取值应该相同，垂直对齐放置，以方便后续依据对数幅频特性和相频特性的垂直对应关系进行稳定性判别和稳定裕度的分析与计算。

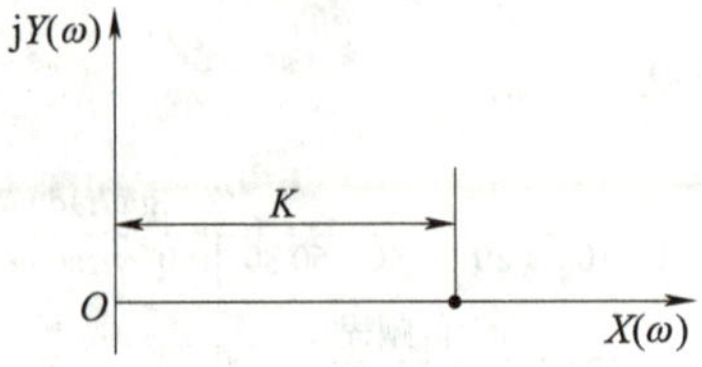

图 5-5 比例环节的极坐标图

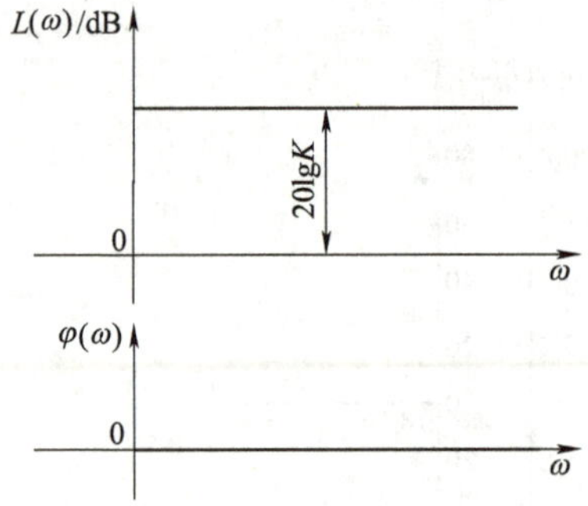

图 5-6 比例环节的伯德图

2. 积分环节

由第 2 章典型环节传递函数的学习可知，比例环节的传递函数为 $G(s)=\dfrac{1}{s}$，则比例环节的频率特性为

$$G(\mathrm{j}\omega)=\frac{1}{\mathrm{j}\omega} \tag{5-7}$$

积分环节的实频特性 $X(\omega)=0$，虚频特性 $Y(\omega)=-\dfrac{1}{\omega}$；幅频特性 $A(\omega)=\dfrac{1}{\omega}$，相频特性 $\varphi(\omega)=-90°$。如图 5-7 所示，积分环节的极坐标图中相频特性恒为$-90°$，幅值则随着频率 ω 的增加而减小，沿着负虚轴最终趋近于原点。其中箭头的方向表示频率增加的方向。

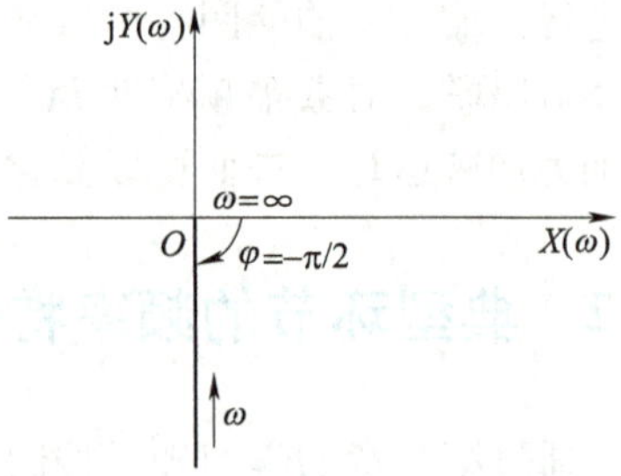

图 5-7 积分环节的极坐标图

积分环节的对数幅频特性为 $L(\omega)=20\lg A(\omega)=20\lg\dfrac{1}{\omega}=-20\lg\omega$。对于横坐标中任意的一个频率点 ω，取其十倍频程 10ω，则对应纵坐标表示的对数幅值变化为 $L(10\omega)=20\lg A(10\omega)=20\lg\dfrac{10}{\omega}=-20\mathrm{dB}-20\lg\omega$。表明积分环节的对数幅频特性，在伯德图上，横坐标表示的频率每增加一个十倍频程，纵坐标的幅值变化量恒为-20dB，具有-20dB/dec的恒定斜率。

因此，如图 5-8 所示，积分环节的伯德图中的对数幅频特性曲线是一条斜率恒定为-20dB/dec 的直线。这条直线在绘制过程中可以采用点斜式、两点式等方法绘制。如已知斜率为-20dB/dec，经过 $\omega=1$rad/s 时的值为 $-20\lg\omega\big|_{\omega=1}=0$dB；积分环节的相频特性表达式为 $\varphi(\omega)=-90°$，则对应的伯德图中的相频特性曲线是水平直线，无论频率如何变化，相频特性恒为 $-90°$。

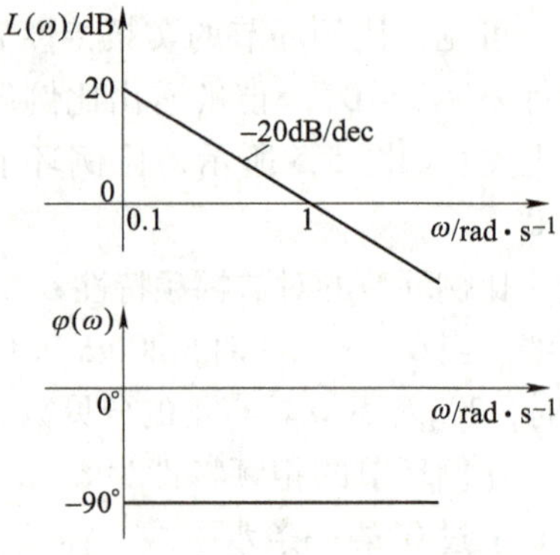

图 5-8 积分环节的伯德图

3. 惯性环节

由第 2 章中典型环节传递函数的学习可知，惯性环

节的传递函数为 $G(s)=\dfrac{1}{\tau s+1}$，则惯性环节的频率特性为

$$G(\mathrm{j}\omega)=\frac{1}{\mathrm{j}\tau\omega+1} \tag{5-8}$$

惯性环节的实频特性 $X(\omega)=\dfrac{1}{1+\tau^2\omega^2}$，虚频特性 $Y(\omega)=\dfrac{-\tau\omega}{1+\tau^2\omega^2}$；幅频特性 $A(\omega)=\dfrac{1}{\sqrt{1+\tau^2\omega^2}}$，相频特性 $\varphi(\omega)=-\arctan\tau\omega$。

为了绘制惯性环节的极坐标图，列表计算惯性环节的极坐标数据点见表 5-1，给出多个频率值，然后依据公式依次计算出相应的 $A(\omega)$ 和 $\varphi(\omega)$ 数据对，其中频率的起点、终点以及与负实轴相交的这些关键点必须求出、标注。此外，为了较为精确地绘制出极坐标图，可以多取一些频率点进行计算。最后连接 ω 从 $0\sim+\infty$ 时矢量端点的轨迹，就得到惯性环节的极坐标图，其中箭头的方向表示频率增加的方向。

表 5-1　列表计算惯性环节的极坐标数据点

ω	0	$\dfrac{1}{\tau}$	$+\infty$
$A(\omega)=\dfrac{1}{\sqrt{1+\tau^2\omega^2}}$	1	$\dfrac{1}{\sqrt{2}}$	0
$\varphi(\omega)=-\arctan\tau\omega$	0°	-45°	-90°

如图 5-9 所示，为惯性环节的极坐标图，是一个半圆，其相频特性变化范围是-90°~0°，幅频特性随着频率 ω 的增加而减小，变化范围是 0~1。

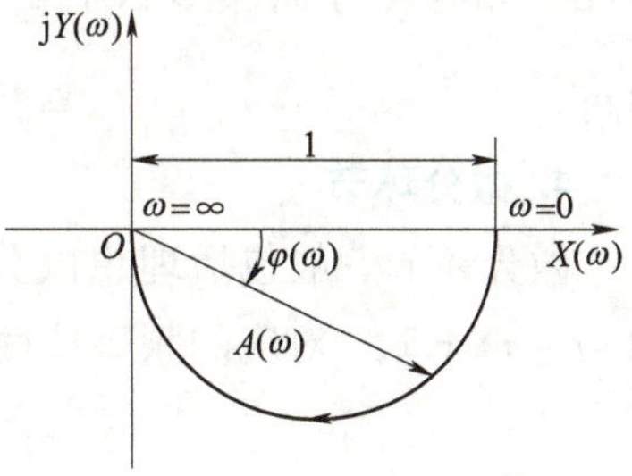

图 5-9　惯性环节的极坐标图

惯性环节的对数幅频特性为 $L(\omega)=20\lg A(\omega)=20\lg\dfrac{1}{\sqrt{1+\tau^2\omega^2}}=-20\lg\sqrt{1+\tau^2\omega^2}$，表达式相对复杂，此处采用分段分析的方法：

当 $\tau^2\omega^2\ll1$，即 $\omega\ll\dfrac{1}{\tau}$，$L(\omega)\approx-20\lg1=0\mathrm{dB}$。

当 $\tau^2\omega^2\gg1$，即 $\omega\gg\dfrac{1}{\tau}$，$L(\omega)\approx-20\lg\tau\omega=-20\lg\tau-20\lg\omega$。

其中 $-20\lg\tau$ 是一个确定的常数。易知，在频率足够小的低频段，惯性环节的对数幅频特性曲线是恒为 0dB 的直线；在频率足够大的高频段，惯性环节的对数幅频特性类似积分环节加上一个常数，是一条斜率为-20dB/dec 的直线。

绘制直线，知道斜率还不能唯一确定一条直线，需要明确是过哪个点的直线。若选择 $\omega=\dfrac{1}{\tau}$，则对应的分贝数为 $L(\omega)\approx-20\lg\tau-20\lg\omega\big|_{\omega=\frac{1}{\tau}}=0\mathrm{dB}$，若选择 $\omega=\dfrac{10}{\tau}$，则对应的

分贝数为 $L(\omega)\approx -20\lg\tau-20\lg\omega\big|_{\omega=\frac{10}{\tau}}=-20\text{dB}$。

惯性环节的伯德图如图 5-10 所示，可以理解为由低频段的水平直线和高频段的斜率为-20dB/dec 的直线构成的折线。相频特性曲线可以理解为给定若干 ω 值，按公式逐点求出相应的 $\varphi(\omega)$ 值后，用平滑曲线连接。

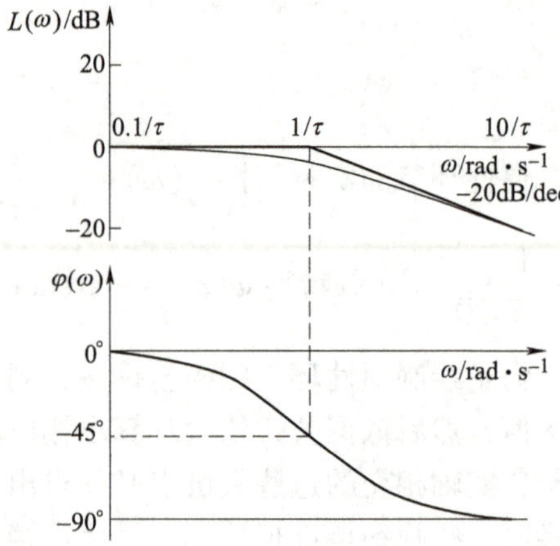

图 5-10　惯性环节的伯德图

由上述分析可知，惯性环节绘制过程中做了必要的简化与近似，低频段近似为零分贝线，称为低频渐近线，高频段近似为-20dB/dec 的直线，称为高频渐近线。这两条渐近线交接处的频率为 $\omega=\frac{1}{\tau}$，此处为惯性环节渐近线与实际曲线偏差最大的点，依据惯性环节的对数幅频特性 $L(\omega)=-20\lg\sqrt{1+\tau^2\omega^2}$ 可知，实际上此频率点的对数幅频特性值为 $L\left(\omega=\frac{1}{\tau}\right)=-20\lg(\sqrt{2})=-3\text{dB}$。这说明在交接频率处，用渐近线绘制的对数幅频特性的误差为 3dB。这个频率点很关键，称为转折频率或交接频率，是绘制惯性环节对数幅频特性时的一个重要参数。依据相频特性的表达式分析可知，惯性环节的相频特性在转折频率处的相位为-45°，频率越大，相位滞后越大，最后趋近于-90°。

采用这种分段分析方法的简便之处在于，若时间常数 τ 改变，惯性环节的对数幅频特性、相频特性曲线形状不变，仅需要将对应的图形左右平移到相应的转折频率 $\frac{1}{\tau}$ 处即可。

4. 微分环节

微分环节一般包括理想微分环节和一阶比例微分环节，其传递函数分别为 $G(s)=s$、$G(s)=\tau s+1$，对应的频率特性为

$$G(\mathrm{j}\omega)=\mathrm{j}\omega \tag{5-9}$$

$$G(\mathrm{j}\omega)=\mathrm{j}\tau\omega+1 \tag{5-10}$$

对于理想微分环节，其实频特性 $X(\omega)=0$，虚频特性 $Y(\omega)=\mathrm{j}\omega$；幅频特性 $A(\omega)=\omega$，相频特性 $\varphi(\omega)=90°$。如图 5-11 所示，微分环节的极坐标图与积分环节的极坐标图关于实轴对称，幅值随着频率 ω 的增加而增大，沿着正虚轴（角度恒为 90°）趋向无穷大。其中箭头的方向表示频率增加的方向。

理想微分环节的对数幅频特性为 $L(\omega)=20\lg A(\omega)=20\lg\omega$。采用类似于积分环节的分析方法可知，理想微分环节的对数幅频特性曲线是一条斜率为+20dB/dec 的直线，在 $\omega=1$ 处过零分贝线。如图 5-12 所示，理想微分环节的伯德图与积分环节的伯德图关于横轴对称。

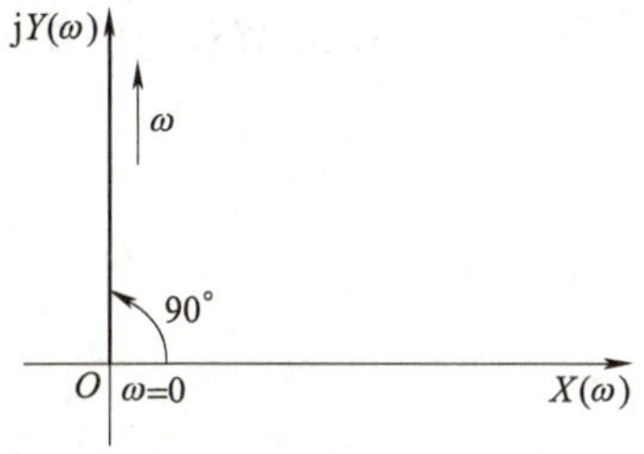

图 5-11　理想微分环节的极坐标图

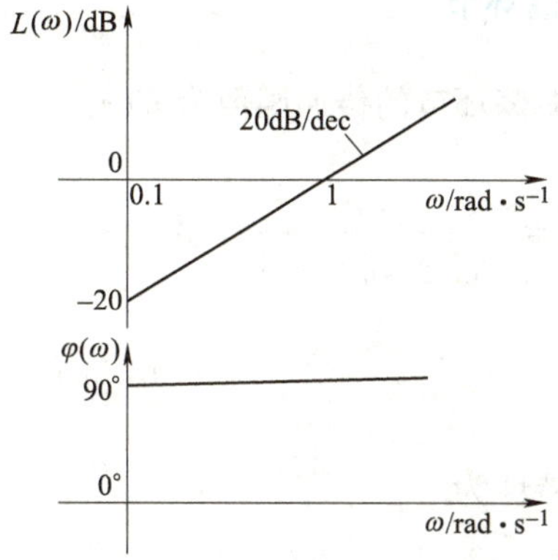

图 5-12　理想微分环节的伯德图

对于一阶比例微分环节，易知其与惯性环节数学模型具有一定关联性，参照惯性环节的分析方法进行分析可知，其实频特性 $X(\omega)=1$，虚频特性 $Y(\omega)=\mathrm{j}\tau\omega$；幅频特性 $A(\omega)=\sqrt{1+\tau^2\omega^2}$，相频特性 $\varphi(\omega)=\arctan\tau\omega$。如图 5-13 所示，一阶比例微分环节的极坐标图幅值将随着频率 ω 的增加而增大，平行于正虚轴 1 个单位，趋向无穷大；相频特性的变化范围是 0°~90°，属于第 1 象限的相角变化区间。其中箭头的方向表示频率增加的方向。

一阶比例微分环节的对数幅频特性为 $L(\omega)=20\lg A(\omega)=20\lg\sqrt{1+\tau^2\omega^2}$，采用类似于惯性环节的分段分析方法可知，一阶微分环节的对数幅频特性图由两条直线组成的折线作为渐近线，低频段 $L(\omega)=20\lg A(\omega)=20\lg\sqrt{1+\tau^2\omega^2}\approx 20\lg 1=0$ 是一条零分贝的水平线，经过转折频率点 $\omega=\dfrac{1}{\tau}$ 后，斜率变为+20dB/dec 的高频渐近直线。如图 5-14 所示，一阶比例微分环节的伯德图与惯性环节的伯德图关于横轴对称，在 $\omega=\dfrac{1}{\tau}$ 处，对应的相频特性为 45°。

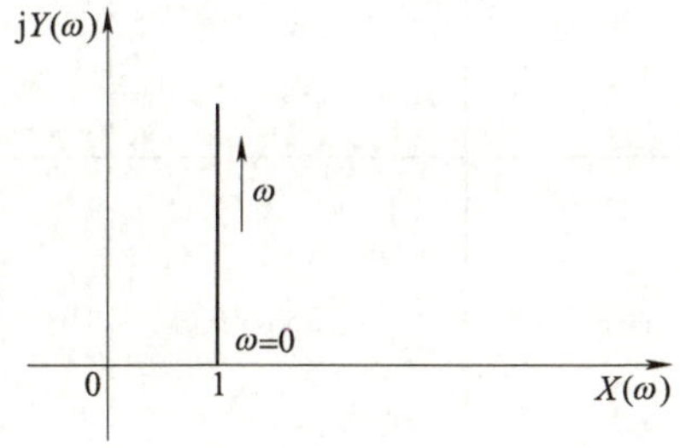

图 5-13　一阶比例微分环节的极坐标图

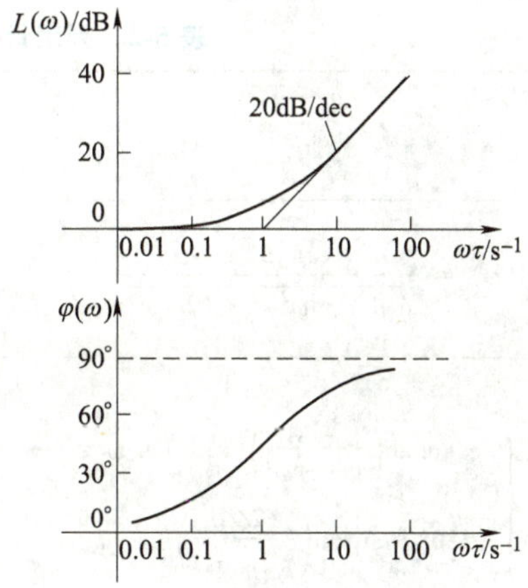

图 5-14　一阶比例微分环节的伯德图

实际应用中有可能遇到二阶比例微分环节，分析方法类似，此处不再赘述。

5. 振荡环节

典型振荡环节的传递函数为 $G(s)=\dfrac{\omega_n^2}{s^2+2\zeta\omega_n s+\omega_n^2}$，为了方便分析将其转换为尾“1”形式 $G(s)=\dfrac{1}{\tau^2 s^2+2\zeta\tau s+1}$，式中 $\tau=\dfrac{1}{\omega_n}$，$0<\zeta<1$，则振荡环节对应的频率特性为

$$G(j\omega)=\frac{1}{1-\tau^2\omega^2+j2\zeta\tau\omega} \tag{5-11}$$

幅频特性为

$$A(\omega)=\frac{1}{\sqrt{(1-\tau^2\omega^2)^2+(2\zeta\tau\omega)^2}}$$

观察式（5-11）可知，当 $0\leqslant\omega\leqslant\dfrac{1}{\tau}$ 时，$1-\tau^2\omega^2\geqslant 0$，当 $\omega>\dfrac{1}{\tau}$ 时，$1-\tau^2\omega^2<0$，表明振荡环节的相频特性位于第 3、4 象限。由于反正切函数的相角表示范围为（$-\pi/2$，$\pi/2$），则对应振荡环节的相频特性为

$$\varphi(\omega)=\begin{cases}-\arctan\left(\dfrac{2\zeta\omega}{1-\tau^2\omega^2}\right), & 0\leqslant\omega\leqslant\dfrac{1}{\tau}\\[2ex] -180^\circ+\arctan\left(\dfrac{2\zeta\omega}{\tau^2\omega^2-1}\right), & \omega>\dfrac{1}{\tau}\end{cases}$$

为了绘制振荡环节的极坐标图，列表计算振荡环节的极坐标数据点见表 5-2，可以选取多个频率，依据幅频特性和相频特性表达式依次计算出相应的 $A(\omega)$ 和 $\varphi(\omega)$ 数据对，其中频率的起点、终点以及与负实轴相交的关键点必须求出、标注。为了较为精确地绘制出振荡环节的极坐标图，可以多取一些频率点进行计算。最后连接 ω 从 $0\sim+\infty$ 时矢量端点的轨迹，就得到振荡环节的极坐标图。

表 5-2 列表计算振荡环节的极坐标数据点

ω	0	$\dfrac{1}{\tau}$	$+\infty$
$A(\omega)=\dfrac{1}{\sqrt{(1-\tau^2\omega^2)^2+(2\zeta\tau\omega)^2}}$	1	$\dfrac{1}{2\zeta}$	0
$\varphi(\omega)=\begin{cases}-\arctan\left(\dfrac{2\zeta\omega}{1-\tau^2\omega^2}\right), & 0\leqslant\omega\leqslant\dfrac{1}{\tau}\\ -180^\circ+\arctan\left(\dfrac{2\zeta\omega}{\tau^2\omega^2-1}\right), & \omega>\dfrac{1}{\tau}\end{cases}$	0°	-90°	-180°

图 5-15 所示为振荡环节的极坐标图，其相频特性变化范围是 $-180°\sim 0°$，幅频特性与负虚轴交点的绝对值为 $\frac{1}{2\zeta}$，相角为 $-90°$。在极坐标上绘制出 ω 从 $0\sim+\infty$ 变化时的矢量端点的轨迹，就得到了振荡环节的频率特性极坐标图。

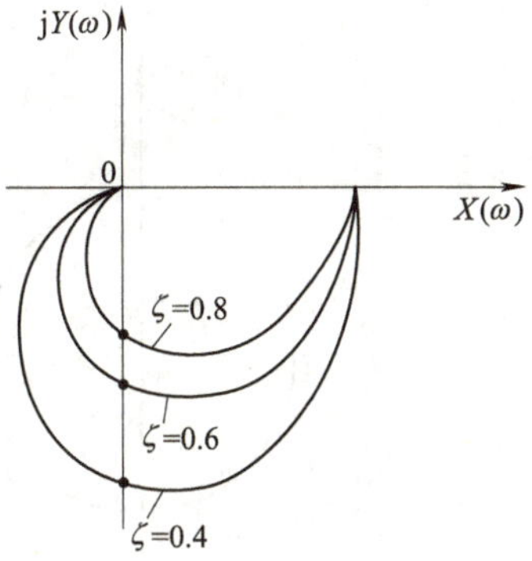

图 5-15　振荡环节的极坐标图

振荡环节的对数幅频特性为 $L(\omega)=20\lg A(\omega)=-20\lg\sqrt{(1-\tau^2\omega^2)^2+(2\zeta\tau\omega)^2}$，采用类似于惯性环节的分段分析方法，在 $\omega\ll\frac{1}{\tau}$ 的低频段，$L(\omega)\approx-20\lg 1=0\text{dB}$。在 $\omega\gg\frac{1}{\tau}$ 的高频段，分析可知 $(1-\tau^2\omega^2)^2\gg(2\zeta\tau\omega)^2$，且 $\tau^2\omega^2\gg1$，因此 $L(\omega)\approx-40\lg\tau\omega=-40\lg\tau-40\lg\omega$。

可见，振荡环节的对数幅频特性图由两条直线组成折线型渐近线，低频段是一条零分贝的水平直线，经过转折频率 $\omega=\frac{1}{\tau}$ 后，斜率变为 -40dB/dec 的一条高频渐近直线。振荡环节的伯德图如图 5-16 所示，在转折频率 $\omega=\frac{1}{\tau}$ 处，对数幅频特性与渐近线之间存在一定的偏差，具体大小与阻尼比 ζ 有关，阻尼比 ζ 越大，则偏差越小。

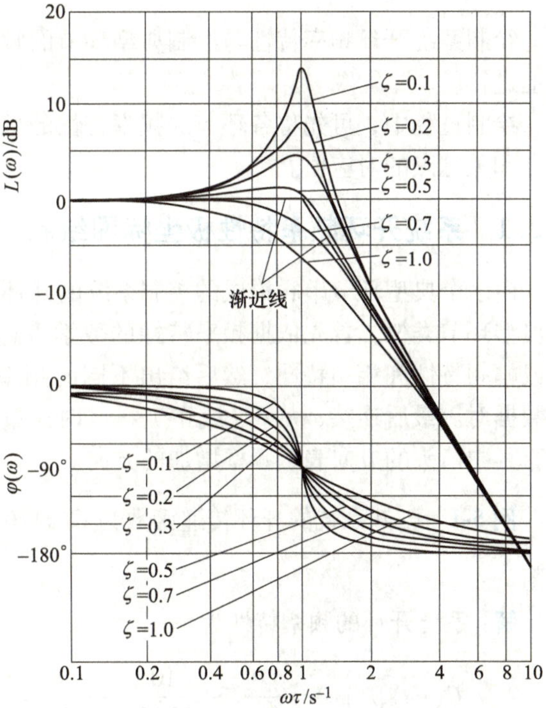

图 5-16　振荡环节的伯德图

6. 延迟环节

延迟环节的传递函数为 $G(s)=e^{-\tau s}$，则延迟环节对应的频率特性为

$$G(j\omega)=e^{-j\tau\omega} \tag{5-12}$$

易知，延迟环节的幅频特性为 $A(\omega)=1$，相频特性为 $\varphi(\omega)=-\tau\omega$，这里相频特性对应的是弧度角（rad），若需要转化为度（°），则需要乘以对应的转换比例系数 $180°/\pi=57.3$，转化为 $\varphi(\omega)=-57.3\tau\omega$。因此，延迟环节的极坐标图如图 5-17 所示，是一个以原点为圆心，半径为 1 的单位圆。

延迟环节的对数幅频特性为 $L(\omega)=20\lg A(\omega)=20\lg 1=0\text{dB}$，延迟环节的伯德图如图 5-18 所示，为一条零分贝的水平直线；延迟环节相频特性随着频率 ω 的增大，相应地，延迟的相角也增大。

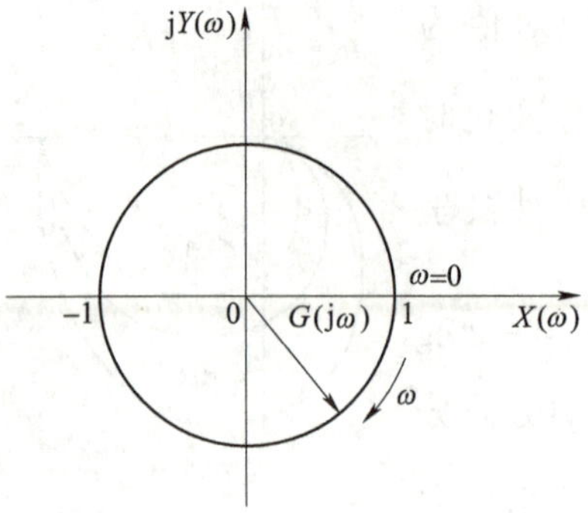

图 5-17　延迟环节的极坐标图

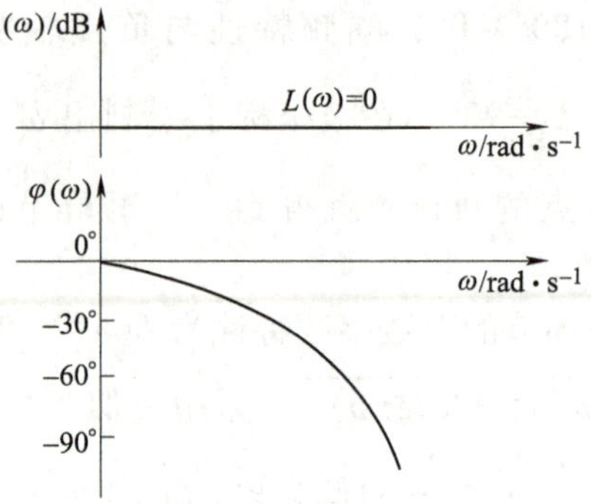

图 5-18　延迟环节的伯德图

5.3　系统开环频率特性图

绘制系统开环频率特性与绘制典型环节的频率特性类似，可以在复数 s 平面、半对数坐标上进行。

绘制过程中，可先将各环节的频率特性的数学表达式写出，分析确定频率变化的起点、终点和关键点的对应值。

5.3.1　系统开环频率特性极坐标图绘制

由多个典型环节串联构成的控制系统的开环传递函数，其开环频率特性的极坐标图绘制和典型环节类似，首先依据频率特性的数学表达式 $G(j\omega)$，写出系统的实频特性和虚频特性或幅频特性和相频特性，然后给出不同的频率 ω，类似表 5-1、表 5-2 计算出相应的坐标点数据对。最后连接 ω 从 0（或 0^+）~ $+\infty$ 时矢量端点的轨迹，就得到系统开环频率的极坐标图，其中箭头的方向表示频率增加的方向。

例 5-1　已知系统的开环传递函数为 $G(s)H(s)=\dfrac{10}{(2s+1)(3s+1)}$，试绘制系统的极坐标图。

解： 系统开环的频率特性为

$$G(j\omega)H(j\omega)=\frac{10}{(j2\omega+1)(j3\omega+1)}=\frac{10e^{j0^\circ}}{\sqrt{1+4\omega^2}\,e^{j\arctan 2\omega}\sqrt{1+9\omega^2}\,e^{j\arctan 3\omega}}$$

系统开环的幅频特性为 $A(\omega)=\dfrac{10}{\sqrt{1+4\omega^2}\sqrt{1+9\omega^2}}$。

系统开环的相频特性为 $\varphi(\omega)=-\arctan 2\omega-\arctan 3\omega$。

给出多个频率点，依据幅频特性和相频特性表达式依次计算出相应的 $A(\omega)$ 和 $\varphi(\omega)$ 数据对。其中，取点、列表和计算结果见表 5-3。

表 5-3　列表计算例 5-1 极坐标的数据点

ω	0	$\frac{1}{3}$	3	$+\infty$
$A(\omega)$	10	6	0.2	0
$\varphi(\omega)$	0°	-78.7°	-164.2°	-180°

绘制系统开环频率特性的极坐标图如图 5-19 所示。

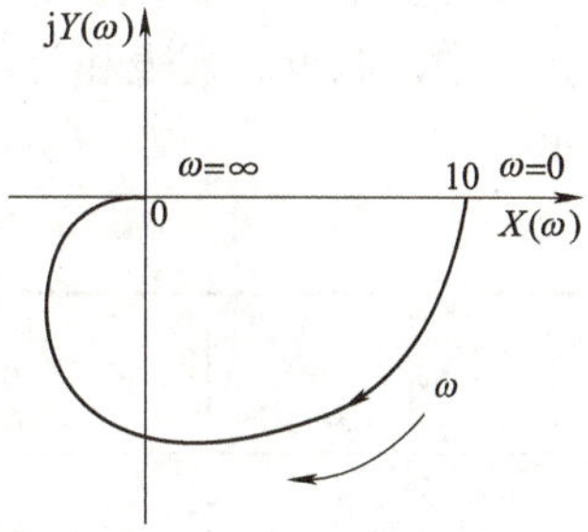

图 5-19　例 5-1 的极坐标图

绘制极坐标图时，除了 $\omega\to 0$ 时的起点、$\omega\to+\infty$ 的终点外，极坐标与负实轴的交点也是需要求取的关键点。通过令实频特性函数值等于 0 或相频特性函数值等于 -180°，可以求得极坐标与负实轴相交时对应频率为何值；进一步代入虚频特性函数表达式或幅频特性函数表达式，求得需要匹配数据对中的另外一个数值——与负实轴的交点值。

系统开环频率特性通常是由多个环节串联组成，涉及多个环节相频特性的代数运算，有时会使用式（5-13）进行简化分析与计算：

$$\arctan A+\arctan B=\arctan\frac{A+B}{1-AB} \tag{5-13}$$

应用时需要注意反正切相角的范围限制，式（5-13）成立的前提是 $\arctan A+\arctan B$ 对应的相角范围是$-90^\circ\sim90^\circ$。

例 5-2　已知负反馈系统的开环传递函数为 $G(s)H(s)=\dfrac{(4s+1)}{s^2(s+1)(2s+1)}$，试绘制系统的极坐标图。

解：系统开环的频率特性为

$$G(\mathrm{j}\omega)H(\mathrm{j}\omega)=\frac{(\mathrm{j}4\omega+1)}{(\mathrm{j}\omega)^2(\mathrm{j}\omega+1)(\mathrm{j}2\omega+1)}=\frac{\sqrt{1+16\omega^2}\,\mathrm{e}^{\mathrm{j}\arctan 4\omega}}{\omega^2\mathrm{e}^{\mathrm{j}2\times90^\circ}\sqrt{1+\omega^2}\,\mathrm{e}^{\mathrm{j}\arctan\omega}\sqrt{1+4\omega^2}\,\mathrm{e}^{\mathrm{j}\arctan 2\omega}}$$

系统开环的幅频特性为 $A(\omega)=\dfrac{\sqrt{1+16\omega^2}}{\omega^2\sqrt{1+\omega^2}\sqrt{1+4\omega^2}}$。

系统开环的相频特性为 $\varphi(\omega)=\arctan 4\omega-180^\circ-\arctan\omega-\arctan 2\omega$。

取频率点、列表和计算过程中需要注意，当系统开环频率特性中含有积分环节，即控制系统属于Ⅰ型、Ⅱ型系统时，这种情况下频率 ω 不能取“0”，应该从一个很小的正实数 0^+ 开始取值。此时起点对应的相频特性的角度可能不是恰好为坐标轴对应的特殊角度，如-90°、-180°等。这种情况下，就需要注意细微差别可能导致的角度所在象限的不同。

如 $\omega\to0^+$，$\varphi(\omega)=-180^\circ+\arctan 4\omega-\arctan\dfrac{3\omega}{1-2\omega^2}=-180^\circ+\arctan\dfrac{\omega(1-8\omega^2)}{1+10\omega^2}$，则由于 $\lim\limits_{\omega\to0^+}\dfrac{\omega(1-8\omega^2)}{1+10\omega^2}=\omega\to0^+$，有 $\varphi(0^+)=-180^\circ+\varepsilon^+$ 表明极坐标图起点对应的矢量在第 3

象限，相角很接近-180°。依据表达式进行分析，当 $\omega(1-8\omega^2)=0$，即 $\omega=\dfrac{1}{2\sqrt{2}}$ 时，$\varphi\left(\dfrac{1}{2\sqrt{2}}\right)=-180°$，表明 $\omega=\dfrac{1}{2\sqrt{2}}$ 时极坐标图与负实轴相交。对应地，代入幅频特性的表达式，计算出 $A\left(\dfrac{1}{2\sqrt{2}}\right)=\dfrac{32}{3}$，表明极坐标图与负实轴交点的绝对值为 $\dfrac{32}{3}$。

给出多个频率，依据幅频特性和相频特性公式依次计算出相应的 $A(\omega)$ 和 $\varphi(\omega)$ 数据对，其中，取点、列表和计算结果见表 5-4。绘制系统开环频率特性的极坐标图如图 5-20 所示。

表 5-4 列表计算例 5-2 极坐标的数据点

ω	0^+	$\dfrac{1}{2\sqrt{2}}$	2	$+\infty$
$A(\omega)$	$+\infty$	$\dfrac{32}{3}$	$\dfrac{1}{4}\sqrt{\dfrac{13}{17}}$	0
$\varphi(\omega)$	$-180°+\varepsilon^+$	$-180°$	$-236.5°$	$-270°$

5.3.2 系统开环频率特性伯德图绘制

伯德图由于采用折线作为渐近线，绘制简便，在实际中使用十分广泛。设控制系统开环传递函数为 $G(s)=G_1(s)G_2(s)G_3(s)\cdots G_n(s)$，则相应地，控制系统开环频率特性为

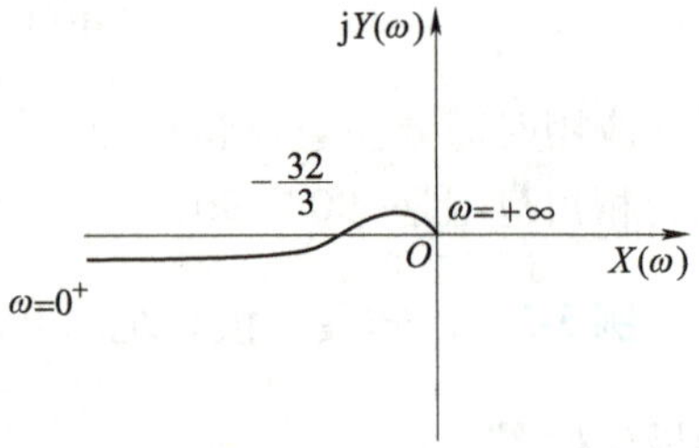

图 5-20 例 5-2 的极坐标图

$$
\begin{aligned}
G(\mathrm{j}\omega)&=G_1(\mathrm{j}\omega)G_2(\mathrm{j}\omega)G_3(\mathrm{j}\omega)\cdots G_n(\mathrm{j}\omega)\\
&=A_1(\omega)\mathrm{e}^{\mathrm{j}\varphi_1(\omega)}A_2(\omega)\mathrm{e}^{\mathrm{j}\varphi_2(\omega)}A_3(\omega)\mathrm{e}^{\mathrm{j}\varphi_3(\omega)}\cdots A_n(\omega)\mathrm{e}^{\mathrm{j}\varphi_n(\omega)}
\end{aligned}
$$

系统开环幅频特性为 $A(\omega)=A_1(\omega)A_2(\omega)A_3(\omega)\cdots A_n(\omega)$。

系统开环相频特性为 $\varphi(\omega)=\varphi_1(\omega)+\varphi_2(\omega)+\varphi_3(\omega)+\cdots+\varphi_n(\omega)$。

为了绘制伯德图，对系统开环频率特性取对数，有：

$$
\begin{aligned}
L(\omega)&=20\lg A(\omega)=20\lg A_1(\omega)+20\lg A_2(\omega)+20\lg A_3(\omega)+\cdots+20\lg A_n(\omega)\\
&=L_1(\omega)+L_2(\omega)+L_3(\omega)+\cdots+L_n(\omega)
\end{aligned}
$$

显然，由多个环节串联而成的控制系统开环对数幅频特性等于各个串联环节对数幅频特性的代数和，相频特性也有类似的叠加性质。因此，绘制由多个环节串联而成的控制系统开环频率特性的伯德图就相当于先绘制各典型环节的伯德图后，采用叠加的方式就可以得到最终对应的控制系统开环频率特性的伯德图。

例 5-3 已知单位负反馈系统的开环传递函数为 $G(s)=\dfrac{20}{(s+1)(\tau s+1)}$，式中 $\tau<1$，试绘制系统的伯德图。

解： 系统开环频率特性为 $G(j\omega)=\dfrac{20}{(j\omega+1)(j\tau\omega+1)}=\dfrac{20\,e^{j0^\circ}}{\sqrt{1+\omega^2}\,e^{j\arctan\omega}\sqrt{1+\tau^2\omega^2}\,e^{j\arctan\tau\omega}}$。

系统开环幅频特性为 $A(\omega)=\dfrac{20}{\sqrt{1+\omega^2}\sqrt{1+\tau^2\omega^2}}$。

系统开环相频特性为 $\varphi(\omega)=0^\circ-\arctan\omega-\arctan\tau\omega$。

系统开环对数频率特性为 $L(\omega)=20\lg A(\omega)=20\lg 20-20\lg\sqrt{1+\omega^2}-20\lg\sqrt{1+\tau^2\omega^2}$。

显然，系统由三个典型环节，即比例环节、惯性环节和惯性环节构成，转折频率分别为 1、$\dfrac{1}{\tau}$。绘制系统开环频率特性的伯德图，可以依次绘制好各个典型环节的伯德图，然后把对数幅频特性和相频特性分别相加，可以得到如图 5-21 所示的伯德图。

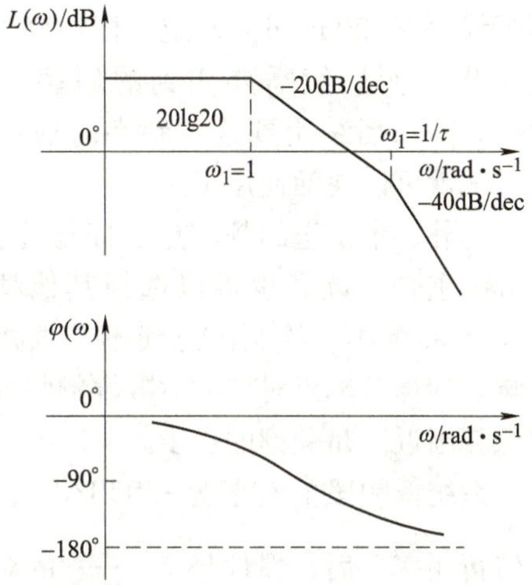

图 5-21　例 5-3 的伯德图

叠加的这种方法理论易懂、操作简单，但是当系统环节较多时很不方便。在熟练掌握各个典型环节的对数幅频特性渐近线的绘制方法后，绘制系统开环对数幅频特性渐近线时，可以不用将每一个典型环节的渐近线单独绘制后再进行叠加。实际工程中更为常见的是按如下步骤进行伯德图的绘制：

1）分析系统由哪些典型环节串联组成，按频率从小到大将各转折频率列写好。

2）确定对数幅频特性图的横、纵坐标值范围，一般取最低频率为最小转折频率的 1/10 左右，最高频率为最大转折频率的 10 倍左右，由于横轴是对数刻度，最低频率不可能取零。

3）分析系统低频段的对数幅频特性的特征，由于惯性环节、一阶比例微分环节和振荡环节在低频段为零分贝，所以，在低频段不用考虑这些环节的作用。决定系统低频段开环对数幅频特性斜率的是积分环节、理想微分环节的串联情况，此外比例环节也会影响低频段对数幅频特性的大小。因此，可以采用点斜式或两点式，先确定系统在低频段的对数幅频特性渐近线。

4）然后，对频率从低到高进行分析，每遇到一个转折频率就改变一次渐近线的斜率。

5）通过渐近线构成的对数幅频特性曲线绘制好后，如需要，可以进行必要的修正。

6）伯德图中的相频特性可以类似例 5-1、例 5-2，先分析系统的相频特性各组成部分的相频特性，然后采用取点、列表、计算和描点的方式绘制出大概的形状即可。

例 5-4　已知单位负反馈系统的开环传递函数为 $G(s)=\dfrac{100}{s(s+1)(s+4)}$，试绘制系统的伯德图。

解： 整理得到该系统对应的尾 1 型传递函数为 $G(s)=\dfrac{25}{s(s+1)\left(\dfrac{s}{4}+1\right)}$，这样就很容易确定系统的转折频率分别为 1、4。

易知，低频段系统的对数幅频特性渐近线与开环传递函数 $G^*(s)=\dfrac{25}{s}$ 重合，表明低频段系统主要是积分环节起作用，渐近线的斜率为-20dB/dec，计算在 $\omega=1\text{rad/s}$ 处对应的对数幅频特性值为 $L(\omega=1)=20\lg\dfrac{25}{1}\approx 28\text{dB}$。

伯德图如图 5-22 所示，在低频段除了可将渐近线斜率-20dB/dec 确定、标注好外，还可以绘制出本例后续需要用到的斜率-40dB/dec、-60dB/dec，后续用到这些斜率时通过平行移动的方式就可以灵活使用了。

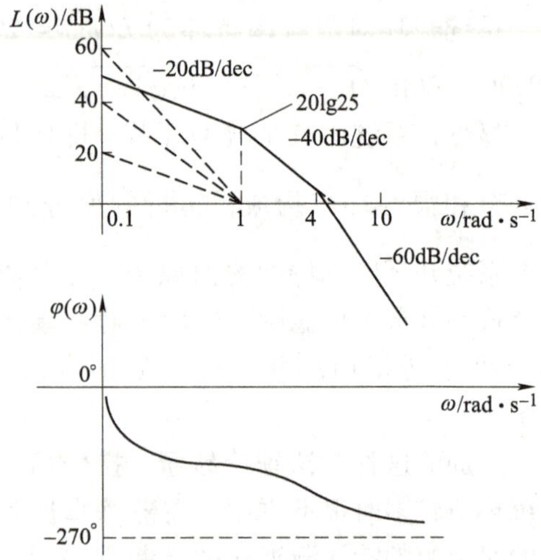

图 5-22　例 5-4 的伯德图

此外，本次选的频率点刚好与转折频率 $\omega=1\text{rad/s}$ 重合，读者也可以选择其他频率点，如 $\omega=0.5\text{rad/s}$ 等，绘制渐近线不受选择频率点的影响。计算频率点对应的对数幅频特性值对于确定低频渐近线是关键的一步。

系统低频段的斜率为-20dB/dec，经过第一个转折频率 1 后，惯性环节 $\dfrac{1}{s+1}$ 的对数幅频特性不再是 0dB，其提供了一个-20dB/dec 的斜率变化量，因此渐近线的斜率从最初的-20dB/dec 变为-40dB/dec。同理，经过第二个转折频率 4 后，惯性环节 $\dfrac{1}{\dfrac{s}{4}+1}$ 的对数幅频特性也不再是 0dB，其提供了一个-20dB/dec 的斜率变化量，因此渐近线的斜率又变为-60dB/dec。

系统相频特性的表达式为 $\varphi(\omega)=-90°-\arctan\omega-\arctan\dfrac{\omega}{4}$。依据相频特性的表达式，以取点、计算和描点的方式可以绘制系统的相频特性，$\omega\to 0^+$，$\varphi(0^+)\to -0^+$；$\omega\to+\infty$，$\varphi(+\infty)\to -270°$。

例 5-5　已知单位负反馈系统的开环传递函数为 $G(s)=\dfrac{2000\left(\dfrac{s}{5}+1\right)^2}{s(s+1)(s^2+4s+100)}$，试绘制系统的伯德图。

解： 整理得此系统尾 1 型传递函数为 $G(s)=\dfrac{20\left(\dfrac{s}{5}+1\right)^2}{s(s+1)\left(\dfrac{s^2}{100}+\dfrac{s}{25}+1\right)}$，易知系统转折频率分别为 1、5、10。

系统含有一个积分环节，低频段的对数幅频特性渐近线与开环传递函数 $G^*(s)=\dfrac{20}{s}$ 重合，表明系统低频段渐近线的斜率为-20dB/dec。选择频率 $\omega=1\text{rad/s}$ 处，计算对应的对数

幅频特性值为 $L(\omega=1)=20\lg\dfrac{20}{1}\approx 26\text{dB}$［或取 $\omega=0.5\text{rad/s}$，则 $L(\omega=0.5)=20\lg\dfrac{20}{0.5}\approx 32\text{dB}$］。

伯德图如图 5-23 所示，通过点斜式绘制低频段的渐近线后，本例后续将会依次遇到对系统开环对数幅频特性值有贡献的环节：惯性环节、两个一阶比例微分环节和振荡环节。考虑这些环节的转折频率为 1、5、10，则系统的斜率从-20dB/dec 开始，每遇到一个典型环节的转折频率，渐近线的斜率就发生一次变化。具体来说，经过惯性环节的转折频率 1 后，渐近线的斜率变为-20dB/dec+(-20dB/dec)=-40dB/dec；又经过两个一阶比例微分环节的转折频率 5 后，渐近线的斜率变为-40dB/dec+2×(20dB/dec)=0dB/dec；之后，再经过振荡环节的转折频率 10 后，渐近线的斜率变为 0dB/dec+(-40dB/dec)=-40dB/dec。

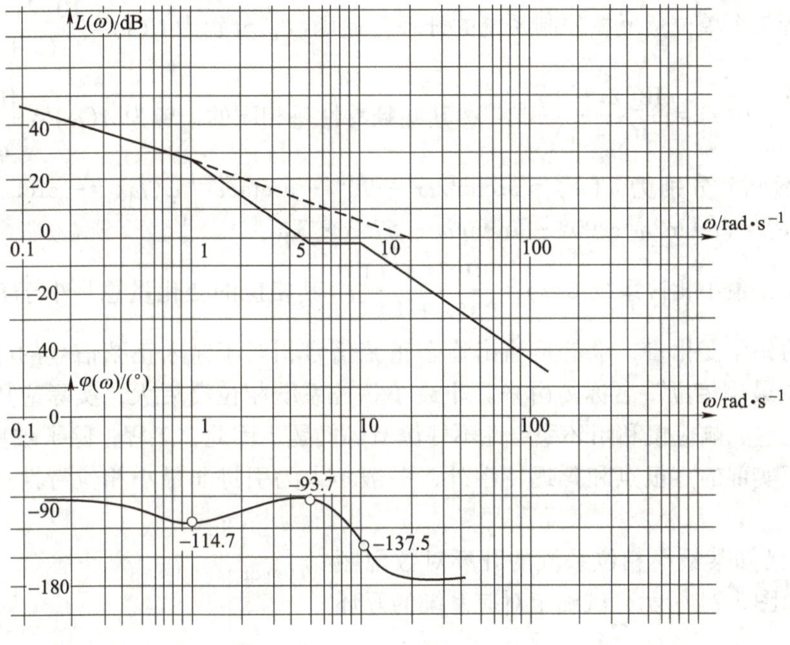

图 5-23　例 5-5 的伯德图

系统相频特性的表达式为 $\varphi(\omega)=2\arctan\dfrac{\omega}{5}-90°-\arctan\omega-\arctan\dfrac{\dfrac{\omega}{25}}{1-\dfrac{\omega^2}{100}}$，由于串联了两个一阶比例微分环节，系统的相频特性不再具有随着频率 ω 增加而单调负增大的特点。根据相频特性的表达式，通过取点、计算和描点的方式可以绘制系统的相频特性，起始点和终止点的相角分别趋近于 $\omega\to0^+$，$\varphi(0^+)\to-90°$；$\omega\to+\infty$，$\varphi(+\infty)\to-180°$。

5.3.3　最小相位系统

若一个系统的开环传递函数在复数 s 平面的右半部不具有零点和极点，并且不具有纯时间延迟特性，则此系统就称为最小相位系统。易知，之前学习过的延迟环节是非最小相位系统。非最小相位系统在复数 s 平面的右半部存在开环零点或极点，而将延迟环节采用有理分式近似时会发现，其在复数 s 平面的右半部存在开环零极点，满足非最小相位系统定义的自洽性。

对于最小相位系统，对数幅频特性与相频特性之间具有一一对应的关系，也就是说，对于最小相位系统，当给定了某一频率范围的对数幅频特性渐近线时，在这一频率范围内的相频特性也就确定了；当给定了某一频段的幅频特性，在这一频率范围内的对数幅频特性也就确定了。因此，对于最小相位系统，绘制伯德图时，可以不绘制其相频特性曲线，仅绘制出其对数幅频特性曲线即可；而对于非最小相位系统，则要求对数幅频特性和相频特性都绘制才可能全面、正确地进行频域分析。在本科阶段的自动控制原理学习和研究中，以最小相位系统为主。但是实际应用时，无论是通信领域还是处理水温、液位等慢变量的过程控制，经常会遇到一些非最小相位系统，因此，对于非最小相位系统也需要认真对待。

对比分析三个单位负反馈控制系统的开环传递函数，分别为 $G(s)=\dfrac{10(2s+1)}{s(s+1)}$、$G(s)=\dfrac{10(-2s+1)}{s(s+1)}$、$G(s)=\dfrac{10(2s+1)}{s(s+1)}e^{-3s}$，其幅频特性是相同的，皆为 $A(\omega)=\dfrac{10\sqrt{4\omega^2+1}}{\omega\sqrt{\omega^2+1}}$；而相频特性不同，分别为 $\varphi(\omega)=\arctan2\omega-90°-\arctan\omega$、$\varphi(\omega)=-\arctan2\omega-90°-\arctan\omega$、$\varphi(\omega)=\arctan2\omega-90°-\arctan\omega-57.3\times3\omega$。

对比可知，最小相位系统 $G(s)=\dfrac{10(2s+1)}{s(s+1)}$，其相位的变化量总是小于其他两个非最小相位系统的相位变化量，也就是输出稳态正弦信号相对于输入正弦信号的相位偏差为最小，这也是“最小相位”名称的由来。非最小相位系统相位滞后大，实际应用中这类系统存在启动性能差、响应慢和闭环稳定性不好调节等问题。因此，工程上除了被控对象自身可能包含具有正实部的零极点和延迟特性外，一般不人为引进非最小相位特性进行系统性能改善。

例 5-6 已知某最小相位系统的开环对数幅频特性渐近线如图 5-24 所示，试确定对应系统的开环传递函数。

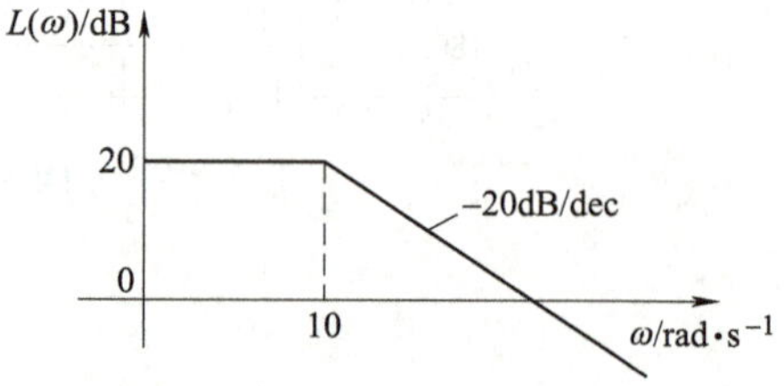

图 5-24 例 5-6 对数幅频特性渐近线

解： 根据已知条件，可知最小相位系统开环对数幅频特性渐近线低频段斜率为 0，系统没有串联积分或微分环节。在 $\omega=10\text{rad/s}$ 这一转折频率后，系统开环对数幅频特性渐近线斜率变为 -20dB/dec，表明存在惯性环节（对应转折频率后的斜率为 -20dB/dec）。故设控制系统的开环传递函数为

$$G(s)=\frac{K}{\tau s+1}$$

显然，由 $\dfrac{1}{\tau}=10\Rightarrow\tau=0.1$；由 $L(10)=20\lg K=20\text{dB}\Rightarrow K=10$。因此，系统的开环传递函数为 $G(s)=\dfrac{10}{0.1s+1}$。

例 5-7　已知某最小相位系统的开环对数幅频特性渐近线如图 5-25 所示，试确定对应系统的开环传递函数。

解： 根据已知条件，可知最小相位系统的开环对数幅频特性渐近线低频段斜率为-40dB/dec，系统串联两个积分环节，在经过 ω_1 这一转折频率后，系统的开环对数幅频特性渐近线斜率变为-20dB/dec，表明存在一个一阶比例微分环节（对应转折频率后的斜率为+20dB/dec）；经过 ω_2 这一转折频率后，系统的开环对数幅频特性渐近线斜率变为-40dB/dec，表明存在一个惯性环节（对应转折频率后的斜率为-20dB/dec）。分析完毕后，可设控制系统的开环传递函数为

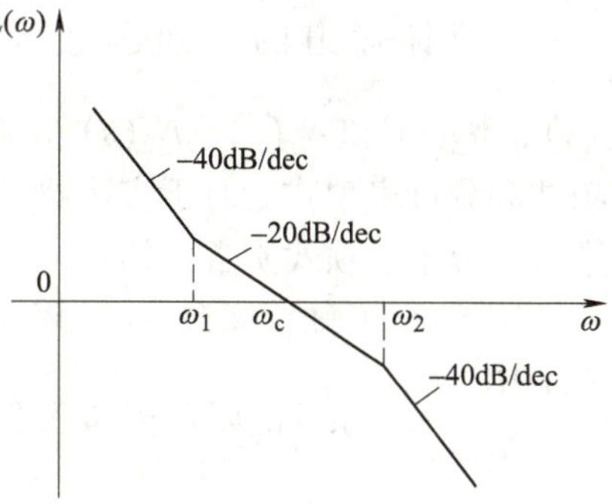

图 5-25　例 5-7 对数幅频特性渐近线

$$G(s)=\frac{K(\tau_1 s+1)}{s^2(\tau_2 s+1)}$$

显然 $\frac{1}{\tau_1}=\omega_1 \Rightarrow \tau_1=\frac{1}{\omega_1}$、$\frac{1}{\tau_2}=\omega_2 \Rightarrow \tau_2=\frac{1}{\omega_2}$，如何确定比例增益 K？可否借助相似三角形或渐近线的斜率等几何概念辅助求取，值得思考。

渐近线在 ω_1 处的纵坐标高度为 $L(\omega_1)=20\lg\frac{K}{\omega_1^2}$（临界点处，一阶比例微分环节和惯性环节对低频渐近线的高度贡献 0dB），与横坐标区间 $[\lg(\omega_c)-\lg(\omega_1)]$ 作为底边宽度构成三角形，其斜率的绝对值为 $|-20\text{dB/dec}|$，则有 $\frac{20\lg\frac{K}{\omega_1^2}}{\lg(\omega_c)-\lg(\omega_1)}=20\text{dB/dec} \Rightarrow \frac{K}{\omega_1^2}=\frac{\omega_c}{\omega_1} \Rightarrow K=\omega_c\omega_1$。

因此，系统的开环传递函数为 $G(s)=\frac{\omega_c\omega_1\left(\frac{1}{\omega_1}s+1\right)}{s^2\left(\frac{1}{\omega_2}s+1\right)}$。

5.4　频率域稳定性判据

通过第 3 章线性系统稳定性分析的学习可知，一个闭环控制系统能够稳定运行，其特征根必须全部具有负实部，也就是在复数 s 平面上的特征根均位于左半平面。对于高阶系统，直接求解系统的特征根比较困难，因此引入系统特征根与特征方程系数之间的关系，通过构造劳斯表进行特征根是否具有负实部的代数稳定性判别。本节从频率域的角度进行分析，研究如何依据系统的开环频率特性，判别闭环系统的稳定性。

5.4.1　开环极点、闭环极点与辅助方程零极点的关系

如图 5-26 所示，为典型闭环控制系统的结构图。设其中的前向通道传递函数为 $G(s)=$

$\dfrac{M_1(s)}{N_1(s)}$，反馈通道的传递函数为 $H(s)=\dfrac{M_2(s)}{N_2(s)}$，这里 $M_1(s)$、$M_2(s)$ 和 $N_1(s)$、$N_2(s)$ 分别为对应传递函数的分子多项式和分母多项式。对于实际物理系统，总有分母多项式阶数大于分子多项式阶数的约定。

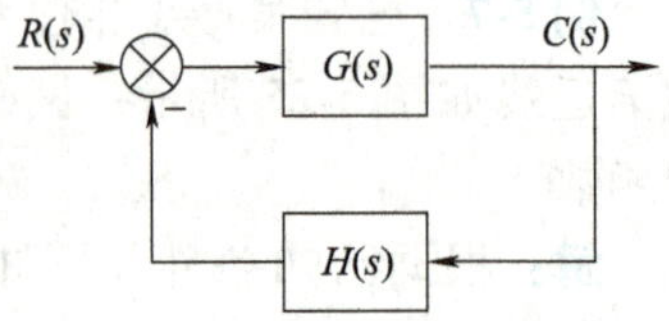

图 5-26 典型闭环控制系统的结构图

由图 5-26 可知，系统的开环传递函数为 $G(s)H(s)=\dfrac{M_1(s)}{N_1(s)}\dfrac{M_2(s)}{N_2(s)}$，系统的闭环传递函数为

$$\frac{C(s)}{R(s)}=\frac{G(s)}{1+G(s)H(s)}=\frac{M_1(s)N_2(s)}{N_1(s)N_2(s)+M_1(s)M_2(s)}$$

构造一个辅助函数：

$$F(s)=1+G(s)H(s)=\frac{N_1(s)N_2(s)+M_1(s)M_2(s)}{N_1(s)N_2(s)}=\frac{K\prod_{j=1}^{m}(s+z_j)}{\prod_{i=1}^{n}(s+p_i)} \tag{5-14}$$

对比以上三式，可知：

1）对于这样构造的辅助函数 $F(s)$，其分子多项式与闭环传递函数的分母多项式相等，即辅助方程 $F(s)$ 的零点等于闭环传递函数的极点。

2）辅助函数 $F(s)$ 分母多项式与开环传递函数的分母多项式相等，即辅助方程 $F(s)$ 的极点等于开环传递函数的极点。

3）$F(s)$ 是一个单值的有理分式函数。

这样构造的辅助函数，其零极点分别对应闭环传递函数的极点和开环传递函数的极点。这就相当于构建了一个桥梁，将开环传递函数极点和闭环传递函数极点在一个有理分式中关联起来，为后续已知开环传递函数，推断、分析系统闭环极点在复数 s 平面的位置分布奠定了基础。

5.4.2 辐角原理

引入辐角原理的目的，就是要分析从自变量所在的 s 平面到通过 $F(s)$ 映射得到的对应于 $F(s)$ 平面中变量之间的关系（这两个平面都属于复数平面）。

依据式（5-14）可知，以复数 $s=\sigma+\mathrm{j}\omega$ 为自变量，通过复变函数 $F(s)$ 映射能够得到在 $F(s)$ 平面的对应复数变量。

在 s 平面上，除了 $F(s)$ 的零极点这些有限奇点外的任一点 s，通过复变函数 $F(s)$ 的单值、连续映射，在 $F(s)$ 平面上就可以确定获得关于 s 的映射点。这样，在 s 平面上任意绘制一条闭合曲线 Γ_s，使其不能通过 $F(s)$ 的任一零点或极点，则在 $F(s)$ 平面通过逐点映射就会对应地形成一个闭合曲线 Γ_F。

辐角原理：设 $F(s)$ 为具有有限奇点的一个解析函数，如果在 s 平面上不通过 $F(s)$ 零点和极点的封闭曲线 Γ_s 包围了 $F(s)$ 的 Z 个零点和 P 个极点，当变量 s 沿着封闭曲线 Γ_s 顺时针移动一圈，对应地，在 $F(s)$ 平面，通过映射获得的曲线 Γ_F 会逆时针包围原点 N 圈。

这里，$N=P-Z$，若发现绘制曲线 Γ_F 为顺时针包围原点，则对应的 N 取负值。此外，闭合曲线逆时针包围原点的圈数，可以用从某起点开始逆时针沿曲线运行一圈又回到该起点，即角度变化了 360°相当于一圈来标记。

由于辐角原理的证明涉及复变函数的一些理论知识，相对复杂，本书不做详细推导，仅以下面示例来做简要说明，辅助理解。

根据式（5-14）写出对应的复变函数 $F(s)$ 的幅值函数和相角变化函数分别为

$$|F(s)|=\frac{K\prod_{j=1}^{m}|(s+z_j)|}{\prod_{i=1}^{n}|(s+p_i)|} \tag{5-15}$$

$$\Delta\angle F(s)=\Delta\sum_{j=1}^{m}\angle(s+z_j)-\Delta\sum_{i=1}^{n}\angle(s+p_i) \tag{5-16}$$

如图 5-27 所示，图 a 为自变量 s 所在的复数 s 平面，图 b 是通过 $F(s)$ 映射获得的因变量对应的 $F(s)$ 平面，其上各有一条闭合曲线。针对这个具体示例，由图 5-27a 可知，系统具有两个开环零点、三个开环极点，则式（5-15）、式（5-16）可以相应地具体化，如相角变化函数可以写为 $\Delta\angle F(s)=\Delta\sum_{j=1}^{2}\angle(s+z_j)-\Delta\sum_{i=1}^{3}\angle(s+p_i)$。

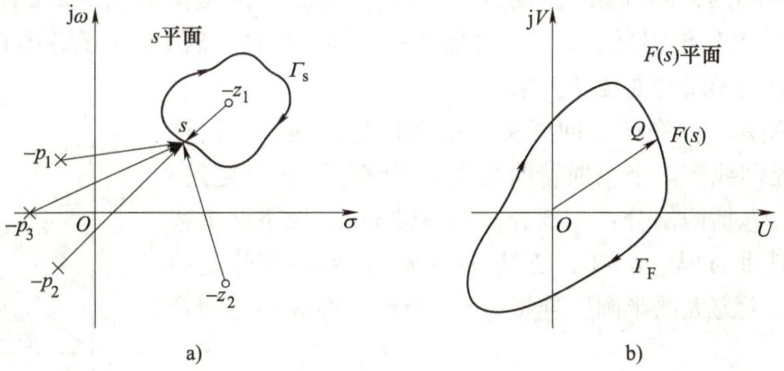

图 5-27　辐角原理示例图

设在复数 s 平面上，从某一复数起点 s 开始绘制一条闭合曲线 Γ_s，则通过 $F(s)$ 函数，复数平面的起点 s 映射为 $F(s)$ 平面上的 Q 点，进而对应地映射绘制得到闭合曲线 Γ_F。这里，主要关注的不是映射的曲线形状，而是映射的闭合曲线包围坐标原点的圈数和运动方向。即在 $F(s)$ 平面上闭合曲线 Γ_F 从 Q 点开始到结束，闭合曲线共计包围原点的圈数（角度变化了几个 360°）和方向。

对于本示例，由式 $\Delta\angle F(s)=\Delta\sum_{j=1}^{2}\angle(s+z_j)-\Delta\sum_{i=1}^{3}\angle(s+p_i)$ 可知，当 s 在 Γ_s 上顺时针运动一周时，对应地，$\Delta\angle(s+z_1)=-360°$、$\Delta\angle(s+z_2)=0$、$\Delta\sum_{i=1}^{3}\angle(s+p_i)=0$，即 $\Delta\angle F(s)=-360°$，表明 $F(s)$ 平面上映射获得的闭合曲线 Γ_F 顺时针包围原点一圈，即 $N=-1$。同理，若假设闭合曲线 Γ_s 顺时针包围 z_1、z_2 两个零点，不包围其他极点，则对应地有

$\Delta\angle(s+z_1)=-360°$、$\Delta\angle(s+z_2)=-360°$、$\Delta\sum_{i=1}^{3}\angle(s+p_i)=0$，即 $\Delta\angle F(s)=2\times(-360°)$。这表明在 $F(s)$ 平面上映射的闭合曲线 Γ_F 顺时针包围原点两圈，即 $N=-2$。如此类推，若假设闭合曲线 Γ_s 顺时针包围 p_1、p_2、p_3 三个极点，但不包围其他零极点，则可知 $\Delta\angle(s+z_1)=0$、$\Delta\angle(s+z_2)=0$、$\Delta\sum_{i=1}^{3}\angle(s+p_i)=3\times(-360°)$，即 $\Delta\angle F(s)=0-3\times(-360°)$，这表明在 $F(s)$ 平面上映射获得的闭合曲线 Γ_F 逆时针包围原点三圈，即 $N=3$。

这样，通过示例辅助分析可知，当复变量 s 在 s 平面上沿闭合曲线 Γ_s 顺时针运动一周时，除了 Γ_s 包围的 $F(s)$ 的零点、极点所形成的向量相角变化-360°外，其他各向量的相角变化都为零。这样，总的圈数变化 N 只与闭合曲线 Γ_s 包围的 $F(s)$ 极点个数 P 和 $F(s)$ 零点个数 Z 的代数和有关，即应满足约束等式 $N=P-Z$。

5.4.3 奈奎斯特稳定判据

为了判别控制系统的闭环稳定性，即检验式（5-14）所表示的这个辅助方程 $F(s)$ 是否有零点（对应着闭环传递函数的极点）在复数 s 平面的右半部；有，则 $N\neq 0$ 表明系统的闭环极点具有正实部的，闭环系统不稳定。因此，绘制一条类似如图 5-27a 所示的闭合曲线 Γ_s，使其范围扩大到包围复数 s 平面的整个右半部。这样，若 $F(s)$ 函数中存在零极点具有正实部，则一定位于闭合曲线 Γ_s 内。

如图 5-28 所示，这条闭合曲线称为奈奎斯特曲线，又简称奈氏路径、奈氏回线等。奈奎斯特曲线为了能够包围整个复数 s 平面的右半部，包括两部分：一部分是沿虚轴 $s=j\omega$ 由下向上移动的直线段（其中 ω 从 $-\infty\sim0$，再从 $0\sim+\infty$）；另一部分是一个理论上半径为无穷大的半圆，连接 $-j\infty\sim+j\infty$，形成一条闭合曲线。

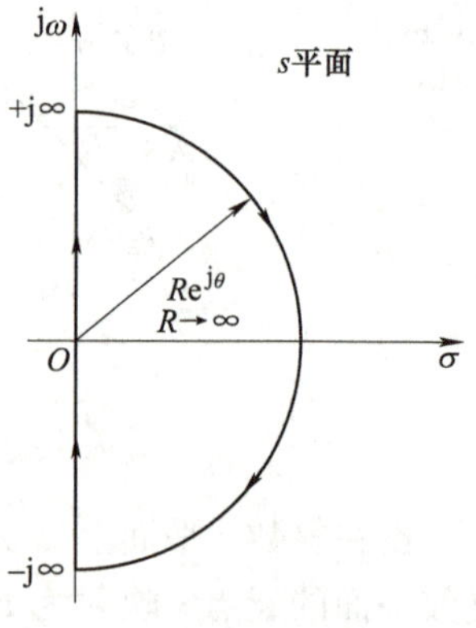

图 5-28 奈奎斯特曲线

若控制系统闭环稳定，则闭环传递函数的极点［也就是 $F(s)$ 的零点］在复数 s 平面的右半部的个数 $Z=0$，由 $N=P-Z$ 可知，这种情况下 $N=P$。即，如果开环传递函数的零点［也就是 $F(s)$ 的极点］有 P 个位于复数 s 平面的右半部，且在复数 s 平面上，s 沿着奈奎斯特曲线顺时针方向移动一圈，则在 $F(s)$ 平面上的映射闭合曲线 Γ_F 逆时针包围坐标原点的圈数为 N，且 $N=P$。

由式（5-14）可知，$F(s)-1=G(s)H(s)$，表明通过 $F(s)$ 映射获得的闭合曲线 Γ_F 包围坐标原点的圈数等价于通过 $G(s)H(s)$ 获得的闭合曲线 Γ_{GH} 包围（-1，j0）点的圈数。

对于开环传递函数，当 s 沿着虚轴移动时，如何绘制 $G(j\omega)H(j\omega)$ 的极坐标图也就是奈奎斯特图在本章的 5.1 节中已经详细介绍了。当 s 沿着大半圆弧移动时，s 可以表示为 $s=\lim\limits_{R\to+\infty}Re^{j\theta}$。对于实际系统，分母多项式的阶数大于分子多项式的阶数，因此这种情况下复数 s 点通过复变函数 $G(s)H(s)$ 的映射趋近于零，即映射为坐标原点。绘制奈奎斯特图主要关注绘制 ω 沿着虚轴移动时的映射曲线就可以。通过前面 5.1 节的学习，掌握极坐标图绘制的基本原理后，仅需补充由 ω 拓展到（$-\infty$，0］导致增加了关于实轴对称的半支曲线，最终形成闭合映射曲线 Γ_{GH} 的绘制。

综上所述，奈奎斯特稳定判据表述如下：当 ω 在复数 s 平面沿虚轴从 $-\infty$ 变化到 $+\infty$，在 $G(s)H(s)$ 平面上的奈奎斯特曲线逆时针包围（-1，j0）点的圈数为 N，则有 $Z=P-N$。

如果系统开环稳定，即 $P=0$，表明开环系统的极点皆具有负实部。这时，控制系统闭环稳定的充分必要条件是曲线 Γ_{GH} 不包围（-1，j0）点，即 $N=0$，$Z=P-N=0$；如果系统开环不稳定，有 P 个开环极点在 s 平面的右半部，则控制系统闭环稳定的充分必要条件是曲线 Γ_{GH} 逆时针包围（-1，j0）点的圈数 $N=P$，同样成立 $Z=P-N=0$，该判据又简称奈氏稳定判据。

使用奈氏稳定判据时，由约束 $Z=P-N$ 可知，首先应依据系统开环传递函数分析出系统具有正实部的极点个数 P；然后通过绘制奈奎斯特图获得闭环曲线 Γ_{GH}，确定出其逆时针包围（-1，j0）的圈数 N；最后，根据约束等式计算出 Z 的数值。若 $Z=0$，则表明系统闭环极点皆不具有正实部，系统闭环稳定，否则系统闭环不稳定，包含 Z 个具有正实部的闭环极点。

例 5-8　已知某负反馈系统的开环传递函数为 $G(s)H(s)=\dfrac{K}{\tau s+1}$，试绘制系统的奈奎斯特图，并判断闭环系统的稳定性。

解： 由开环系统传递函数的分母多项式可知，其开环极点为 $-\dfrac{1}{\tau}$，表明开环系统在复数 s 平面的右半部没有开环极点，故 $P=0$。然后绘制 ω 从 $-\infty\sim+\infty$ 变化时系统的开环频率特性的奈奎斯特图。如图 5-29 所示，其中实曲线对应的是 ω 从 0 变化到 $+\infty$ 时的开环频率特性，虚曲线部分对应的是 ω 从 $-\infty$ 变化到 0 时的开环频率特性。可见，通过 $G(s)H(s)$ 映射构成的闭合曲线 Γ_{GH} 逆时针包围（-1，j0）零圈，即 $N=0$。最后，根据 $Z=P-N=0$，可以判断出此控制系统闭环稳定。

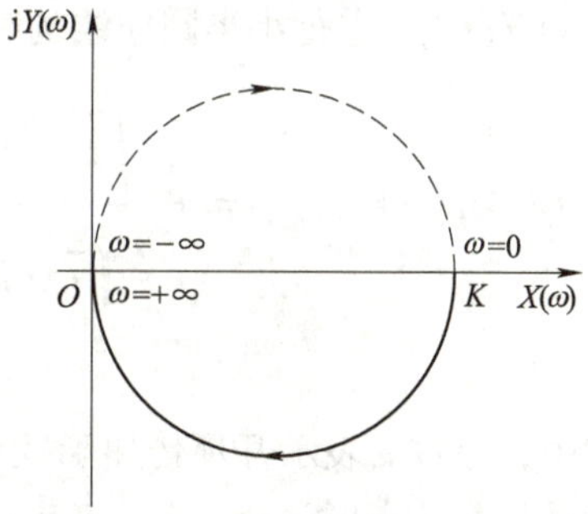

图 5-29　例 5-8 系统奈奎斯特图

例 5-9　已知某负反馈控制系统的开环传递函数为 $G(s)H(s)=\dfrac{2}{s-1}$，试绘制系统的奈奎斯特图，并判断闭环系统的稳定性。

解： 由开环系统传递函数的分母多项式可知，其开环极点为 1，表明开环系统在复数 s 平面的右半部有 1 个开环极点，即 $P=1$。然后绘制 ω 从 $-\infty\sim+\infty$ 变化时系统的开环频率特性的奈奎斯特图。如图 5-30 所示，其中实曲线对应的是 ω 从 0 变化到 $+\infty$ 时的开环频率特性，虚曲线部分对应的是 ω 从 $-\infty$ 变化到 0 时的开环频率特性。可见，通过 $G(s)H(s)$ 映射构成的闭合曲线 Γ_{GH} 逆时针包围（-1，j0）1 圈，即 $N=1$。最后，根据 $Z=P-N=0$，可以判断此控制系统闭环稳定。

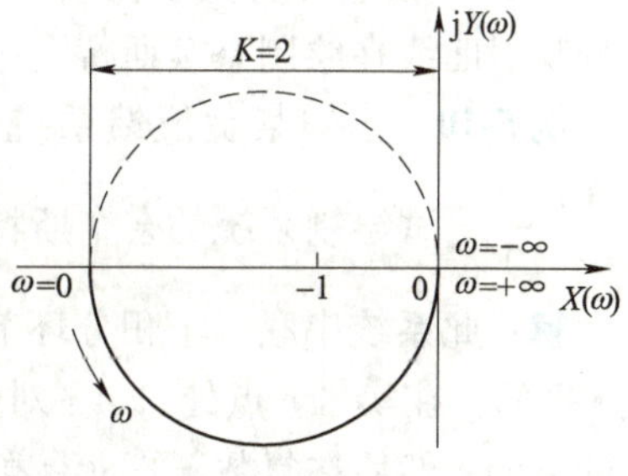

图 5-30　例 5-9 系统奈奎斯特图

对于此例，若开环增益由 2 变为 0.5，按照类似的步骤进行分析、绘制系统的奈奎斯特图后，最后可以判断出闭环系统是不稳定的。即对于例 5-9 而言，是一个条件稳定系统，通过调节开环传递函数的比例系数，能够实现闭环控制系统稳定或不稳定的转换。

5.4.4 系统开环传递函数串联积分环节的情况

开环传递函数 $G(s)H(s)$ 在复数 s 平面的原点处有极点时，不能直接应用前面介绍的奈奎斯特稳定判据。这是因为辐角原理要求闭合曲线不能经过辅助函数的零极点，所以这种情况下需要修正奈奎斯特曲线。

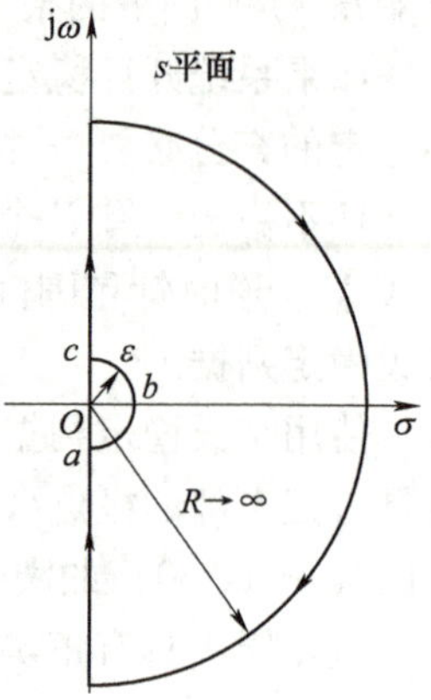

图 5-31 原点有开环极点的情况

原点有开环极点的情况如图 5-31 所示，复数 s 平面的闭合曲线经过坐标原点附近，路径可以修改为以原点为圆心、ε 为半径，在复数 s 平面右半部的小半圆。当 ε 足够小时，奈奎斯特曲线抠出坐标原点后包围整个复数 s 平面的右半部。这样处理后，就可以满足奈奎斯特稳定判据的要求。小半圆的表达式为 $s=\lim\limits_{\varepsilon\to0}\varepsilon e^{j\theta}$，当 ω 从 0^- 经过 0 移动到 0^+ 时，在复数 s 平面上，相应地，相角由 $-90°$ 经过 0 变化为 $+90°$。

实际系统分母多项式的阶数大于分子多项式的阶数，通过系统的开环传递函数 $G(s)H(s)$，进行小半圆曲线的映射，有：

$$G(s)H(s)\Big|_{s=\lim\limits_{\varepsilon\to0}\varepsilon e^{j\theta}}=K\frac{\prod\limits_{j=1}^{m}(T_js+1)}{s^v\prod\limits_{i=1}^{n-v}(\tau_is+1)}\Bigg|_{s=\lim\limits_{\varepsilon\to0}\varepsilon e^{j\theta}}=K\infty\,e^{-jv\theta}\left(\frac{\prod\limits_{j=1}^{m}(T_js+1)}{\prod\limits_{i=1}^{n-v}(\tau_is+1)}\right)\Bigg|_{s=\lim\limits_{\varepsilon\to0}\varepsilon e^{j\theta}}=\infty\,e^{-jv\theta} \tag{5-17}$$

式中，参数 v 表示开环传递函数中串联积分环节的个数。易知，沿如图 5-31 所示在小半圆移动，在 a 点时，$s=-j\varepsilon$，$\theta=-90°$，对应在 $G(s)H(s)$ 平面上的映射点 A 应为 $G(-j\varepsilon)H(-j\varepsilon)=\infty e^{jv90°}$；移动到 b 点时，有 $s=\varepsilon$，$\theta=0°$，对应在 $G(s)H(s)$ 平面上的映射点 B 应为 $G(\varepsilon)H(\varepsilon)=\infty e^{-j0°}$；移动到 c 点时，$s=+j\varepsilon$，$\theta=90°$，对应在 $G(s)H(s)$ 平面上的映射点 C 应为 $G(+j\varepsilon)H(+j\varepsilon)=\infty e^{-jv90°}$。总之，小半圆这部分圆弧在 $G(s)H(s)$ 平面映射为半径无穷大的曲线，从 $v90°$ 沿着无穷大半径顺时针方向经过 0°转到 $-v90°$，这部分映射曲线在绘制奈奎斯特图中是很重要的。

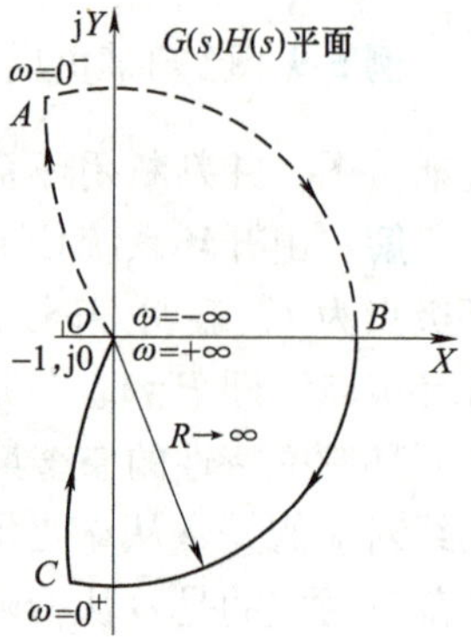

图 5-32 例 5-10 系统奈奎斯特图

例 5-10 已知某负反馈系统的开环传递函数为 $G(s)H(s)=\dfrac{10}{s(s+1)}$，试绘制系统的奈奎斯特图，并判断闭环系统的稳定性。

解： 此系统串联一个积分环节 $v=1$。考虑如图 5-31 中所示复数 s 平面，在实轴 b 点处，$s=\varepsilon$ 对应映射到图 5-32 中 $G(s)H(s)$ 平面的 B 点；然后在复数 s 平面沿着半径为 ε 的小半圆逆时针从 b 点运动到虚轴 c 点处，对应在 $G(s)H(s)$ 平面上 B 点沿着半径无穷大的曲线顺时针移动 $-1\times90°$ 趋近到 C 点；接着，从复数 s 平面虚轴 c 点 $s=+j\varepsilon$ 处开始到

$s=+\mathrm{j}\infty$ 绘制对应 $G(s)H(s)=\dfrac{10}{s(s+1)}$ 映射得到的奈奎斯特曲线，获得图 5-32 中 $G(s)H(s)$ 平面上 C 点到坐标原点 O 的曲线；最后依据关于实轴的对称性，补充虚线曲线获得闭合的奈奎斯特图。

由开环系统传递函数的分母多项式可知，其开环极点为 0、-1，表明开环系统在图 5-31 的复数 s 平面的右半部没有开环极点，即 $P=0$；由图 5-32 可见，构成的闭合曲线 Γ_{GH} 逆时针包围（-1，j0）零圈，即 $N=0$；最后，根据 $Z=P-N=0$，可以判断此控制系统闭环稳定。

例 5-11　已知某负反馈控制系统的开环传递函数同例 5-2，试绘制系统的奈奎斯特图，并判断闭环系统的稳定性。

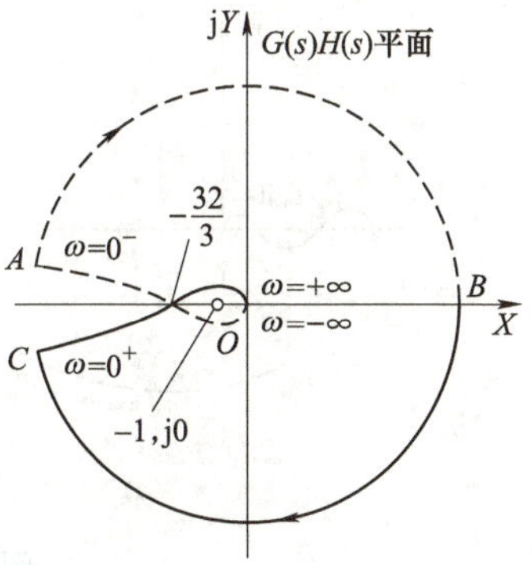

图 5-33　例 5-11 系统奈奎斯特图

解： 由系统开环传递函数 $G(s)H(s)=\dfrac{(4s+1)}{s^2(s+1)(2s+1)}$ 可知，系统串联两个惯性环节，$v=2$。考虑图 5-31 复数 s 平面的实轴 b 点处，$s=\varepsilon$ 对应映射到图 5-33 中的 B 点；然后在复数 s 平面沿着小半圆逆时针运动到虚轴 c 点时，对应在 $G(s)H(s)$ 平面沿着半径无穷大的曲线顺时针移动 $-2\times90°$ 趋近到 C 点；按例 5-2 绘制方法获得如图 5-33 中 C 点到坐标原点的曲线，其与负实轴的交点求得为 $-\dfrac{32}{3}$，在（-1，j0）的左侧；最后依据对称性，补充虚线曲线部分，获得闭合的奈奎斯特图。

由开环系统传递函数的分母多项式可知，其开环极点为 0、-1、-0.5，表明开环系统在图 5-31 的复数 s 平面的右半部没有开环极点，即 $P=0$；由图 5-33 可见，构成的闭合曲线 Γ_{GH} 顺时针包围（-1，j0）点两圈，即 $N=-2$；最后，根据 $Z=P-N=2$，可以判断此控制系统闭环不稳定，具有两个具有正实部的闭环特征根。

5.4.5　伯德图判别闭环系统稳定性

在复数 s 平面上绘制奈奎斯特图判别系统的稳定性需要注意小半圆的三个关键点 a、b、c 的映射，及奈奎斯特图与负实轴的交点坐标，总体上还是比较麻烦的。采用伯德图判别闭环系统稳定性则相对要简便一些。

绘制奈奎斯特图和绘制伯德图其数学基础都是依据系统的开环频率特性表达式。两者相频特性表达式一样，对应的幅频特性部分有联系：$L(\omega)=20\lg A(\omega)$。因此，基于伯德图的稳定判据和奈奎斯特稳定判据本质相同。奈奎斯特图中 $|G(\mathrm{j}\omega)H(\mathrm{j}\omega)|=1$ 的单位圆与伯德图中对数幅频特性的零分贝线相对应，奈奎斯特图中单位圆以外部分对应于伯德图中 $L(\omega)>0$ 部分，单位圆以内则对应于 $L(\omega)<0$ 部分。奈奎斯特图上的负实轴对应于伯德图上相频特性的 -180°线。

如图 5-34 所示，同时给出一个控制系统的奈奎斯特图及其对应的伯德图，由两图的对应关系分析可知，开环奈奎斯特图在（-∞，-1）区间由上部穿越负实轴到下部，对应相角的增加，称为正穿越，以+表示；若开环奈奎斯特图由上向下起始或终止于（-∞，-1）区间，则对应称为正穿越半次。而开环奈奎斯特图在（-∞，-1）区间由下部穿越负实轴到上部，对应相角的减少，称为负穿越，以-表示；若开环奈奎斯特图由下向上起始或终止于（-∞，-1）区间，则对应称为负穿越半次。当系统开环奈奎斯特图逆时针包围（-1，j0）点时，对应正穿越一次。反之，若系统开环奈奎斯特图顺时针包围（-1，j0）点时，则对应负穿越一次。

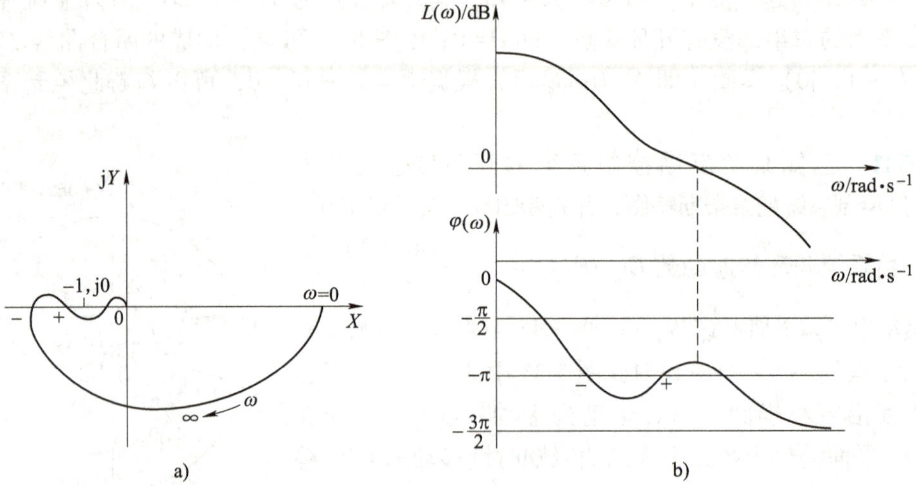

图 5-34 奈奎斯特图和伯德图的对应关系

综上所述，使用伯德图进行闭环系统稳定性判别如下：控制系统开环传递函数位于复数 s 平面右半部的极点个数为 P，当 ω 从 0^+ 变化到 $+\infty$ 时，正穿越次数为 N^+，负穿越次数为 N^-，则系统的总穿越次数记为 $N=2(N^+-N^-)$，有 $Z=P-N$。

若 $Z=0$ 表明系统闭环极点皆不具有正实部，即系统闭环稳定；否则系统闭环不稳定。

需要注意的是，若控制系统串联有积分环节，则对应的伯德图中的相频特性需要补画 ω 从 $0\rightarrow0^+$ 段的相频特性曲线。具体操作为：在 $L(\omega)>0\text{dB}$ 的频段内，找到相频特性对应 $\omega\rightarrow0^+$ 处的相角，然后向左上方补画 $v90°$ 的虚线使得对应的补画末端相角在0°左右，其中 v 为开环传递函数中串联积分环节的个数。计算系统的正、负穿越次数时，应将补画的曲线看成系统频率特性曲线的一部分。

例 5-12 已知某负反馈系统的开环传递函数为 $G(s)H(s)=\dfrac{K}{s^2(Ts+1)}$，试绘制伯德图，并判断闭环系统的稳定性。

解： 绘制系统的开环伯德图如图 5-35 所示，由于系统串联两个积分环节，需要补画相频特性 2×90°的虚线部分。

可见 $N=2(N^+-N^-)=2\times(0-1)=-2$，根据 $G(s)H(s)$ 的表达式知道，$P=0$，所以，$Z=P-N=2$。表明闭环系统是不稳定的，有两个闭环极点具有正实部。

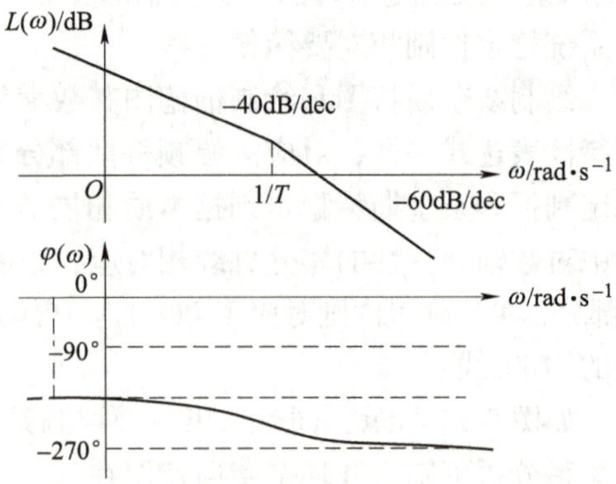

图 5-35 例 5-12 开环系统伯德图

5.5　稳定裕度

依据奈奎斯特稳定判据可知，当控制系统的开环频率特性曲线 $G(j\omega)H(j\omega)$ 通过 $(-1, j0)$ 点时，相应的闭环控制系统处于临界稳定状态。在这种情况下，如果系统的某些参数发生波动，则很可能使得系统偏离临界状态，从而使得系统不稳定。

分析可知，开环频率特性 $G(j\omega)H(j\omega)$ 离 $(-1, j0)$ 点的远近程度可以用来表征闭环系统的稳定性。一个稳定的控制系统，其偏离临界稳定的程度越大，则表明系统在参数发生某些波动的情况下会具有较好的稳定性能，反之，系统很可能从稳定变为不稳定。因此，控制系统的相对稳定性研究具有重要意义，有必要对其进行定量分析、评价。控制系统的相对稳定性，通常用相角裕度 γ 和增益裕度 K_g 这两个稳定裕度指标来表征。

1. 相角裕度 γ

如图 5-36 所示，控制系统开环极坐标图 $G(j\omega)H(j\omega)$ 与单位圆相交时，交点处的频率 ω_c 称为剪切频率，满足 $A(\omega_c)=1$ 及 $L(\omega_c)=20\lg A(\omega_c)=0$。从坐标原点到交点形成的向量与负实轴的夹角被定义为相角裕度 γ，有：

$$\gamma = 180° + \varphi(\omega_c) \tag{5-18}$$

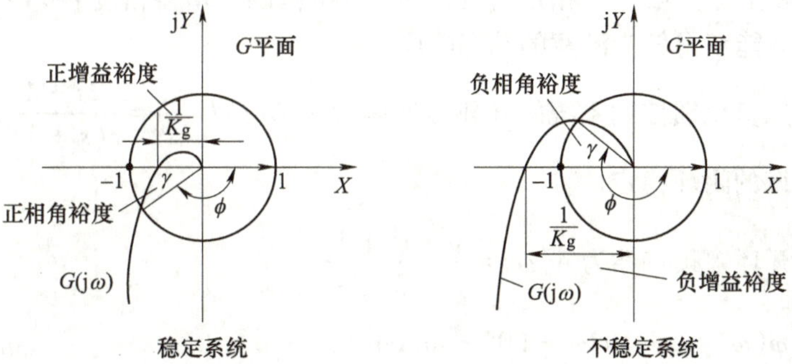

图 5-36　控制系统的频率特性极坐标图

相角裕度 γ 用于表达系统达到临界稳定时开环频率特性的相位所能接受的附加相位滞后角。对于最小相位系统，在进行稳定性分析时由于其 P 恒为零，由 $Z=P-N$ 可知，若控制系统稳定即要求 $Z=0$，可以推出 $N=0$，即闭合曲线 Γ_{GH} 不包围 $(-1, j0)$ 点，对应地，有 $\gamma>0$。

如图 5-37 所示，在伯德图中，对于剪切频率 ω_c，有 $L(\omega_c)=0\text{dB}$，相角裕度 γ 为剪切频率 ω_c 处的相角与 $-180°$ 的偏差值。

2. 增益裕度 K_g

如图 5-36 所示，控制系统开环极坐标图 $G(j\omega)H(j\omega)$ 与负实轴相交时，交点处的频率 ω_g 称为相位穿越频率，满足 $\varphi(\omega_g)=-180°$。对应交点处的开环频率特性幅值的倒数被定义为增益裕度 K_g，有：

$$K_g = \frac{1}{|G(j\omega_g)H(j\omega_g)|} \tag{5-19}$$

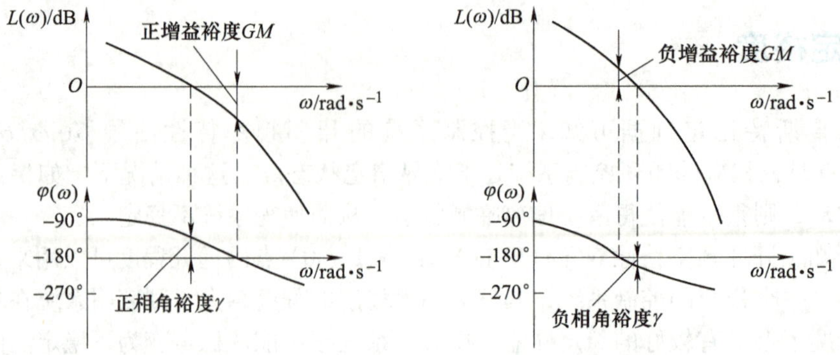

图 5-37 控制系统的频率特性伯德图

增益裕度也称幅值裕度，用于表达系统达到临界稳定状态时开环频率特性的增益需要增大或减小的倍数。如图 5-37 所示，在伯德图中，增益裕度以 GM 表示，$GM = 20\lg K_g$。

对于最小相位系统，其幅频特性和相频特性具有一一对应关系，可知若控制系统稳定，则增益裕度 $K_g > 1$，或 $GM > 0$。

保持合理的稳定裕度，可以防止组成控制系统的元器件参数变化时可能引发的对稳定性的不利影响。工程上，一般控制相角裕度在 30°~60°范围，增益裕度 $GM > 6\text{dB}$，以保持足够的相对稳定性并能获得较为满意的动态响应。

例 5-13 已知负反馈控制系统的开环传递函数为 $G(s)H(s) = \dfrac{2s+1}{s(s+1)}$，试确定相角裕度 γ，并判断系统的闭环稳定性。

解： 系统的开环幅频特性为 $A(\omega) = \dfrac{\sqrt{4\omega^2+1}}{\omega\sqrt{\omega^2+1}}$。

相频特性为 $\varphi(\omega) = \arctan 2\omega - 90° - \arctan\omega$。

这是一个二阶系统，结构相对简单，由 $A(\omega_c) = \dfrac{\sqrt{4\omega_c^2+1}}{\omega_c\sqrt{\omega_c^2+1}} = 1 \Rightarrow \omega_c = \sqrt{3.3} \approx 1.82$，进而 $\varphi(\omega_c) = \arctan 2\omega_c - 90° - \arctan\omega_c = -76.57°$。

相角裕度 $\gamma = 180° + \varphi(\omega_c) = 103.43°$，可见，对于此最小相位系统，是闭环稳定的。

例 5-14 已知负反馈控制系统的开环传递函数 $G(s)H(s) = \dfrac{10}{s(0.2s+1)(0.02s+1)}$，试确定系统的稳定裕度。

解： 系统的开环频率特性为 $A(\omega) = \dfrac{10}{\omega\sqrt{0.04\omega^2+1}\sqrt{0.0004\omega^2+1}}$，相频特性为 $\varphi(\omega) = -90° - \arctan 0.2\omega - \arctan 0.02\omega$。

为求系统的相角裕度，需要先求系统的剪切频率 ω_c。然而，本例为三阶系统，依据开环幅频特性等于 1 的等式很难求解出 ω_c 的值。因此，考虑绘制系统的对数幅频特性渐近线，采用类似例 5-7 的方式近似求出 ω_c。

由已知条件可知，系统由四个典型环节构成，分别为一个比例环节、一个积分环节和两个惯性环节。

系统在低频段的渐近线与 $G^*(s)=\frac{10}{s}$ 的对数幅频特性曲线重合，斜率为 -20dB/dec，过 $\omega=1\text{rad/s}$、$L(1)=20\text{dB}$ 点。

两个转折频率分别为 $\omega_1=5\text{rad/s}$，$\omega_2=50\text{rad/s}$。绘制系统开环伯德图如图 5-38 所示。

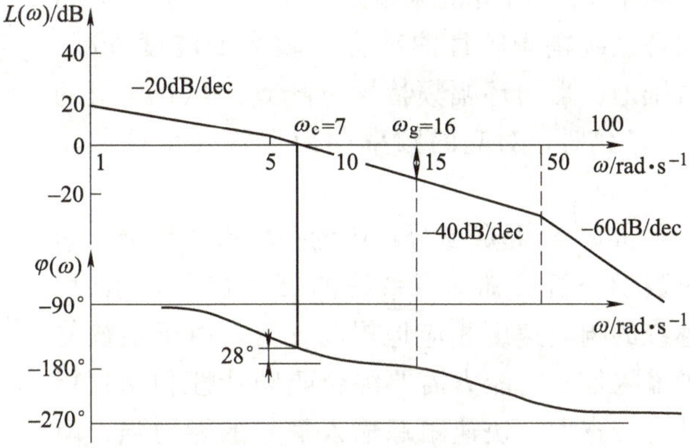

图 5-38　例 5-14 控制系统的频率特性伯德图

在 $\omega=5\text{rad/s}$ 处，$L(5)=20\lg\frac{10}{5}\text{dB}$，与剪切频率 ω_c 的距离为 $\lg\omega_c-\lg5$，构成三角形对应的斜率绝对值为 40dB/dec，则有：

$$\frac{20\lg\frac{10}{5}}{\lg\omega_c-\lg5}=40$$

进而求得 $\omega_c=\sqrt{10\times5}\text{rad/s}=7.07\text{rad/s}$，系统的相角裕度为

$$\begin{aligned}\gamma&=180°+\varphi(\omega_c)=90°-\arctan0.2\times7.07-\arctan0.02\times7.07\\&=27.22°(\text{此处取}28°)>0\end{aligned}$$

为求系统的幅值裕量，需要先求系统的相位穿越频率 ω_g。依据定义有 $\varphi(\omega_g)=-180°$，则有 $-90°-\arctan0.2\omega_g-\arctan0.02\omega_g=-180°$。

进而，$\arctan\frac{0.22\omega_g}{1-0.004\omega_g^2}=90°\Rightarrow\omega_g=15.8\text{rad/s}$，增益裕度 $K_g=\frac{1}{|G(j\omega_g)H(j\omega_g)|}=\frac{\omega_g\sqrt{0.04\omega_g^2+1}\sqrt{0.0004\omega_g^2+1}}{10}=5.49>1$，$GM=20\lg K_g=14.8\text{dB}>0$。

可见，该系统是稳定的，并具有一定的稳定裕度。这里需要指出的是，本例中的相角裕度相对较小，实际应用时一般需要补偿一定角度使其在 30° ~ 60° 范围内，以兼顾较好的稳定性和动态特性。

5.6　闭环系统频率特性

为简化分析，这里仅限于对单位负反馈系统进行闭环控制系统的频率特性介绍。对于如图 5-26 所示的典型闭环控制系统的结构图而言，在 $H(s)=1$ 时，系统的闭环传递函数为 $\Phi(s)=\frac{C(s)}{R(s)}=\frac{G(s)}{1+G(s)H(s)}$，则系统的闭环频率特性为

$$\Phi(j\omega)=\frac{C(j\omega)}{R(j\omega)}=\frac{G(j\omega)}{1+G(j\omega)H(j\omega)}\tag{5-20}$$

1. 闭环频率特性常用性能指标

如图 5-39 所示，为常规闭环系统幅频特性曲线，可见低频部分较为平坦，随着角频率 ω 的增加，会出现一个峰值，称为谐振峰值 M_r，对应闭环系统幅频特性的最大值。其对应

的频率 ω_r，称为谐振频率。经过谐振频率后的闭环系统幅频特性曲线会以较大的陡度衰减，特别地，当闭环幅频特性下降到 $|\Phi(0)|$ 值的 0.707 倍时，对应的频率称为带宽（也称截止频率）ω_b。

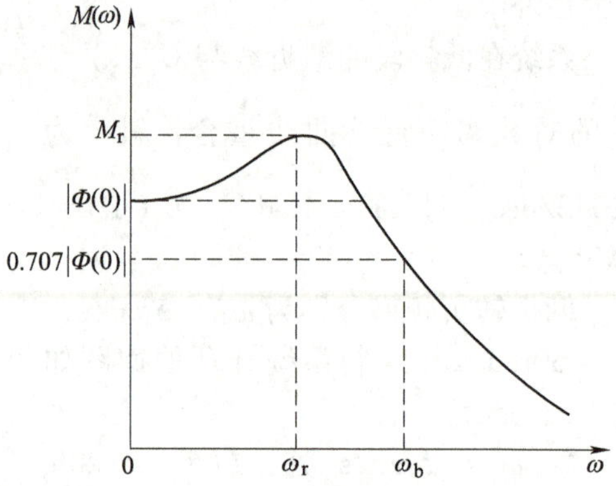

图 5-39 闭环系统幅频特性曲线

带宽 ω_b 是频域分析中的一项重要指标。通过数学分析可知，当系统的带宽扩大 ρ 倍时，系统的响应速度相应地提高 ρ 倍。由于系统复现输入信号的能力需要综合幅频特性和相频特性，带宽大，快速跟踪输入信号的能力强，但是同时系统输入端的高频干扰也会快速跟随、复现，得不到有效的抑制，因此系统带宽的选择在设计中需要折中地优化确定。

2. 闭环频率特性指标和时域指标的关联性分析

闭环频率特性指标和第 4 章学习的时域动态性能指标类似，都可用于对系统动态性能进行分析与评价。下面以二阶系统为例，分析一下两者之间的关联性。

设单位负反馈二阶系统闭环传递函数为 $\Phi(s)=\dfrac{C(s)}{R(s)}=\dfrac{\omega_n^2}{s^2+2\zeta\omega_n s+\omega_n^2}$，则对应的闭环幅频特性和相频特性表达式分别为

$$M(\omega)=\frac{1}{\sqrt{\left(1-\dfrac{\omega^2}{\omega_n^2}\right)^2+\left(2\zeta\dfrac{\omega}{\omega_n}\right)^2}} \tag{5-21}$$

$$\alpha(\omega)=-\arctan\frac{2\zeta\dfrac{\omega}{\omega_n}}{1-\dfrac{\omega^2}{\omega_n^2}} \tag{5-22}$$

在 $0<\zeta\leqslant 0.707$ 范围，式（5-21）对频率 ω 求导，令其导数等于零，可以求得谐振频率 ω_r、谐振峰值 M_r 分别为

$$\omega_r=\omega_n\sqrt{1-2\zeta^2} \tag{5-23}$$

$$M_r=\frac{1}{2\zeta\sqrt{1-\zeta^2}} \tag{5-24}$$

由式（5-24）可知，谐振峰值与时域中的最大超调量 $M_p=e^{-\frac{\zeta\pi}{\sqrt{1-\zeta^2}}}\times 100\%$ 都是仅与阻尼比 ζ 相关。因此，可以通过 ζ 作为中间变量对两类指标进行相互转换。在 $\zeta\to 0$ 时，$M_r\to\infty$，$\zeta>0.707$，不会产生谐振。依据带宽 ω_b 定义，令 $M(\omega_b)=0.707M(0)$，得

$$\omega_b=\omega_n\sqrt{1-2\zeta^2+\sqrt{2-4\zeta^2+4\zeta^4}} \tag{5-25}$$

分析可知，二阶系统的带宽与无阻尼自然振荡角频率 ω_n 成比例，随着 ζ 的增加，$\dfrac{\omega_b}{\omega_n}$ 逐渐减小。

令二阶系统的开环幅频特性为 $A(\omega)=\dfrac{\omega_n^2}{\omega[\omega^2+(2\zeta\omega_n)^2]}=1$，求得剪切频率为

$$\omega_c=\omega_n\sqrt{\sqrt{1+4\zeta^4}-2\zeta^2} \tag{5-26}$$

不失一般性，设二阶系统的开环频率特性 $G(j\omega)=A(\omega)e^{j\varphi(\omega)}=A(\omega)e^{j(180^\circ-\gamma)}$，$\gamma$ 角为相角裕度。根据欧拉公式，有

$$G(j\omega)=A(\omega)(-\cos\gamma-j\sin\gamma) \tag{5-27}$$

则系统的闭环幅频特性为

$$M(\omega)=\left|\frac{G(j\omega)}{1+G(j\omega)}\right|=\frac{A(\omega)}{\sqrt{1+A^2(\omega)-2A(\omega)\cos\gamma}} \tag{5-28}$$

一般情况下，$M(\omega)$ 取极大值附近时，有 $\omega_r=\omega_c$，这样近似成立

$$\cos\gamma=\cos\gamma(\omega_c)=\cos\gamma(\omega_r) \tag{5-29}$$

在式（5-28）中，当 $A(\omega)=\dfrac{1}{\cos\gamma}$ 时，$M(\omega)$ 取极值，谐振峰值可以表示为

$$M_r=M(\omega_r)=\frac{1}{|\sin\gamma\omega_r|}\approx\frac{1}{|\sin\gamma|} \tag{5-30}$$

当 γ 较小时，式（5-30）近似程度较高。应当指出，M_r 和 γ 虽然都在一定程度上反映了系统的稳定性，但是 M_r 包含的信息要更为丰富，其能够表明一段频率范围内的性质。一般来说，M_r 越大系统的稳定性越差，发生振荡越剧烈。单纯的 γ 值大的系统，却不一定能够保证具有足够的稳定性，因此，有时也对 γ 所在的频率点的渐近线斜率和范围做出一些要求。

设计控制系统时，通常根据控制要求先提出闭环带宽 ω_b 和谐振峰值 M_r 指标，然后再根据式（5-30）确定相角裕度 γ 并选择合适的剪切频率 ω_c，给出这两个性能指标后就可以依据第 6 章介绍的一些方法进行校正环节的结构与参数设计了。

5.7　基于 MATLAB 的线性控制系统频域分析

频域分析主要适用于线性定常系统，是分析和设计控制系统的一种实用的工程方法，应用十分广泛。控制系统的频率特性反映的是系统对正弦输入信号的响应性能。特别地，采用频域分析方法可以依据系统的开环频率特性去判断闭环系统的稳定性，分析控制系统参数对系统动态和稳态性能的影响，对于第 6 章控制系统校正的设计也具有重要意义。

针对高阶系统，采用 MATLAB 等仿真软件可以很容易地完成比较精确的频率响应测试实验。这样，系统或元件的频率特性部分就可以方便地获得，进而使用频率特性图解法进行控制系统的分析与设计。

MATLAB 提供了绘制系统 Bode 图的函数 bode（ ）。其调用格式有：

bode(G) 绘制 Bode 图，G 为系统的数学模型。

bode(G, w) 绘制指定角频率下系统的 Bode 图，w 为频率。

[mag, pha]=bode(G, w) 获得频率 w 对应 Bode 图的幅值和相角。

[mag, pha, w]=nyquist(G) 获得系统 Bode 图的幅值 mag、相角 pha 与角频率点 w 矢量。

例 5-15 已知二阶系统的传递函数为 $G(s)=\dfrac{\omega_n^2}{s^2+2\zeta\omega_n s+\omega_n^2}$，分别绘制：

1）当 $\omega_n=0.707$ 时，阻尼比 $\zeta=0.2$、0.7、1.2、2，系统的 Bode 图。

2）当 $\zeta=2$ 时，无阻尼自然振荡角频率 $\omega_n=0.2$、0.6、0.8、1，系统的 Bode 图。

解：

1）仿真程序如下：

```
clc
clear
w=logspace(-1,2,100);
wn=0.707;
zeta=[0.2,0.7,1.2,2]
    for i=1:4
      G=tf([wn*wn],[1,2*zeta(i)*wn,wn*wn]);
      bode(G,w)
      hold on
    end
gtext('zeta=0.2');gtext('zeta=0.7');gtext('zeta=1.2');gtext('zeta=2')
```

得到结果如图 5-40 所示，曲线从上至下阻尼比逐渐增大。

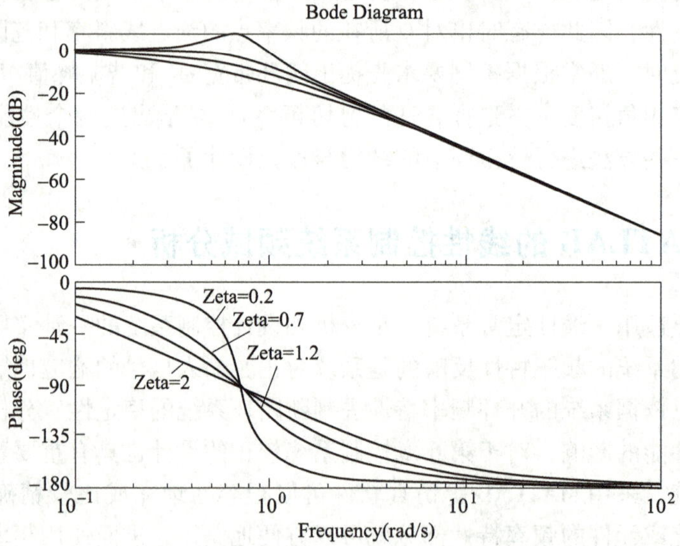

图 5-40 阻尼比变化时的 Bode 图

解：

2）仿真程序如下：

```
clc
clear
w=logspace(-1,2,100);
```

```
zeta=2;
wn=[0.2,0.6,0.8,1]
for i=1:4
        G=tf([wn(i)*wn(i)],[1,2*zeta*wn(i),wn(i)*wn(i)]);
        bode(G,w)
        hold on
end
gtext('wn=0.2');gtext('wn=0.6');gtext('wn=0.8');gtext('wn=1')
```

得到结果如图 5-41 所示，曲线从上至下无阻尼自然振荡角频率逐渐增大。

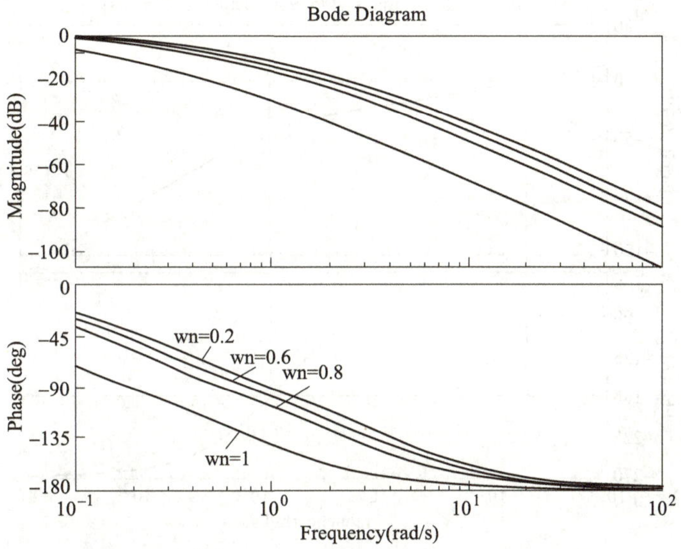

图 5-41　无阻尼自然振荡角频率变化时的 Bode 图

MATLAB 提供了用于计算控制系统的幅值裕度和相角裕度的函数 margin( )。margin( ) 函数可以从频率响应数据中计算出幅值裕度、相角裕度以及对应的频率，其调用格式有：

margin(sys) 计算连续系统的幅值裕度和相角裕度，并绘制相应的 Bode 图。

margin(num, den) 计算连续系统传递函数表示的幅值裕度和相角裕度，并绘制相应的 Bode 图。

margin (mag, phase, w) 由 Bode 图指令得到的幅值 mag、相角 phase 以及频率 w 矢量绘制出带有裕量和相应频率显示的 Bode 图。

[Gm, Pm, Wcg, Wcp]=margin(mag, phase, w) 由幅值 mag、相角 phase 以及频率 w 矢量计算系统幅值裕度 Gm 和相角裕度 Pm 及相应的相位穿越频率 Wcg、剪切频率 Wcp，而不直接绘制 Bode 图。

例 5-16　已知单位负反馈系统的开环传递函数为 $G(s)=\dfrac{5(s+1)}{s(s+2)(s+5)(s+8)}$，试绘制系统的 Bode 图，并计算系统的幅值裕度和相角裕度，判断系统的稳定性。

解：

仿真程序如下：

```
K=4
z=[-1];
p=[0 -2 -5 -8];
G=zpk(z,p,K)
margin(G)
[Gm,Pm,Wcg,Wcp]=margin(G)
```

程序运行后得到如图 5-42 所示结果。

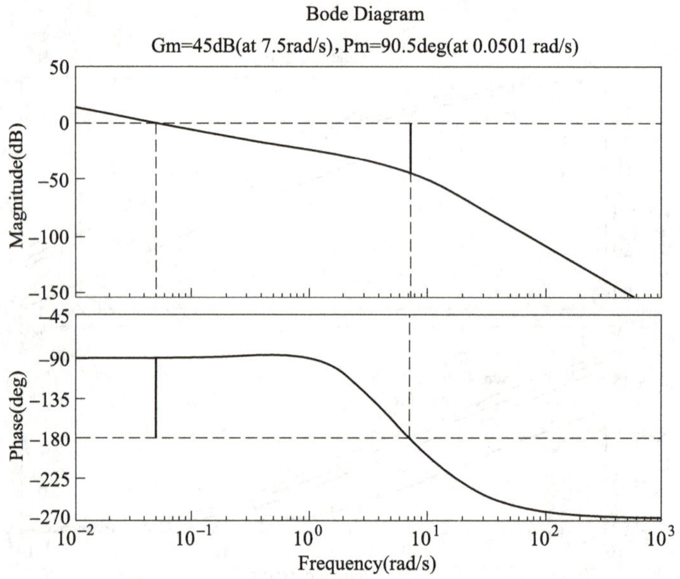

图 5-42　系统的 Bode 图

程序运行求得：Gm = 176.9698、Pm = 90.4998、Wcg =7.2474、Wcp = 0.0501。

由以上结果可以看出，只有幅值裕度 Gm 的结果与仿真图上的数值不一致。这是因为用 margin（）计算出来的 Gm 数值不是以 dB 为单位的。如果按照公式计算：20lg176.9698 = 44.9580 ≈ 45dB，结果完全相同。由运行结果可知，相角裕度 Pm 大于零，故该系统闭环稳定。

注意：如果运行结果中 Wcg 和 Wcp 为 nan 或者 Inf，则说明 Gm 和 Pm 数据溢出为无穷大。

例 5-17　已知单位负反馈系统的开环传递函数为 $G(s)=\dfrac{90}{(s+1)(0.2s+1)(1.6s+1)}$，试绘制系统的奈奎斯特图（极坐标图），用奈奎斯特稳定判据判断系统稳定性，并绘制闭环系统的单位阶跃响应曲线进行验证。

解：

仿真程序如下：

```
num=90;
```

```
den=conv([1 1],conv([0.2 1],[1.6 1]));
sys=tf(num,den)
figure(1);
nyquist(sys);
figure(2);
sys1=feedback(sys,1);
step(sys1);
```

运行结果如图 5-43 所示。

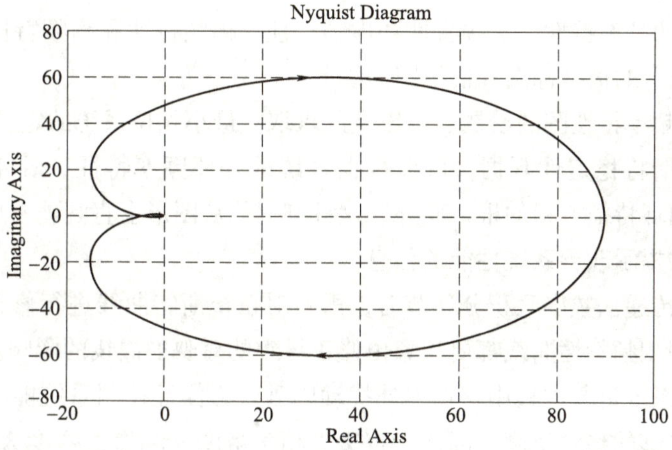

图 5-43　系统的 Nyquist 图

如图 5-43 所示，Nyquist 图中曲线与实轴交点约为 −5.1，即开环幅相特性曲线包围 (−1，j0) 点两圈，$N=-2$。由已知条件可知，系统的开环传递函数没有不稳定的极点，即 $P=0$。因此，根据 Nyquist 稳定判据，闭环系统不稳定的极点数为 $Z=P-N=2$，说明此系统闭环不稳定。图 5-44 为系统的单位阶跃响应曲线。

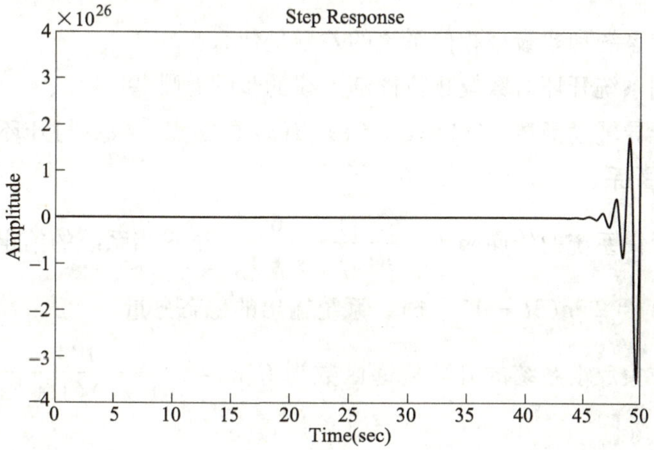

图 5-44　系统的单位阶跃响应曲线

系统的单位阶跃响应表明系统不稳定，与奈奎斯特稳定判据结果相一致。

本章小结

频域分析是以传递函数为基础的一种图解方法。依据系统的开环频率特性直观地分析闭环系统的响应，此外还能判别某些环节和参数对系统性能的影响。本章主要介绍了以下几个方面的内容：

1）频率特性与传递函数、微分方程一样，是控制系统的数学模型，能够反映系统的稳定性、准确性和快速性。频率特性定义为线性定常系统输入正弦信号，输出的稳态分量与输入正弦信号之间的复数比。

2）典型环节的频率特性、实频特性和虚频特性、幅频特性和相频特性表达式的列写与相互转换。典型环节的极坐标图和伯德图的绘制。

3）系统开环频率特性图的绘制、关键点的求取。最小相位系统的定义与特点。

4）应用奈奎斯特稳定性判据，可以根据系统的开环频率特性，研究闭环系统的稳定性，而不必求解闭环特征方程的根。此外，这种判据能从图形上直观地看出参数的变化对系统性能的影响，并提示改善系统性能的信息。

5）系统开环传递函数串联积分环节时，需要对奈奎斯特曲线进行修正。相应地，奈奎斯特曲线及伯德图相频特性曲线都要注意由修正导致的对映射曲线的影响。

6）考虑控制系统运行过程中存在内外扰动因素，为保证控制系统能够持续、稳定地工作，还需要具有足够的稳定裕度。因此，定义了相角裕度 γ 和增益裕度 K_g 对系统的相对稳定性进行度量。工程应用中，一般要求相角裕度在 30°~60°范围内，这是十分必要的。

思考题

5-1　惯性环节对数幅频特性渐近线低频段的斜率为________，经过转折频率后的高频段斜率为________。

5-2　对数幅频特性渐近线在低频段为 0dB 的典型环节有________、________和________等。

5-3　最小相位系统和非最小相位系统的差异是什么？

5-4　简述绘制系统开环对数幅频特性渐近线的步骤有哪些。

5-5　分析、推导辅助函数 $F(s)=1+G(s)H(s)$ 的零点、极点与开环传递函数极点和闭环传递函数极点的关系。

5-6　已知负反馈系统的传递函数为 $\dfrac{C(s)}{R(s)}=\dfrac{6}{s+1}$，试求当系统的给定输入信号为 $r(t)=\sin(2t+30^\circ)$、$r(t)=2\sin(3t-45^\circ)$ 时，系统输出的稳态分量。

5-7　已知单位负反馈系统的开环传递函数为 $G(s)=\dfrac{10}{s(1+s)(1+2s)}$，试绘制系统的极坐标图和伯德图。

5-8　如图 5-45 所示，为最小相位系统的开环对数幅频特性的渐近线，试写出对应的开环传递函数，并求出相角裕度 γ。

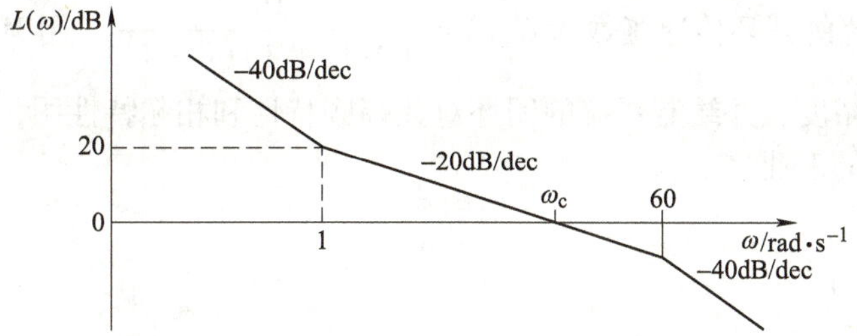

图 5-45　题 5-8 图

5-9　如图 5-46 所示的频率特性极坐标图中，判别系统稳定性。

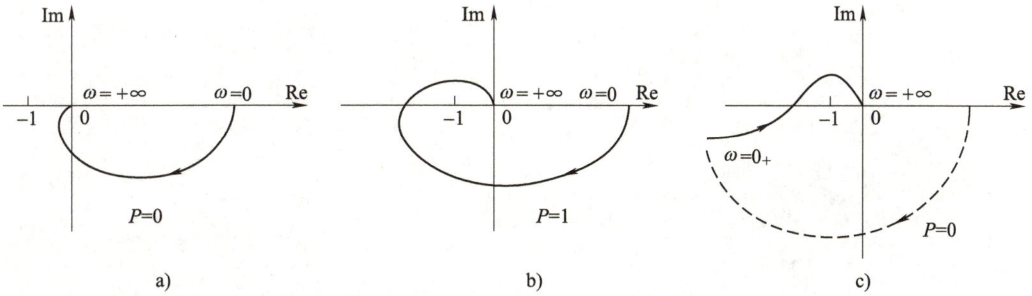

图 5-46　题 5-9 图

5-10　已知单位负反馈系统的开环传递函数为 $G(s)=\dfrac{K}{s(s+1)(3s+1)}$，试用伯德图方法确定闭环系统稳定的临界增益 K 值。

5-11　已知系统的开环传递函数为 $G(s)H(s)=\dfrac{4.5}{s(s+1)(2s+1)}$，试用奈奎斯特稳定判据分析闭环系统的稳定性。

5-12　如图 5-47 所示，为某最小相角系统对数幅频渐近线，写出对应的开环传递函数。

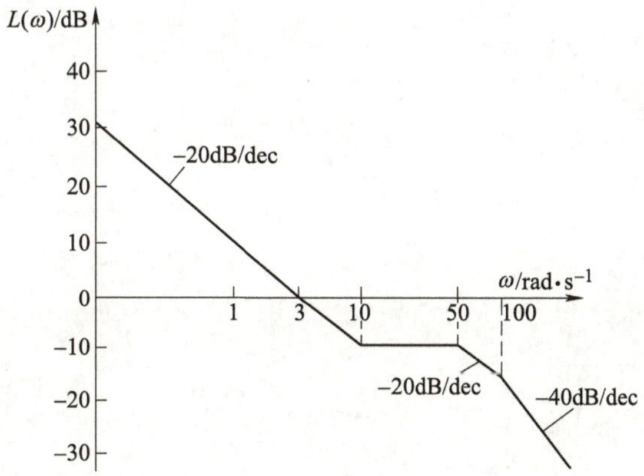

图 5-47　题 5-12 图

5-13 已知系统的开环传递函数为 $G(s)=\dfrac{16}{s(0.1s+1)(s+1)}$，用 MATLAB 求系统的开环相角裕度和增益裕度，并绘制系统的闭环对数幅频特性和相频特性图，确定对应的谐振峰值 M_r、谐振频率 ω_r 和带宽 ω_b。

第 6 章　线性系统的校正

内容提要： 本章主要概述如何根据控制系统预先给定的性能指标要求，在系统中加入一些其参数可以根据需要进行改变的装置或元件，使得系统的数学模型和动静态特性按要求发生变化。本章基于系统的频率特性，重点介绍串联校正，是在第 5 章的基础上展开的。

6.1　校正的基本概念

前面第 3 章~第 5 章的内容主要是进行控制系统的分析，即已知控制系统的结构和参数，求出系统的性能指标并分析这些性能指标与系统参数之间关系的过程，被定义为控制系统的分析。控制系统分析的结果具有唯一性。当控制系统的稳定性、动态性能或稳态性能不能满足所要求的性能指标，并且调整系统中的可调参数，如增益、时间常数和阻尼等，依旧无法满足性能要求时，则需要在原有系统中，有目的地增添一些装置或元件，人为地改变系统的结构和性能使之满足所要求的性能指标，称为系统的校正，人为引入系统的附加装置称为校正装置。

系统校正设计的结果具有非唯一性。实际操作时需要综合性能、成本、体积以及使用维护等多个方面，以便从多种可能的控制系统中选出最优方案。在实际中，系统校正可能要经过多次反复才能达到设计要求。本章对线性系统进行校正时，不直接将物理条件约束和经济性因素纳入设计过程中需要考虑的因素范围。

控制系统的校正与性能指标密切相关，因此首先从性能指标入手进行分析。

1. 系统的性能指标

控制系统的性能指标主要有时域和频域两种，控制系统设计的目标就是要满足所提出的性能指标要求。性能指标是控制系统校正的依据，因此，必须合理地拟定性能指标。在不少系统的设计中，有些指标往往并不明确给出，而是需要设计人员根据设计要求进行指标的转换。

第 3 章给出控制系统的静态时域性能指标为系统稳态误差 e_{sr}，并分析了其与开环增益 K 和串联积分环节个数 v 之间的关系。第 4 章给出控制系统的动态时域性能指标有上升时间 t_r、峰值时间 t_p、最大超调量 M_p 和调节时间 t_s 等。第 5 章给出了控制系统的频域性能指标，主要包含的开环频域指标有剪切频率 ω_c、相角裕度 γ 和幅值裕度 K_g、GM；闭环频域指标有谐振频率 ω_r、谐振峰值 M_r 和带宽 ω_b。实际工程应用中给出的性能指标可能是时域指标也可能是频域指标。

理论上，经典控制理论中系统的校正所采用的研究方法主要有频率法和根轨迹法。这两种方法可以自成体系独立进行，也可以互为补充。但一般来说，由于伯德图绘制相对简单，容易看出校正效果，应用更加广泛，因此本章主要介绍频率校正法的设计思路与过程。这里需要注意，频率法设计虽然简单，但只是一种间接方法，对于给出的时域要求或指标，可以将其先转换为频域指标，而后再进行校正设计。

系统性能指标要切合实际需要，例如，若系统的主要要求是具有较高的稳态性能，同时又对系统的动态过程要求过高的性能指标，这往往意味着需要昂贵的元件或者复杂的控制装置。此外，工程上存在各种性能指标，一种指标对某一类系统适用，但对另一类系统不一定适用，所以不同类型的系统需要不同类型的指标。

如图 6-1 所示，根据校正装置在控制系统中的不同位置，常用的校正方式主要有串联校正和反馈校正，部分场合还可以使用如图 3-7 所示的扰动补偿方式进行复合校正。

图 6-1 中 $G_o(s)$ 表示被控对象的传递函数，$G_c(s)$ 表示校正装置的传递函数。可见，校正要解决的问题就是在系统的某一位置增加必要的校正装置，使得重新组合起来的控制系统能全面满足设计要求的性能指标。

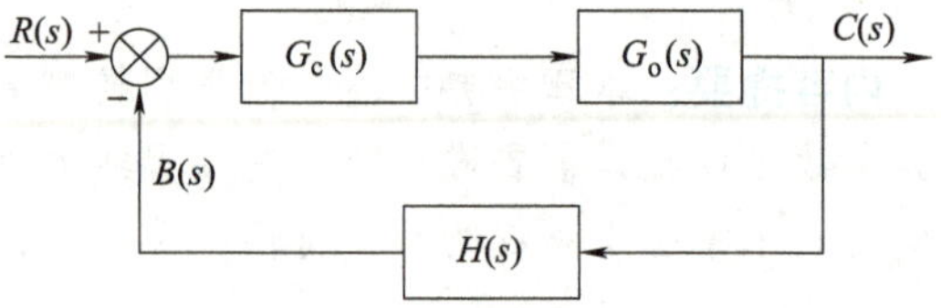

a) 串联校正

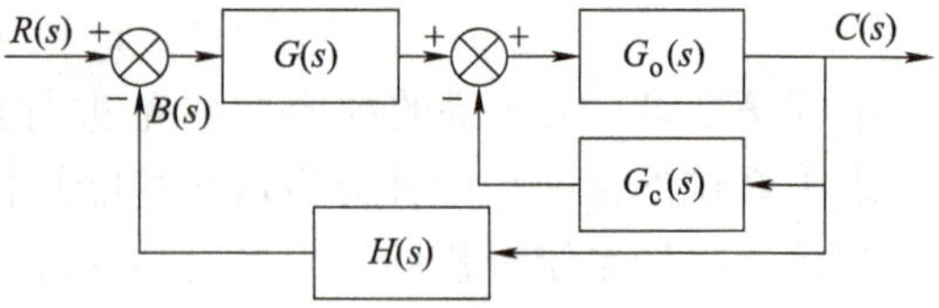

b) 反馈校正

图 6-1　校正方式

与串联校正比较，反馈校正虽具有削弱非线性因素影响、对模型摄动不敏感以及对干扰有抑制作用等特点，但引入反馈校正一般需要专门的测量部件（如角速度的测量就需要测速电机、角速度陀螺等部件），因此就会使系统的成本提高。另外，反馈校正对系统动态特性的影响比较复杂，设计和调整比较麻烦，而这两个问题在采用串联校正时都不会发生。因此，本章主要讨论串联校正，引导领会基本概念，辅助掌握实际常用的校正方法。对于复合校正、状态反馈校正和前馈补偿等，本书限于篇幅，不再详细介绍。

2. 开环对数频率特性与系统性能的关系

用频率法校正控制系统，主要是改变系统开环对数频率特性形状，使之具有合适的高频、中频、低频特性和稳定裕度，以得到满意的闭环品质。系统性能分析涉及幅频特性和相频特性，为了简化分析，这里以最小相位系统为例进行分析。因为最小相位系统的幅频特性和相频特性之间存在着确定的一一对应关系，从控制系统的开环对数幅频特性形状就可以大致分析其稳定性、准确性和快速性。

（1）中频段

对数频率特性三频段的划分如图 6-2 所示，中频段对应 $L(\omega_c)=0\text{dB}$ 所在的频段。由式 $\gamma=180°+\varphi(\omega_c)$ 可知，中频段的对数幅频特性曲线的斜率对系统的相角裕度影响较大，其与系统的稳定性和输出响应的动态特性有关。

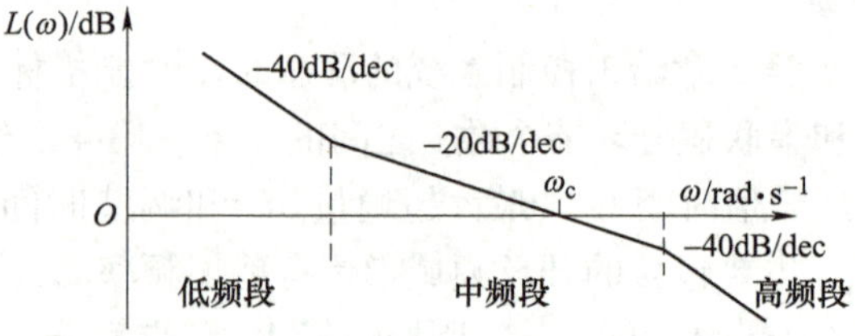

图 6-2　对数频率特性三频段的划分

基于稳定性的要求，工程实践对中频段的对数幅频特性渐近线有宽度和斜率的基本要求：ω_c 所对应的渐近线斜率为−20dB/dec，需要在相当宽度内保持这一斜率不变。满足要求的系统，相角裕度 γ 就比较大，系统的超调量也较小。

（2）低频段

低频段通常是指 $L(\omega)$ 的渐近线在第一个转折频率左边的频段，这一频段的特性完全由

积分环节和开环增益决定。设低频段对应的传递函数为

$$G_{\mathrm{d}}(s)=\frac{K}{s^{v}}$$

则低频段对数幅频特性为

$$20\lg|G_{\mathrm{d}}(\mathrm{j}\omega)|=20\lg\frac{K}{\omega^{v}}$$

将低频段对数幅频特性延长交于 0dB 线，可以求得交点频率 $\omega_0=K^{\frac{1}{v}}$。可以得出，低频段斜率绝对值越大，纵轴高度越高，对应积分环节数目越多。由稳态误差相关内容可知，一个稳定的控制系统，其稳态误差值与系统开环传递函数中串联积分环节个数和开环增益 K 有关。依据控制系统在低频段的开环对数幅频特性可以确定系统型别 v 和开环增益 K，因此依据低频段信息就可求出系统给定输入信号下的稳态误差。

（3）高频段

系统的高频段是由小时间常数环节构成，其转折频率一般应离 ω_c 较远，因此对系统稳定性没有明显影响。一个系统开环对数幅频特性在高频段的性质主要影响到系统需要做迅速响应时的动态特性，包括系统对高频噪声信号的抑制能力。因此，在保证足够稳定性的前提下，高频段这部分的转折频率不要超过 ω_c 太多，以确保系统具有较好的抗扰、滤除高频噪声的能力。高频段的分贝值越低，说明系统对高频信号的衰减作用越大，即系统的抗干扰能力越强。

三个频段的划分并没有严格的标准，但三频段理论为如何设计一个具有满意性能的闭环控制系统指出了原则和方向。总体来说，低频段和高频段一般可以有更大的斜率，低频段斜率大有助于提高稳态性能，高频段斜率大有助于提高抗高频干扰的能力。

6.2　线性系统的基本控制规律

目前应用最为广泛的一种调节器是简称为 PID（Proportion Integration Differentiation）的一种控制校正，指为使系统性能达到要求，通过串联比例（P）、积分（I）、微分（D）及其组合的方式，实现对线性系统基本控制规律的调整。PID 控制结构经典，参数整定方便、改变结构灵活，对于一些数学模型不宜求取的被控对象，采用 PID 进行控制，往往也能够得到较为满意的效果。

使用 PID 进行校正，需要首先熟悉各环节特性以及如何恰当组合、如何进行参数调整这些基本规则。

1. 比例（P）控制规律

调节一个控制系统，采用串联比例增益的方式比较简单。依据开环系统的伯德图可知，进行比例调节仅会改变控制系统伯德图的幅值而不影响其相位。

如图 6-3 所示，伯德图中的对数幅频特性渐近线共有三条，中间的渐近线对应例 5-14 给定的参数。若采用比例控制规律增大开环增益，则对应的对数幅频特性渐近线上移，系统的稳态误差 e_{sr} 减小、剪切频率 ω_c 增大，动态性能提升，但这也将导致控制系统的相角裕度 γ 减小甚至出现不稳定的情况，且抗高频噪声的能力下降；若采用比例控制规律减小开环增

益，则对应的对数幅频特性渐近线下移，系统的稳态误差 e_{sr} 增大、剪切频率 ω_c 减小，系统的相角裕度 γ 增大，但同时对应的带宽减小，系统响应的快速性受到抑制。

以上分析表明，由于不能兼顾对控制系统的多重性能要求，因此很少单独使用 PID 当中的比例控制规律。

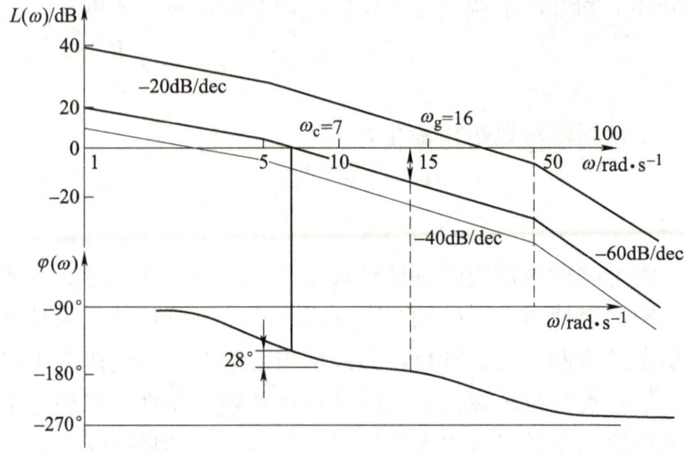

图 6-3　比例控制规律对系统性能的调节

2. 积分（I）控制规律

控制系统串联积分环节，由 3.4 节内容可知，相当于增加了系统开环传递函数的型别，有利于系统稳态性能的提高，甚至使得系统有可能变为无差系统。但是由于积分环节的增加将不可避免地使得系统增加一个位于原点的开环极点，对应的相频特性增加了一个 $-90°$ 的相角滞后。从相角角度进行分析，可知对于控制系统的稳定性不利。因此在控制系统校正设计中，也很少单独使用积分控制规律，一般是和比例控制一起组合成比例积分控制后再使用。

3. 微分（D）控制规律

控制系统串联微分环节，相当于在系统开环传递函数中增加一个位于原点的零点，对应的相频特性增加了一个 $+90°$ 的超前相角。由于理想微分规律相当于求导操作，仅对有变化的过程起作用，对于稳态不变的过程没有影响，且对高频噪声十分敏感，所以实际中也很少会单独使用微分控制。

控制系统分为低频段、中频段和高频段，对于不同的频段有不同期望的对数幅频特性要求。由此获得启发，是不是采用具有不同频段特性的组合控制规律更为适合？

4. 比例积分（PI）控制规律

具有比例积分控制规律的 PI 校正器或称 PI 控制器，其输出表达式为

$$u(t) = K_P e(t) + K_I \int_0^t e(t)\,dt \tag{6-1}$$

式中，K_P 为可调比例系数；$K_I = \dfrac{K_P}{T_i}$ 为可调积分系数，T_i 为积分时间常数。对应的传递函数为

$$\frac{U(s)}{E(s)} = K_P + K_I \frac{1}{s} = \frac{K_P s + K_I}{s} \tag{6-2}$$

分析可知，串联 PI 控制器提高了系统的型别，有利于消除或减小系统的稳态误差，改善系统的稳态性能。PI 控制器低频段的对数幅频特性渐近线的斜率为 -20dB/dec，经过转折频率 $\dfrac{K_I}{K_P}$ 后斜率变为 0，转折频率后由积分环节带来的 $-90°$ 滞后相角通过增加的开环零点 $-\dfrac{K_I}{K_P}$ 提供的正相角获得补偿，缓解了由于增加 $-90°$ 相角带来的稳定性恶化问题。另

外，PI 控制器是低通滤波器，能提高系统抗高频干扰的能力。

可见，这种折线型对数幅频特性渐近线能够实现不同频率段的不同调节目的。在工程实践中，PI 控制器主要用于改善控制系统的稳态精度。应用中，刚加入输入信号 $e(t)$ 时，由于积分从零开始，此时控制器输出 $u(t)$ 主要由比例部分起作用，但积分是一直起作用的。在输入 $e(t)=0$ 时，输出 $u(t)$ 由于积分作用并不为零，而是保持恒定值。这说明 PI 控制器不但保持了积分控制器消除稳态误差的"记忆功能"，而且也克服了单独使用积分控制消除误差时反应不灵敏的缺点。

5. 比例微分（PD）控制规律

具有比例微分控制规律的 PD 校正器或称 PD 控制器，其输出表达式为

$$u(t)=K_Pe(t)+K_D\frac{de(t)}{dt} \tag{6-3}$$

式中，$K_D=K_P\tau$ 为可调微分系数，τ 为微分时间常数。对应的传递函数为

$$\frac{U(s)}{E(s)}=K_P+K_Ds \tag{6-4}$$

分析可知，串联 PD 控制器能够提取输入信号的变化率，通过及早了解变化趋势，进而能够提前一段时间进行校正，从而改善控制系统的性能，使得控制系统的响应速度变快、超调量减小和振荡减轻。PD 控制器相当于一个一阶比例微分环节。由图 5-14 可知，PD 控制器低频段的对数幅频特性渐近线为水平线，经过转折频率 $\frac{K_P}{K_D}$ 后斜率变为+20dB/dec，转折频率后由微分环节带来的+90°相角（也称超前相角）使得其串联后具有改善控制系统稳定性和提高相角裕度 γ 的能力。

另外，PD 控制抬高了高频段，使得系统抗高频干扰能力下降。

6. 比例积分微分（PID）控制规律

具有比例积分微分控制规律的 PID 校正器或称 PID 控制器，其输出表达式为

$$u(t)=K_Pe(t)+K_I\int_0^t e(t)dt+K_D\frac{de(t)}{dt} \tag{6-5}$$

对应的传递函数为

$$\frac{U(s)}{E(s)}=K_P+K_I\frac{1}{s}+K_Ds=\frac{K_Ps+K_I+K_Ds^2}{s} \tag{6-6}$$

其输出信号成比例地反映输入误差信号以及它的积分和微分。分析可知，串联 PID 控制器提高了系统的型别，有利于消除或减小系统的稳态误差。此外，低频段的对数幅频特性渐近线的斜率为−20dB/dec，而后有两个转折频率使得对数幅频特性渐近线转折两次，可以灵活实现对中频段稳定性和高频段噪声抑制的校正与完善，从而在综合改善系统的动、静态性能方面，具有更大的优越性和灵活性。

例 6-1　已知 PID 控制器的传递函数为 $G_c(s)=\frac{1.65s+1.5+0.15s^2}{s}$，试绘制其伯德图，并分析其与原系统串联后将会发挥何种功能。

解： 控制器的传递函数可整理为 $G_c(s)=\frac{1.5(s+1)(0.1s+1)}{s}$，绘制此 PID 控制器的

伯德图如图 6-4 所示。

可见，PID 控制器具有三个频段，各频段具有不同的频率特性，可以依据系统要求通过灵活调整参数实现校正目的。一般来说，微分环节由于其具有超前的正相角，对于改善系统稳定性和稳定裕度有益，常安排在中高频段，这样还可以增大剪切频率，对系统的动态性能改善也有所裨益。在低频段，主要是 PI 控制规律起作用，可以提高控制系统型别，消除或减少稳态误差。

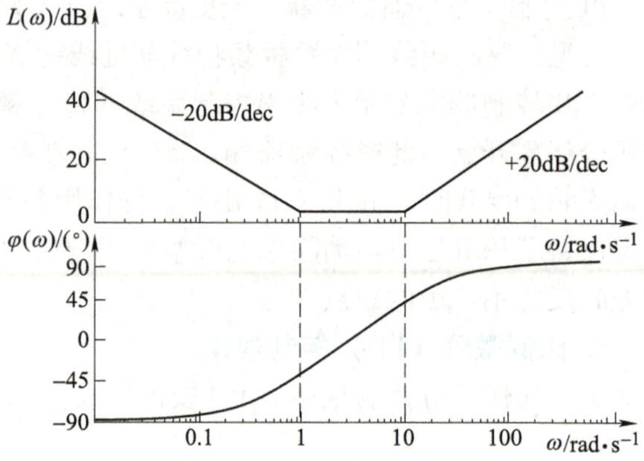

图 6-4 例 6-1 伯德图

在实际工程中，PID 校正结构的选择及参数的确定还可以通过系统仿真实验或现场调试来确定。

6.3 常用串联校正及特性

校正装置可以由不同的元件组成，在电子类应用领域，校正环节常分为无源校正和有源校正两大类。

无源校正自身无放大功能，通常由 *RC* 网络组成，在信号传递中，会产生幅值衰减，且输入阻抗低，输出阻抗高，常需要引入附加的放大器，补偿幅值衰减和进行阻抗匹配。无源校正装置通常被安置在前向通道中能量较低的位置上。

有源校正通常由运算放大器和 *RC* 网络共同组成，该装置自身具有能量放大与补偿功能，且易于进行阻抗匹配，所以使用范围比无源校正装置广泛得多。

本节基于简单性考虑，以无源电路形式为例，建立模型，主要侧重介绍常用串联校正的传递函数、伯德图以及串联到原系统中具有的校正特色和适用场合。

6.3.1 相位超前校正

如图 6-5 所示，为相位超前校正的无源电路原理图，其传递函数为

$$G_c(s)=\frac{U_o(s)}{U_i(s)}=\frac{R_2}{R_1+R_2}\frac{1+R_1Cs}{1+\dfrac{R_1R_2}{R_1+R_2}Cs}=\alpha\frac{1+\tau s}{1+\alpha\tau s} \tag{6-7}$$

式中，$\dfrac{R_2}{R_1+R_2}=\alpha<1$、$R_1C=\tau$，可见串联此相位超前校正环节时，系统的开环增益要下降。为了不降低原系统的稳态精度，补偿幅值衰减作用，实际中更为常用的方式为：串联额外增益 $1/\alpha$，此时相位超前校正的传递函数变为

$$G_c(s)=\frac{1}{\alpha}\alpha\frac{1+\tau s}{1+\alpha\tau s}=\frac{1+\tau s}{1+\alpha\tau s} \tag{6-8}$$

如图 6-6 所示，在复数 *s* 平面上，绘制相位超前校正传递函数的零极点及相应的相角。可见，

频率 $\omega \geqslant 0$ 范围内（正虚轴变化范围），相位超前校正提供了 $\left[\angle\left(\mathrm{j}\omega+\frac{1}{\tau}\right)-\angle\left(\mathrm{j}\omega+\frac{1}{\alpha\tau}\right)\right]>0$ 的超前相角，因此相位超前校正能够提供正的相角。

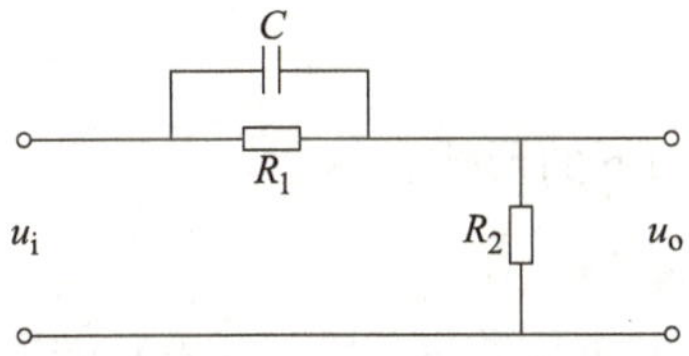

图 6-5　相位超前校正的无源电路原理图

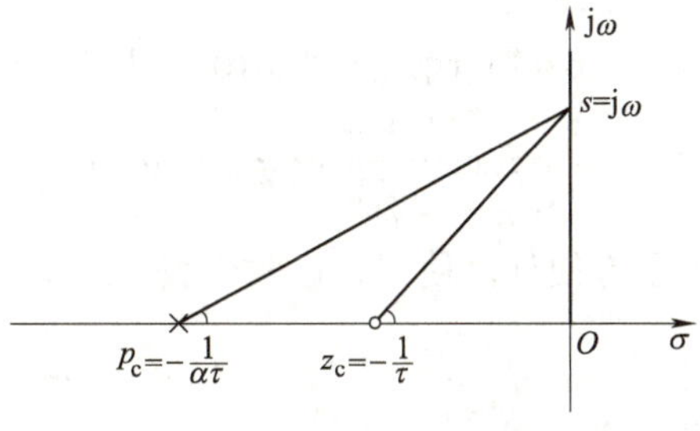

图 6-6　相位超前校正的零极点及相角

式（6-8）相位超前校正的频率特性为

$$G_c(\mathrm{j}\omega)=\frac{1+\tau\mathrm{j}\omega}{1+\alpha\tau\mathrm{j}\omega} \tag{6-9}$$

可见，其对应的幅频特性由一阶比例微分环节和惯性环节组成，转折频率分别为 $\frac{1}{\tau}$、$\frac{1}{\alpha\tau}$。对应的相频特性为

$$\varphi_c(\omega)=\arctan\tau\omega-\arctan\alpha\tau\omega \tag{6-10}$$

如图 6-7 所示，为式（6-8）相位超前校正的伯德图。

为了确定相位超前校正在哪个频率点处能提供最大超前相角，需要对式（6-10）求导。

依据角度公式 $\arctan A-\arctan B=\arctan\frac{A+B}{1-AB}$，将式（6-10）改写为 $\varphi_c(\omega)=\arctan\frac{\tau\omega(1-\alpha)}{1+\alpha\tau^2\omega^2}$。这样，求 $\frac{\mathrm{d}\varphi_c(\omega)}{\mathrm{d}\omega}=0$ 就等价于 $\frac{\mathrm{d}}{\mathrm{d}\omega}[\tan\varphi_c(\omega)]=0$，即 $\frac{\mathrm{d}}{\mathrm{d}\omega}\left[\frac{\tau\omega(1-\alpha)}{1+\alpha\tau^2\omega^2}\right]=0$，由此可得最大超前相角对应的频率为

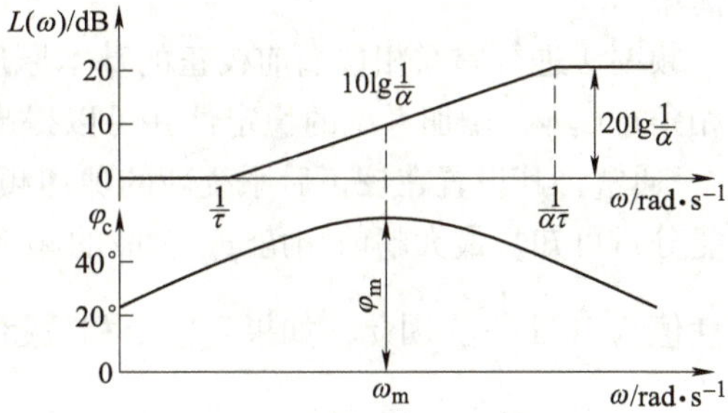

图 6-7　相位超前校正的伯德图

$$\omega_m=\frac{1}{\tau\sqrt{\alpha}} \tag{6-11}$$

式中，ω_m 是相位超前校正环节两个转折频率的几何中心，此处的对数幅频特性为 $L(\omega_m)$，满足

$$\frac{L(\omega_m)}{\lg\omega_m-\lg\frac{1}{\tau}}=20\mathrm{dB/dec}$$

求得 $L(\omega_m)=10\lg\frac{1}{\alpha}$。表明如果要借助超前校正的最大超前相角对某个系统进行校正，则在最大超前相角处，会导致原系统的对数幅频特性向上移动 $10\lg\frac{1}{\alpha}$，进而会导致校正后系统的剪切频率增大。

将式（6-11）代入式（6-10）可以得到根据参数 α 确定出的系统最大相位超前相角的表达式为 $\varphi_m=\arctan\frac{1-\alpha}{2\sqrt{\alpha}}$ 或 $\varphi_m=\arcsin\frac{1-\alpha}{1+\alpha}$。

为了方便计算使用，这两个表达式又可以改写为如下的形式：

$$\alpha=\frac{1-\sin\varphi_m}{1+\sin\varphi_m} \tag{6-12}$$

可见，最大超前相角 φ_m 的大小仅与参数 α 有关，α 值越小，则系统相位超前越大，即微分作用越强。

虽然理论上相位超前校正似乎可以提供接近+90°的相角，但在实际应用中考虑到物理实现的可操作性，一般此类无源校正装置仅能提供不超过 60°~70°的超前相角。如果需要大于 70°的超前相角，则可以采用两个相位超前校正网络串联来实现。

6.3.2 串联相位超前校正

采用串联的校正方式引入校正装置，如果采用对数频率特性分析方法，则校正后的频率特性，就是由校正装置的对数频率特性与原系统的开环对数频率特性叠加而成，分析起来较为简单。

频率法进行串联相位超前校正的基本原理是利用相位超前校正提供的正相角提高原系统的相角裕度 γ，增加系统的稳定性并可以提高控制系统的动态性能。为了充分利用最大相角 φ_m，通常将其设置在校正后系统新的剪切频率 ω_c' 处。但是，根据前文关于相位超前校正的性能分析可知，最大超前相角 φ_m 对应的频率为 ω_m，而此处相位超前校正网络的对数幅频特性值为 $10\lg\frac{1}{\alpha}$。因此，如果直接令相位超前校正环节的 ω_m 等于原未校正系统的剪切频率 ω_c，那么二者叠加后，未校正系统的剪切频率 ω_c 处的幅值会变为 $10\lg\frac{1}{\alpha}$，并不对应校正后系统的剪切频率。所以，为了保证两者叠加后在最大超前相角处的幅值为“0”，需要先找到原系统对数幅频特性值中对应 $10\lg\alpha$ 处的频率作为新的剪切频率 ω_c'。这样最大超前相角叠加，此处，$\omega_m=\omega_c'$，就可以满足对数幅频值为零的约束。

用频率法设计串联相位超前校正的一般步骤如下：

1）根据系统的稳态误差要求，确定系统的开环增益 K。

2）绘制未校正系统的伯德图，计算未校正系统的剪切频率 ω_c 和相角裕度 γ_0。

3）根据控制系统性能指标中期望的相角裕度 γ，计算需要由相位超前校正补偿的相位超前量 φ，$\varphi=\gamma-\gamma_0+\varepsilon$，式中的 ε 是用于补偿由相位超前校正环节的加入而导致原剪切频率 ω_c 增大到新的剪切频率 ω_c' 带来的相角滞后增加。一般取 $\varepsilon\in[5°, 10°]$，具体大小与原系统在剪切频率附近的相频特性曲线的变化情况相关。若变化缓慢，ε 可以取得较小；若变化较快，则 ε 可以取得较大。实际上由于原系统在剪切频率 ω_c' 附近的相频特性曲线的变化情况难以估计，ε 的选取往往依赖于经验，有时可能需要经过多次尝试才能选到合适的补偿值。

4）令相位超前校正提供的最大超前相角 $\varphi_m=\varphi$，则由式（6-12），可以计算出校正环节的一个重要参数 α。

5）由前面分析可知在 ω_m 处，$L(\omega_m)=10\lg\dfrac{1}{\alpha}$，在未校正系统的对数幅频特性渐近线中找到对应对数幅频特性为 $-10\lg\dfrac{1}{\alpha}$ 处的频率，可知在找到的这个频率点处未校正系统的对数幅频特性幅值叠加校正系统的幅值后等于零。即此点为校正后系统的新的剪切频率 ω_c'，对应地有 $\omega_m=\omega_c'$。

6）由式（6-11）可以求得校正环节的另一个重要参数 τ，进而相位超前校正的两个转折频率可分别求得，为 $\dfrac{1}{\tau}=\omega_m\sqrt{\alpha}$、$\dfrac{1}{\alpha\tau}=\dfrac{\omega_m}{\sqrt{\alpha}}$。

7）绘制校正后系统的伯德图，验算校正后系统的相角裕度是否满足要求，若不满足，则需要增大 ε 值，从步骤 3）开始重新设计。

例 6-2　已知单位负反馈系统的开环传递函数为 $G_o(s)=\dfrac{K}{s(s+1)}$，试设计一串联相位超前校正环节，使校正后系统的稳态速度误差系数 $K_v=13$，相角裕度 $\gamma\geqslant 40°$。

解：

1）选用式（6-8）所示串联相位超前校正环节，则 $K_v=\lim\limits_{s\to 0}s\dfrac{K}{s(s+1)}\dfrac{1+\tau s}{1+\alpha\tau s}=13$，求得 $K=13$。

2）绘制未校正系统的伯德图如图 6-8 中标示部分所示，剪切频率 ω_c 所在渐近线斜率为-40dB/dec，则在低频段有 $\dfrac{20\lg\dfrac{13}{\omega|_{\omega=1}}}{\lg\omega_c-\lg\omega|_{\omega=1}}=40$，求得 $\omega_c=\sqrt{13}=3.6$，单位 rad/s。

计算未校正系统的相角裕度 $\gamma_0=180°+\varphi(\omega_c)=180°-90°-\arctan\omega_c=15.52°$，可见不满足要求。

3）根据性能指标中期望的相角裕度 γ，计算需要由相位超前校正补偿的相位超前量 φ，$\varphi=\gamma-\gamma_0+\varepsilon=40°-15.52°+5.52°=30°$。

4）令相位超前校正提供的最大超前相角 $\varphi_m=\varphi$，则由式（6-12）求得

$$\alpha=\frac{1-\sin\varphi_m}{1+\sin\varphi_m}=0.334$$

5）在未校正系统的对数幅频特性渐近线中找到对应对数幅频特性为 $-10\lg\dfrac{1}{\alpha}=-4.77\text{dB}$ 处的频率。如图 6-8 所示，-4.77dB 水平线与校正前系统对数幅频特性渐近线有一交点，交点处斜率为-40dB/dec，对应地，$\dfrac{4.77}{\lg\omega_c'-\lg\omega_c}=40$，求得 $\omega_c'=4.738$，单位 rad/s。

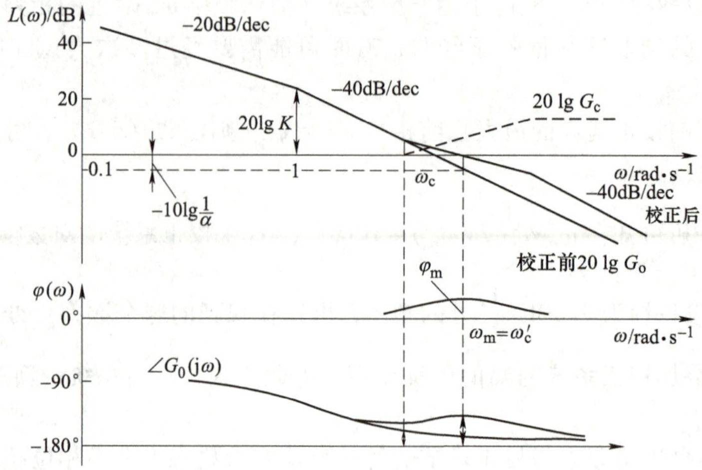

图 6-8　例 6-2 系统的伯德图

6）将 $\omega_m = \omega_c' = 4.738\text{rad/s}$ 代入式（6-11）求得 $\omega_c' = 4.738\text{rad/s} = \dfrac{1}{\tau\sqrt{\alpha}} \Rightarrow \tau = 0.365$。进而相位超前校正的两个转折频率可分别求得，为 $\dfrac{1}{\tau} = \omega_m\sqrt{\alpha} = 2.738$、$\dfrac{1}{\alpha\tau} = \dfrac{\omega_m}{\sqrt{\alpha}} = 8.2$，单位 rad/s。

7）串联校正后系统的传递函数为

$$G(s) = G_c(s)G_o(s) = \frac{13}{s(s+1)}\frac{1+s/2.738}{1+s/8.2}$$

校正后系统的相角裕度为

$$\gamma = 180° - 90° + \arctan\frac{\omega_c'}{2.738} - \arctan\omega_c' - \arctan\frac{\omega_c'}{8.2} = 41.9°$$

可见满足相角裕度要求。

由例 6-2 可以看出，串联相位超前校正环节，由于在剪切频率处增加了正的相角，使得系统的相角裕度增加。与此同时，系统的剪切频率增大，提高了系统的带宽，动态响应特性也加快了。但是需要注意，使用相位超前校正有一个限制条件，那就是需要原系统在剪切频率附近的相频特性下降相对缓慢，否则超前校正提供的正相角不足以补偿由于剪切频率增加带来的相位滞后增大，会导致串联相位超前校正的效果不明显。若不满足这个限制条件，可以考虑其他的校正方式。

6.3.3　相位滞后校正

如图 6-9 所示，为相位滞后校正的无源电路原理图，其传递函数为

$$G_c(s) = \frac{U_o(s)}{U_i(s)} = \frac{1+R_2Cs}{1+(R_1+R_2)Cs} = \frac{1+\tau s}{1+\beta\tau s} \tag{6-13}$$

式中，$(R_1+R_2)/R_2 = \beta > 1$、$R_2C = \tau$，可见串联此相位滞后校正环节时，系统的开环增益不变，对应的稳态精度不变。

如图 6-10 所示，在复数 s 平面上，绘制相位滞后校正传递函数的零极点及相应的相角，可

见，频率$\omega \geqslant 0$范围内（正虚轴变化范围）相位滞后校正提供了$\left[\angle\left(j\omega+\dfrac{1}{\tau}\right)-\angle\left(j\omega+\dfrac{1}{\beta\tau}\right)\right]<0$的滞后相角。

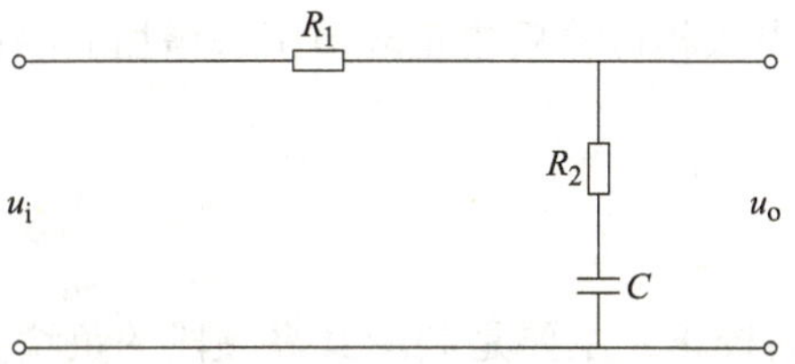

图 6-9　相位滞后校正的无源电路原理图

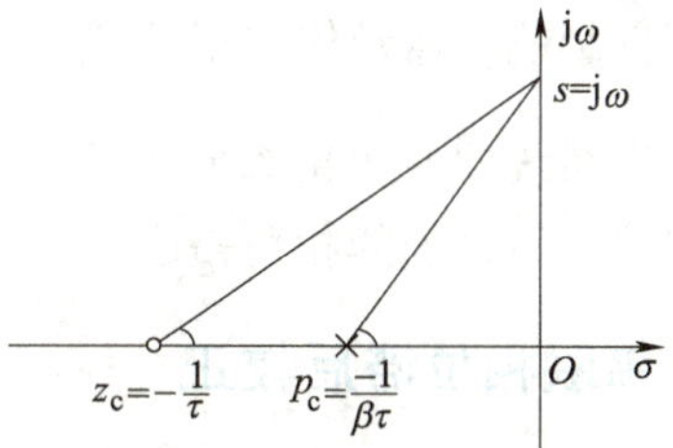

图 6-10　相位滞后校正的零极点及相角

式（6-13）相位滞后校正的频率特性为

$$G_c(j\omega)=\frac{1+\tau j\omega}{1+\beta\tau j\omega} \tag{6-14}$$

可见，对应幅频特性由惯性环节和一阶比例微分环节组成，转折频率分别为$\dfrac{1}{\beta\tau}$、$\dfrac{1}{\tau}$。对应的相频特性为

$$\varphi_c(\omega)=\arctan\tau\omega-\arctan\beta\tau\omega \tag{6-15}$$

如图 6-11a 所示，为式（6-13）相位滞后校正对应的伯德图，可见相位滞后校正的最大幅频衰减为$20\lg\dfrac{1}{\beta}$。如图 6-11b 所示伯德图对应的相位滞后校正环节的传递函数为

$$G_c(s)=\beta\frac{1+\tau s}{1+\beta\tau s} \tag{6-16}$$

可见其对应的伯德图相对式（6-13）的伯德图向上平移，对应系统开环增益$20\lg\beta$。

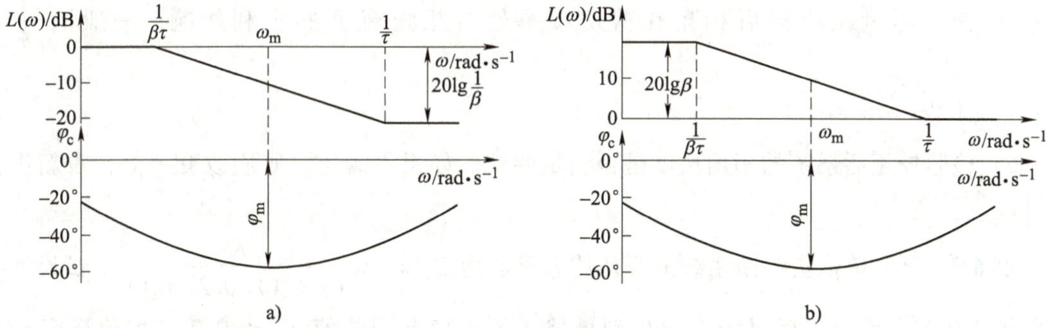

图 6-11　相位滞后校正的伯德图

相位滞后校正具有负的相位特性，反映了输出对输入信号的积分作用。类似相位超前校正环节，相位滞后校正的最大滞后相角对应的频率ω_m是相位滞后校正环节两个转折频率的几何中心。这里需要提醒读者注意的是：相位滞后校正的中频段对应的滞后相角较大，而较大的滞后相角会对控制系统的稳定性带来不利影响，因此使用中一般需要避免这部分具有较

大滞后相角的频率范围位于剪切频率附近，以避免较大的滞后相角叠加后影响系统的稳定性。

在原系统中串联相位滞后校正环节时，为了降低其具有的相位滞后特性会减小系统相角裕度的不良影响，通常使校正装置产生最大滞后相角的频率 ω_m 位于低频段，且转折频率 $\frac{1}{\tau}$ 距离校正后系统的剪切频率足够远，以使由于串联相位滞后校正环节引起增加的滞后相角几乎不影响校正后系统的相角裕度。

6.3.4 串联相位滞后校正

一般情况下，使用如图 6-11a 所示相位滞后校正，主要是利用其高频段的负增益，与未校正系统串联可以降低原系统的剪切频率，从而间接地使得校正后系统的相角裕度变大。若未校正系统原有的相频特性具有随频率减小，相角裕度增大的特性，使用这种相位滞后校正会取得较好的效果。使用如图 6-11b 所示相位滞后校正，主要利用其低频段的正增益，与未校正系统串联增加低频段的增益，进而提高系统稳态精度，设计合理则几乎不影响校正后系统的相角裕度。

本节主要讨论采用频率法，设计式（6-13）表示的串联相位滞后校正环节的一般步骤：

1）根据系统的稳态误差要求，确定系统的开环增益 K。

2）绘制未校正系统的伯德图，计算未校正系统的剪切频率 ω_c 和相角裕度 γ_0。

3）根据相角裕度 γ，考虑由于串联相位滞后校正带来的滞后相角，因此需要额外补偿的角度 $\varepsilon \in [5°, 15°]$，以用于确定未校正系统应具有的相角裕度 $\gamma_2 = \gamma + \varepsilon$ 对应的频率 ω_c'。这里的 ω_c' 即为校正后系统的新剪切频率。

4）确定未校正系统在新剪切频率 ω_c' 处的幅值衰减到 0dB 时所对应的衰减量应等于 $-20\lg\beta$，据此计算出参数 β 值。这是由于叠加相位滞后校正的高频段对数幅频特性值后，校正后控制系统在此频率点应满足剪切频率的定义。

5）为了尽量减小滞后相角在剪切频率处对相角裕度的不利影响，一般取 $\frac{1}{\tau} = \left(\frac{1}{10} \sim \frac{1}{5}\right)\omega_c'$。

6）检验校正后系统的相角裕度是否满足要求。如果不满足，则应改变 τ 值，重新进行设计。

例 6-3 已知单位负反馈系统的开环传递函数为 $G_o(s) = \frac{K}{s(s+1)(0.2s+1)}$，试设计一串联校正环节，使校正后系统在单位斜坡输入下，稳态误差值 $e_{sr} \leqslant 0.2$，相角裕度 $\gamma \geqslant 40°$，剪切频率 $\omega_c \geqslant 0.5$，单位 rad/s。

解：

1）选用式（6-13）所示串联相位滞后校正环节，则

$$K_v = \lim_{s\to 0} s\frac{K}{s(s+1)(0.2s+1)}\frac{1+\tau s}{1+\beta\tau s} = \frac{1}{0.2}$$

求得 $K = 5$。

2）绘制未校正系统的伯德图如图 6-12 所示，转折频率分别为 1、5。剪切频率 ω_c 所在渐近线斜率为-40dB/dec，转折频率 1 处于低频段与中频段的连接处，对应三角形“高宽比”绝对值为 40，则有

$$\frac{20\lg\dfrac{5}{\omega|_{\omega=1}}}{\lg\omega_c-\lg\omega|_{\omega=1}}=40$$

求得 $\omega_c=\sqrt{5}=2.24$，单位 rad/s，可见剪切频率满足要求，可以适当减小。计算未校正系统的相角裕度，$\gamma_0=180°+\varphi(\omega_c)=180°-90°-\arctan\omega_c-\arctan0.2\omega_c\approx0°$。可见此性能指标不满足要求。

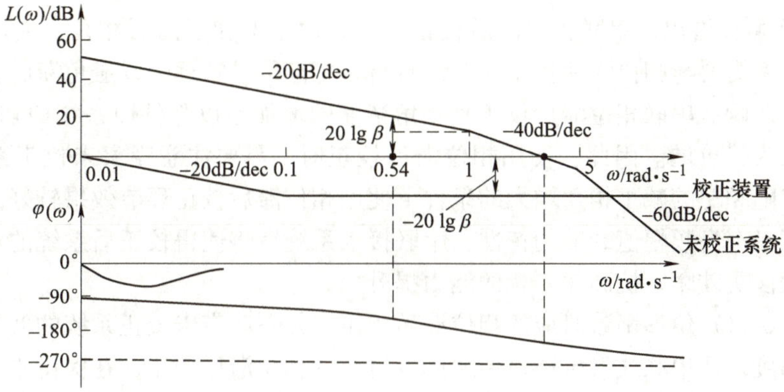

图 6-12　例 6-3 系统的伯德图

3）根据期望的相角裕度 γ，分析未校正系统在相角裕度 $\gamma_2=\gamma+\varepsilon=40°+15°=55°$ 时对应的频率 ω_c'。未校正系统在此频率对应的相角为

$$\varphi(\omega_c')=-90°-\arctan\omega_c'-\arctan0.2\omega_c'=55°-180°=-125°\Rightarrow$$

$$-\arctan\omega_c'-\arctan0.2\omega_c'=-35°$$

进而有 $\arctan\dfrac{1.2\omega_c'}{1-0.2(\omega_c')^2}=35°\Rightarrow\tan35°=0.7=\dfrac{1.2\omega_c'}{1-0.2(\omega_c')^2}$，$\omega_c'=0.54$，单位 rad/s，满足性能要求。

4）确定未校正系统在新剪切频率 $\omega_c'=0.54\text{rad/s}$ 处的对数幅频特性值 $20\lg\beta$。此处对应的斜率为-20dB/dec，属于低频段，与转折频率 1 的分贝数之差为 $20\lg\beta-20\lg\dfrac{5}{\omega|_{\omega=1}}$。对应的小三角形“高宽比”绝对值为 20，则有

$$\frac{20\lg\beta-20\lg5}{\lg\omega|_{\omega=1}-\lg0.54}=20$$

求得 $\beta=\dfrac{5}{0.54}=9.26$（取 10）。

5）为了尽量减小滞后相角在剪切频率处的不利影响，选取 $\dfrac{1}{\tau}=\dfrac{1}{5}\omega_c'=0.108$，对应地，

另外一个转折频率 $\frac{1}{\beta\tau}=0.0108$，单位 rad/s。进而，可以确定串联的相位滞后校正环节的传递函数为 $G_c(s)=\frac{1+9.3s}{1+93s}$。

6）检验校正后系统的相角裕度。串联校正后系统的传递函数为

$$G(s)=G_c(s)G_o(s)=\frac{5}{s(s+1)(0.2s+1)}\frac{1+9.3s}{1+93s}$$

校正后的相角裕度为

$$\gamma=180°-90°-\arctan\omega_c'-\arctan0.2\omega_c'-\arctan93\omega_c'+\arctan9.3\omega_c'\approx45°$$

可见校正后系统满足相角裕度要求。

由图 6-12 可以看出，串联相位滞后校正环节，由于增加了滞后相角，使用时应注意系统新的剪切频率需要与相位滞后校正环节的转折频率离得足够远，以避免滞后相角对校正后系统稳定性的影响。串联相位滞后校正其相角裕度的增加是以降低原系统剪切频率 ω_c、牺牲系统快速性为代价的。因此，使用相位滞后校正时，需要注意观察未校正系统的相频特性，在其具有随频率的减小相角增大的条件下使用相位滞后校正环节效果较好。另外，由于相位滞后校正具有高频幅值衰减的特性，串联接入系统后将使得校正后系统的对数幅频曲线渐近线在高频段更陡峭，抗高频干扰的能力提升。

串联式（6-13）传递函数对应的相位滞后校正，并不改变未校正系统的低频段特性，故不影响稳态精度。而串联式（6-16）传递函数对应的相位滞后校正，在保持原系统中频段不变的前提下，由于适当抬高低频段，因此可以基本保持原系统的动态性能，同时可以进一步改善系统的稳态性能。

对比相位超前校正网络和相位滞后校正网络可知，虽然两者都具有提升相角裕度、满足系统要求的能力，但在适用范围、校正效果等方面是明显不同的：

1）相位超前校正适用于通过提升系统剪切频率进而提升系统稳定性和动态响应的场合，一般情况下，串联相位超前校正使得剪切频率 ω_c 增大，这就要求原系统的相频特性具有随频率增加而滞后缓慢的特性，能够凸显相位超前校正提供正相角、提升相角裕度的作用。对高频噪声干扰敏感场合，相位超前校正一般不适用。

2）相位滞后校正适用于要求降低系统剪切频率进而提升系统稳定性的场合［式（6-13)］，或在稳定性不变的情况下，提升系统稳态精度的场合［式（6-16)］。一般情况下，串联相位滞后校正使得剪切频率 ω_c 减小，这就要求原系统的相频特性具有随频率减小、滞后角度减小的特性。这样剪切频率减小，会间接地导致对应的相角 $\varphi(\omega_c)$ 增大、相角裕度 γ 增大。由于剪切频率减小，意味着控制系统带宽变窄，系统的动态响应时间变长，对于响应时间具有一定要求的场合，相位滞后校正不适用。

6.3.5 相位滞后-超前校正

如前所述，单一的相位超前校正或相位滞后校正只能改善系统某一方面的性能，这两种校正各有优点和缺点，而对于某些系统来说，不论用其中何种方案都不能得到满意的效果。因此，自然会想到可以兼用以上两种方法中的优点来满足给定指标，并且在结构设计时设法限制它们的缺点。这就是串联相位滞后-超前校正的基本思想。这种应用结合可实现同时改

善系统稳态和动态性能，使得系统响应稳态精度高、速度快、超调量小且具有较强的高频噪声抑制能力。

如图 6-13 所示，为相位滞后-超前校正的无源电路原理图，其传递函数为

$$G_c(s)=\frac{U_o(s)}{U_i(s)}=\frac{(R_1C_1s+1)(R_2C_2s+1)}{(R_1C_1s+1)(R_2C_2s+1)+R_1C_2s}=\frac{(\tau_1s+1)(\tau_2s+1)}{\left(\frac{\tau_1}{\beta}s+1\right)(\beta\tau_2s+1)} \tag{6-17}$$

式中，$R_1C_1=\tau_1$；$R_2C_2=\tau_2$；$R_1C_2=\tau_{12}$，以及等式约束 $\tau_1+\tau_2+\tau_{12}=\frac{\tau_1}{\beta}+\beta\tau_2$，$\beta>1$，$\beta=\frac{\tau_1+\tau_2+\tau_{12}+\sqrt{(\tau_1+\tau_2+\tau_{12})^2-4\tau_1\tau_2}}{2\tau_2}$。此相位滞后-超前校正，系统的开环增益不变，为了简化分析，这里设定统一参数 β 为相位超前校正和滞后校正的调节参数。

如图 6-14 所示，在复数 s 平面上，绘制相位滞后-超前校正传递函数的零极点及相应的相角。可见，在频率 $\omega\geqslant 0$ 范围内（正虚轴变化范围），相位滞后-超前校正能够提供 $\left[\angle\left(j\omega+\frac{1}{\tau_2}\right)-\angle\left(j\omega+\frac{1}{\beta\tau_2}\right)\right]<0$ 的滞后相角和 $\left[\angle\left(j\omega+\frac{1}{\tau_1}\right)-\angle\left(j\omega+\frac{\beta}{\tau_1}\right)\right]>0$ 的超前相角。

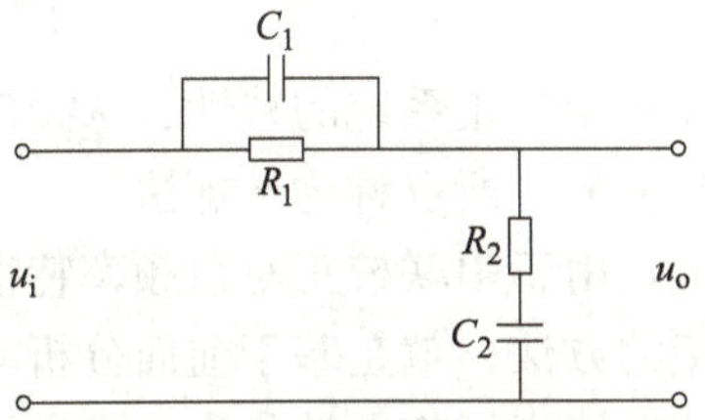

图 6-13　相位滞后-超前校正的无源电路原理图

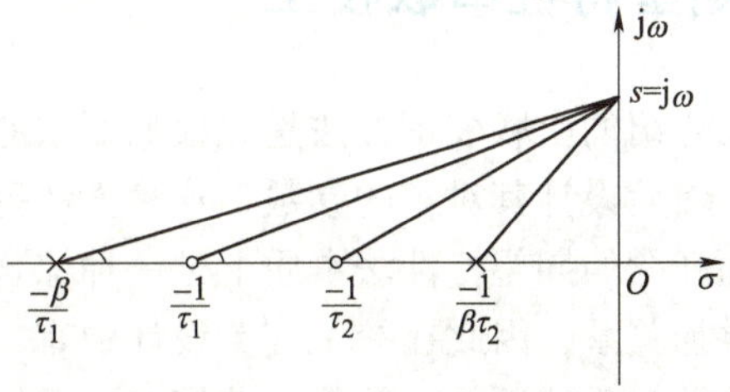

图 6-14　相位滞后-超前校正的零极点及相角

图 6-14 中滞后部分的零极点更接近原点，表明校正环节具有积分特性；反之，若超前部分的零极点更接近原点，则表明校正环节具有微分特性。

相位滞后-超前校正的频率特性为

$$G_c(s)=\frac{U_o(s)}{U_i(s)}=\frac{(\tau_1j\omega+1)(\tau_2j\omega+1)}{\left(\frac{\tau_1}{\beta}j\omega+1\right)(\beta\tau_2j\omega+1)} \tag{6-18}$$

可见，对应的幅频特性由两组一阶比例微分环节和惯性环节组成，转折频率分别为 $\frac{1}{\beta\tau_2}$、$\frac{1}{\tau_2}$、$\frac{1}{\tau_1}$ 和 $\frac{\beta}{\tau_1}$。对应的相频特性为

$$\varphi_c(\omega)=\arctan\tau_1\omega+\arctan\tau_2\omega-\arctan\frac{\tau_1}{\beta}\omega-\arctan\beta\tau_2\omega \tag{6-19}$$

如图 6-15 所示，为式（6-18）相位滞后-超前校正的伯德图。

图 6-15 中 $\omega_1=\frac{1}{\sqrt{\tau_1\tau_2}}$，对应相角为 0°。在 $\omega<\omega_1$ 的频段内，具有滞后的相角和负斜

率，起滞后校正作用；在 $\omega > \omega_1$ 的频段内，具有超前的相角和正斜率，起超前校正作用。

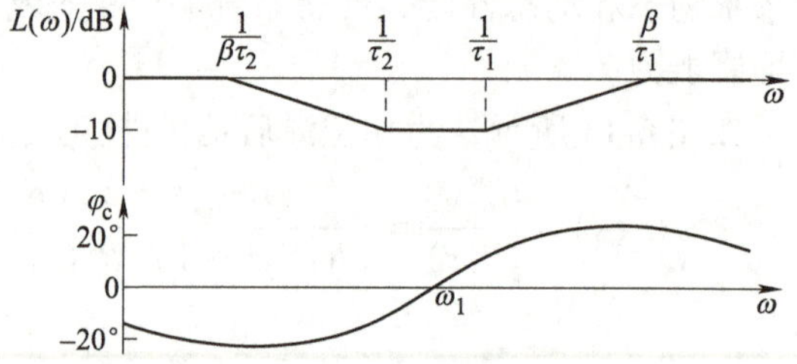

图 6-15　相位滞后-超前校正的伯德图

根据相位滞后校正和相位超前校正各自的作用，采用串联相位滞后-超前校正时，通常利用滞后校正来改变原系统开环频率的低频段特性或高频段特性（避开具有较大滞后相角的中频段），利用相位超前校正来改变原系统的中频段特性。不同于之前单独采用某种相位串联校正的情形，串联相位滞后-超前校正时，需要考虑二者的相互影响。在确定相位超前校正时，要考虑到加入滞后校正对系统动态性能的影响，参数选择应留有裕量；在确定相位滞后校正时，尽量不影响已经由相位超前校正部分校正好的系统的中频段特性，以避免影响已经设计好的动态指标。

借鉴前面的设计步骤，串联相位滞后-超前校正的设计也可以总结出相应的一般步骤，其主体思想是依据原系统特性和要求的性能指标，对具体校正任务进行分配，可以有多种选择。篇幅所限，此处不再赘述，用到时可参考相关的设计步骤。

6.4　期望特性串联校正

前面介绍的串联校正方法是先根据要求的性能指标和未校正系统的特性，选择串联校正的结构，然后设计其对应的参数，这种方法是带有试探性的，所以称为试探法。

下面介绍的期望特性法本质上是一种综合设计方法。由于串联校正对数频率特性渐近线之间是叠加关系，因此在校正装置设计中有一种更直接的方法，就是基于前面分析的开环对数频率特性与系统性能的关系，若能够依据控制系统的性能指标将其转化为具有良好性能的三频段对数幅频特性，然后将其与未校正系统的开环对数幅频特性相减，就可以得到校正环节的对数幅频特性。进而由第 5 章的内容，依据校正环节的开环对数幅频特性确定对应的开环传递函数，也就确定了校正环节的传递函数。

校正的数学本质就是改变未校正系统的传递函数，进而使其性能指标发生改变，以达到规定的设计要求。设原系统的开环传递函数为 $G_o(s)H(s)$，满足系统性能指标要求的理想开环传递函数为 $G(s)H(s)$，校正环节的传递函数为 $G_c(s)$，采用串联校正，由 $G(s)H(s)=G_o(s)H(s)G_c(s)$，可得

$$G_c(s)=\frac{G(s)}{G_o(s)} \tag{6-20}$$

其对数幅频特性满足

$$L_c(\omega)=L(\omega)-L_o(\omega) \tag{6-21}$$

可见，这种方法简单、直观，实用性好。需要指出的是，据此方法得到的校正环节的数学模型可能相对复杂，导致其在实际应用中受到一定的限制。此外，由于只有最小相位系统的对数幅频特性和相频特性之间有确定的关系，因此期望频率特性法仅适用于最小相位系统的校正。对于非最小相位系统，可以选用根轨迹校正法，其主要是根据时域性能指标进行综合与校正，相对复杂。

6.5　MATLAB 在线性控制系统校正中的应用

在实际工程应用中，往往需要设计的控制系统满足一定的性能指标要求，因此一些情况下有必要对原有系统进行校正。通过增加某些必要的元件或环节，使系统能够全面满足性能指标要求，此类问题就是系统的校正或称系统设计。

自动控制原理用于系统校正是一个反复试探的过程，需要一定经验的积累。借助 MATLAB/Simulink 可以实现经济、快速的尝试，为控制系统校正提供了有效的手段。

控制系统校正的目的是使控制系统满足特定的性能指标，而性能指标与控制精度、相对稳定性、响应速度等因素有关。在设计控制系统时，确定控制系统性能指标是非常重要的工作。

例 6-4　已知某单位负反馈系统的开环传递函数为 $G(s)=\dfrac{5}{s(0.25s+1)(0.1s+1)}$，采用频率法设计串联相位超前校正，要求满足静态误差系数大于 3，相角裕度不小于 45°的要求。

解： 原系统的静态误差系数 $K_v=\lim\limits_{s\to 0}sG(s)=5$，依据要求可知校正环节的增益为 3/5=0.6。这里，串联相位校正环节的设计步骤参照 6.3.2 节进行，则设计频率法相位超前校正环节的 MATLAB 子程序如下。

```
clc
clear
num=5;
den=conv([1 0],conv([0.25 1],[0.1 1]));%分母多项式展开
G=tf(num,den);
kc=0.6
yPm=45+10 % epsilon=10
G=tf(G);
[mag,pha,w]=bode(G*kc);
Mag=20*log10(mag);%转换为分贝数
[Gm,Pm,Wcg,Wcp]=margin(G*kc);
phi=(yPm- Pm)*pi/180; %计算应补偿的相角
alpha=(1-sin(phi))/(1+sin(phi));
Mn=-10*log10(1/alpha);
Wegn=spline(Mag,w,Mn);%三次样条曲线数据插值
T=1/(Wegn*sqrt(1/alpha));
Tz=1/alpha*T
Gc=tf([Tz 1],[T 1])
```

程序中通过调用 margin( ) 函数返回原系统的相角裕度 Pm 和剪切频率 Wcg，用于后面的 phi 角度需要转换为弧度后计算正弦函数值。使用 spline( ) 这个三次插值函数，获得由 Mag 和 w 确定的三次样条插值分段多项式，返回 Mn 查询点对应的频率值，即校正后系统的

剪切频率。

运行后求得超前校正传递函数为 $G_c(s)=\dfrac{0.4249s+1}{0.2922s+1}$。进一步分析、比较校正前后系统的时域响应和频率特性，程序代码如下：

```
clc
clear
kc=0.6
num=5;
den=conv([1 0],conv([0.25 1],[0.1 1]));
G=tf(num,den);
Gc=tf([0.4249 1],[0.2922 1])
Gyc=feedback(G,1)
Gxc=feedback(G*kc*Gc,1)            %串联相位超前校正网络后的系统闭环传递函数
figure(1)
step(Gyc,5)
hold on
step(Gxc,'--',5)                   %校正后系统的单位阶跃响应用“--”线绘制
figure(2)
bode(G)
hold on
bode(G*kc*Gc,'--')                 %校正后系统的频率特性用“--”线绘制
```

图 6-16、图 6-17 分别为校正前后单位阶跃响应、开环对数频率特性。

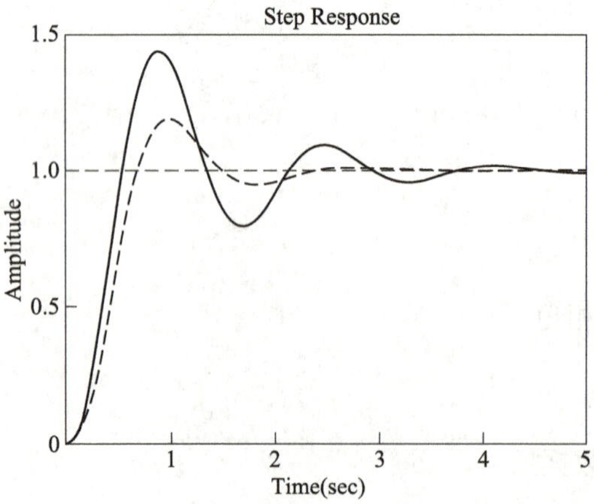

图 6-16　校正前后单位阶跃响应

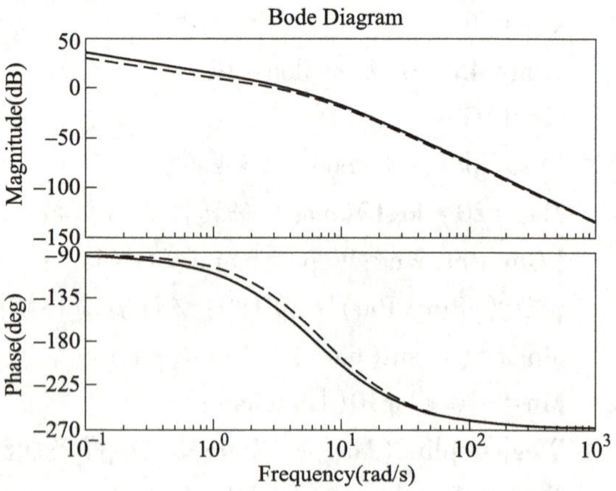

图 6-17　校正前后开环对数频率特性

图 6-16、图 6-17 中实线对应校正前系统，虚线对应校正后系统。可见，引入相位超前校正环节后，系统的带宽增大，静态速度误差系数减小，超调量降低，调节时间变短。

例 6-5　已知某单位负反馈系统的开环传递函数为 $G(s)=\dfrac{1}{s(0.3s+1)(s+1)}$，采用频

率法设计相位滞后校正环节，满足静态误差系数大于 5，相角裕度不小于 40°的要求。

解： 原系统的静态误差系数 $K_v=\lim\limits_{s\to 0}sG(s)=1$，依据要求可知校正环节的增益为 5/1=5。这里，串联相位校正环节的设计步骤参照 6.3.4 节进行，设计频率法相位滞后校正环节的 MATLAB 子程序如下。

```
clc
clear
num=1;
den=conv([1 0],conv([0.3 1],[1 1]));
G=tf(num,den);
kc=5;
[mag,pha,w]=bode(G*kc)
dPM=40+10;
wcg=spline(pha,w,dPM-180)
Magdb=20*log10(mag)
B=5/wcg
T=4/wcg
Gc=tf([T 1],[B*T 1])
```

运行后求得滞后校正传递函数为 $G_c(s)=\dfrac{6.893s+1}{59.4s+1}$。进一步比较校正前后系统的时域响应和频率特性，程序代码如下：

```
clc
clear
num=5;
den=conv([1 0],conv([0.3 1],[1 1]));
G=tf(num,den);
Gc=tf([6.893 1],[59.4 1])
Gyc=feedback(G,1)
Gxc=feedback(G*Gc,1)
figure(1)
step(Gyc,10)
hold on
step(Gxc,'--',20)          %校正后系统的单位阶跃响应用“--”线绘制

figure(2)
bode(G)
hold on
bode(G*Gc,'--')            %校正后系统的频率特性用“--”线绘制
```

图 6-18、图 6-19 分别为校正前后单位阶跃响应、开环对数频率特性。

图 6-18、图 6-19 中实线对应校正前系统，虚线对应校正后系统。可见，引入相位滞后

校正环节后，静态速度误差系数增大，系统稳定性增加，从原来的不稳定系统变为稳定。但是，由于校正后系统的带宽减小，响应速度较慢。

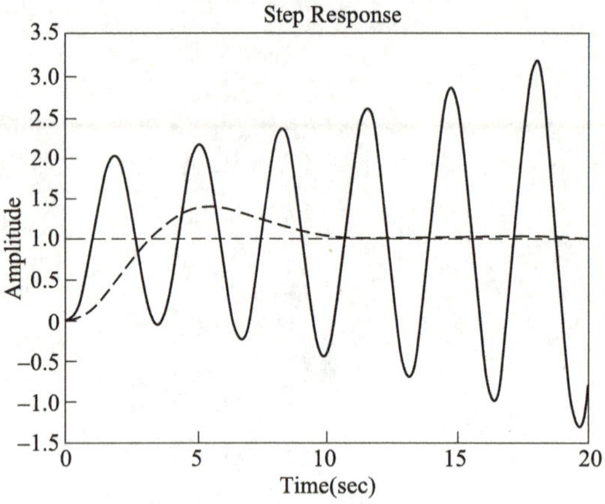

图 6-18　校正前后单位阶跃响应

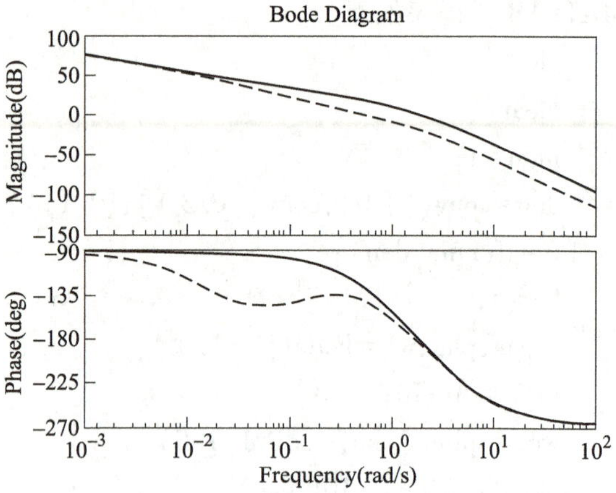

图 6-19　校正前后开环对数频率特性

例 6-6　已知某单位负反馈系统的开环传递函数为 $G(s)=\dfrac{1}{s^3+6s^2+5s}$，试采用比例（P）、比例积分（PI）控制器进行调节并绘制校正后系统的单位阶跃响应曲线。

解： PID 控制器简单易懂，使用中不需要精确的系统模型等先决条件，可以采用试凑法进行参数整定，因而成为应用最广泛的控制器。其中的临界比例法适用于已知对象传递函数的场合。如图 6-20 所示，控制系统在外界干扰作用后，不能恢复到稳定的平衡状态，出现一种既不衰减，也不发散的等幅振荡过程，这样的过渡过程就称为临界振荡过程。

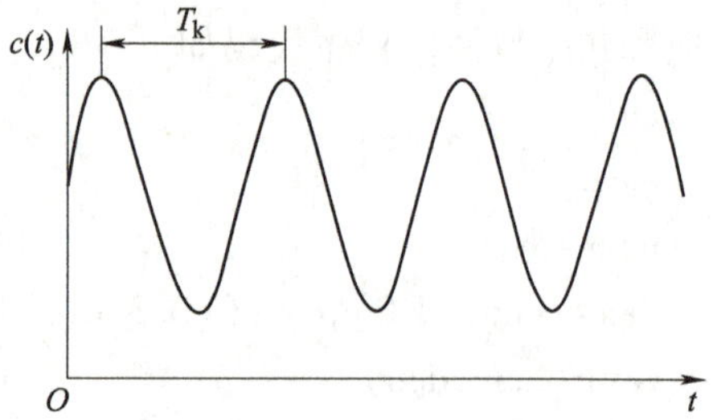

图 6-20　临界振荡过程示意图

采用临界比例法进行整定 PID 参数，首先需要得到临界参数。因此需要在闭环控制系统中，将调节器置于纯比例作用下，由一个适当大值开始，从大到小逐渐改变调节器的比例度，得到类似图 6-20 所示的等幅振荡过渡过程，对应此临界状态时的比例增益，称为临界比例度 δ_k，相邻两个波峰间的时间间隔称为临界振荡周期 T_k。采用临界比例法时，系统产生临界振荡的条件是系统的阶数是 3 阶或 3 阶以上。

临界比例法整定的步骤如下：

1）将校正环节中的积分时间 T_i 设置为最大，微分时间置零，比例增益取适当大值。

2）将比例增益逐渐减小，得到等幅振荡过程，记下临界比例度 δ_k 和临界振荡周期 T_k 的值。

3）根据 δ_k 和 T_k 的值，采用表 6-1 中的经验公式，计算出 PID 校正环节中的各个参数值。

表 6-1　临界比例法整定 PID 控制器参数

控制器类型	比例度 δ_k	积分时间 T_i	微分时间 τ
P	$2\delta_k$	∞	0
PI	$2.2\delta_k$	$0.833T_k$	0
PID	$1.7\delta_k$	$0.50T_k$	$0.125T_k$

按照“先 P 后 I 最后 D”的操作程序可将 PID 控制器整定参数调到对应的计算值上，若还不够满意，可再进一步调整。

临界比例法参数整定的注意事项有：

1）有些过程控制系统，临界比例度 δ_k 很小，调节阀不是全关就是全开，这实际对工业生产是不利的。

2）有的过程控制系统，当控制器比例增益调到最小刻度值时，系统仍然不能产生等幅振荡，对此，可将最小刻度的比例增益的 1/2 作为临界比例度 δ_k 进行控制器参数整定。

对于本例，根据题意，建立如图 6-21 所示的 Simulink 模型。

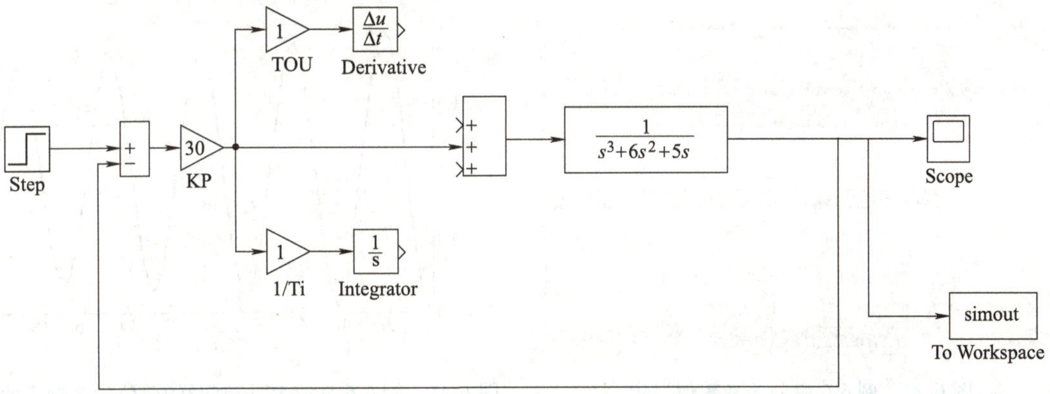

图 6-21　例 6-6 系统 Simulink 模型

因为临界比例法整定的第一步是获取系统的等幅振荡曲线，在 Simulink 中，先把微分器的输出连线、积分器的输出连线都断开。对比例增益 K_p 的值从大到小进行试验，每次仿真结束后，观察示波器的输出，直到输出等幅振荡曲线为止。本例中，当 $K_p = 30$ 时出现等幅振荡即对应的 $\delta_k = 30$，观察输出的振荡周期 $T_k \approx 2.81$，等幅振荡曲线如图 6-22 所示。

根据表 6-1 可知，采用比例控制，这种情况下对应的比例增益 $K_p = 15$，设置仿真模型参数，运行完毕后可以双击输出“Scope”示波器观察波形，或将数据存储到“To Workspace”后，在 MATLAB 命令行窗口调用命令 plot（simout. time，simout. data），输出如图 6-23 所示的结果。此处，simout 为存储到工作空间中的变量名，图 6-23 表示了采用比例（P）控制时系统的单位阶跃响应。

根据表 6-1 可知，PI 控制器整定时，比例增益 $K_p = 13.5$，积分时间常数 $T_k = 2.3417$，如图 6-24 所示，在 Simulink 仿真模型中设置好后，将积分器的输出线连上，仿真运行完毕后，类似 P 控制器，可以获得的运行结果如图 6-25 所示，为采用 PI 控制时系统的单位阶跃响应。

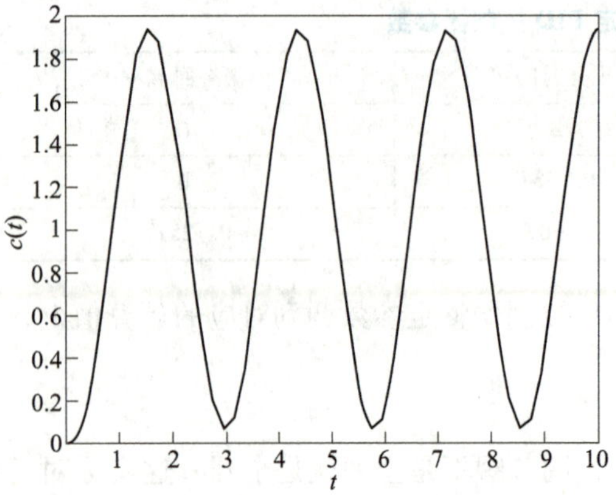

图 6-22 例 6-6 系统等幅振荡曲线

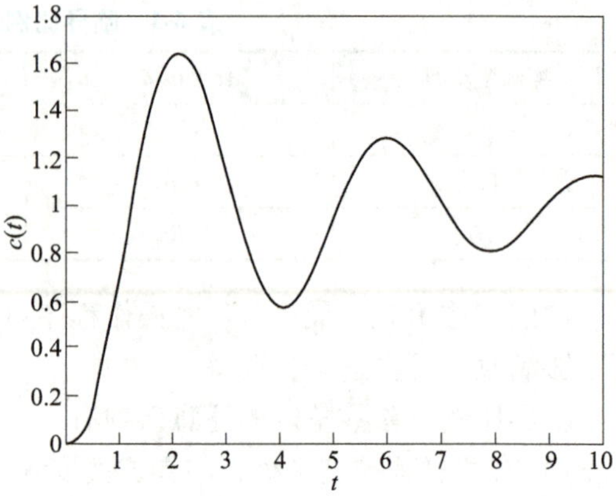

图 6-23 例 6-6 系统 P 控制时的单位阶跃响应曲线

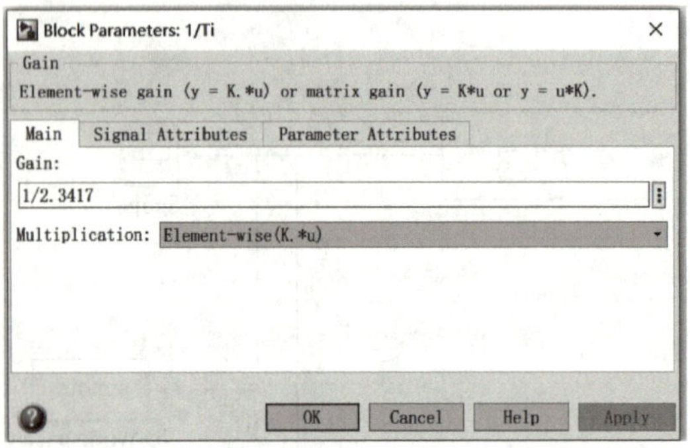

图 6-24 例 6-6 积分器参数值设定

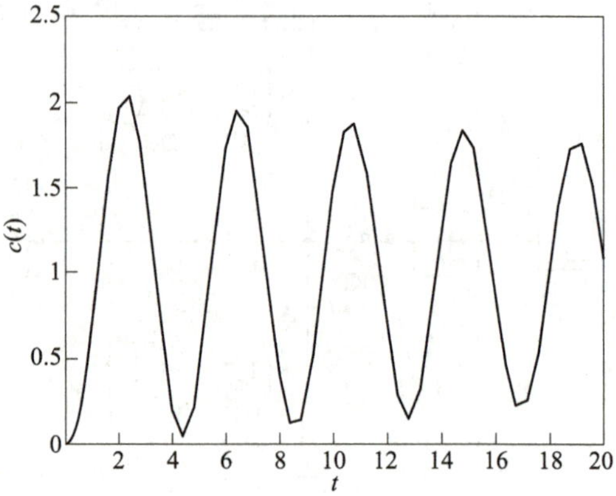

图 6-25 例 6-6 系统 PI 控制时的单位阶跃响应曲线

对比可知，相对于 P 控制，采用临界比例法的 PI 控制其对应的超调量、调节时间等性能指标都不好，这是因为按照经验公式整定的 PID 控制参数具有一定的适用性，并不是最好的，通常需要进行调试。本例中设定比例增益 $K_p = 8$，积分时间常数 $T_k = 9$，仿真运行结果如图 6-26 所示，可见，调整 PI 控制参数后系统的超调量和调整时间都减小了。

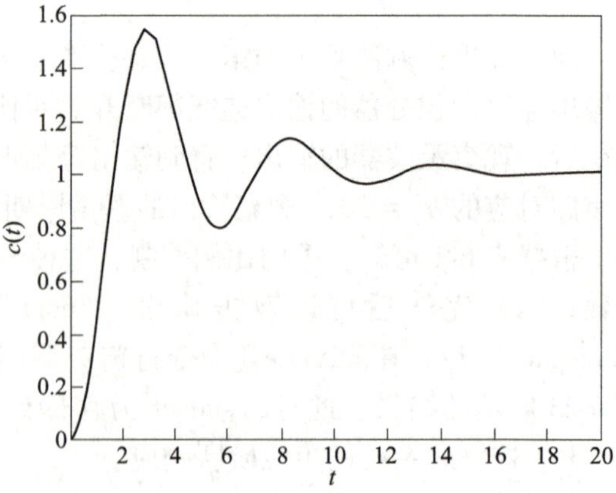

图 6-26 例 6-6 系统 PI 控制时的单位阶跃响应曲线

此外，PID 控制器的三个参数的整定方法与上面 P 控制器、PI 控制器的方式类似，可先采用经验公式粗调，再通过仿真尝试的方式精调以达到获取较好性能指标的目的，此处不再赘述。

通过本例的示范也侧面说明相对做实物实验，仿真模型在经济与时间成本上更为节约和方便，在进行实物实验前可先通过仿真实验进行参数范围的整定、调试，掌握了一定的调试经验后再进行实际测试。

本章小结

线性系统的校正是经典控制理论中最接近生产实际的内容之一，需要校正的控制系统往往来源于实际生产的各个领域。掌握好必要的理论，积累更多的经验才能做好这一创造性的工作。这一章主要介绍了以下几个方面的内容：

1）控制系统校正的本质就是为了满足给定系统的各项性能指标要求，在控制系统中加入一些根据需要可以改变参数的环节，使得控制系统的特性发生变化。校正环节也常常被称为校正装置、控制器等。

2）在串联校正中，根据校正环节对系统开环频率特性相位的影响，可分为相位超前校正、相位滞后校正和相位滞后-超前校正。串联校正根据校正装置本身是否需要电源驱动又可分为无源校正和有源校正。本章主要介绍了各类串联校正环节中的无源校正。

3）相位超前校正具有正的相频特性，可使校正后系统的相角裕度 γ 和剪切频率 ω_c 都增大。ω_c 的增大意味着系统的带宽增加，动态响应变快，但是同时带来高频噪声干扰和抑制能力的减弱。

4）相位滞后校正具有负的相频特性，利用其高频段的衰减特性可使校正后系统的剪切频率 ω_c 减小，进而使得相角裕度 γ 变大，带宽减小，动态响应变慢，但是有利于高频噪声干扰的抑制。

5）相位滞后-超前校正兼具相位超前校正和相位滞后校正两者的优点，使得校正后系统具有足够的相角裕度和较快的动态响应。

6）对于被控对象的数学模型难以建立的实际系统，工程中使用 PID 进行校正是很常见的，其中 PI 能提供负的相频特性，PD 能提供正的相频特性，PID 控制器参数调整方便，适用性好。

思考题

6-1　用频率法设计控制系统的校正环节时，采用串联相位超前校正是利用其具有的________，采用相位滞后校正是利用其具有的________。

6-2　PD 控制器具有正的相频特性，与________校正类似，串联到控制系统中可以提高系统的________和________。

6-3　增大系统的开环增益可能给系统带来哪些性能改善和问题？

6-4　相位滞后校正的相角是滞后的，为什么串联后可以用来改善系统的相角裕度 γ？

6-5　串联相位超前校正为什么可以改善系统的动态特性？

6-6　如图 6-27 所示，试求此有源电路网络的传递函数并绘制伯德图，分析其串联加入控制系统对系统性能有哪些改善。

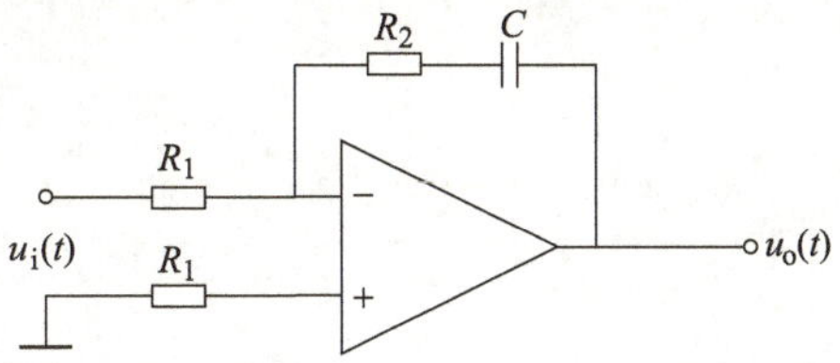

图 6-27　题 6-6 图

6-7 已知单位负反馈系统的开环传递函数为 $G_o(s)=\dfrac{2.5}{s(1+2.5s)}$，校正网络装置的传递函数为 $G_c(s)=\dfrac{1.5s+1}{0.25s+1}$，绘制校正前后系统的对数幅频特性渐近线，并计算校正前后系统的相角裕度。

6-8 已知单位负反馈系统的开环传递函数为 $G_o(s)=\dfrac{4}{s(1+0.1s)(1+0.2s)}$。

（1）试绘制系统对数幅频特性渐近线并求相角裕度 γ。

（2）串联校正环节的传递函数为 $G_c(s)=\dfrac{3.33s+1}{33.3s+1}$，试求校正后系统的剪切频率和相角裕度，并分析校正后系统的性能有哪些改善。

6-9 已知单位负反馈系统的开环传递函数为 $G_o(s)=\dfrac{K}{s(1+0.1s)}$，要求系统的稳态速度误差系数为100，相角裕度 $\gamma>55°$，试确定串联校正环节的传递函数。

6-10 已知单位负反馈系统的开环传递函数为 $G_o(s)=\dfrac{2}{s(1+0.1s)(1+0.25s)}$，用MATLAB设计超前校正，使得系统满足静态速度误差系数为12，相角裕度 $\gamma>45°$。

第 7 章　非线性系统的分析

内容提要： 本章主要研究具有本质非线性特性的非线性系统，主要基于谐波线性化思想给出非线性系统描述函数的基本概念以及采用描述函数法分析非线性系统的稳定性和自持振荡性能。此外，对于相平面法也做了简要的介绍。

7.1　非线性系统的基本概念

前面几章详细讨论了线性定常控制系统的分析和设计问题，但是理想的线性系统在实际中并不存在，组成控制系统的各元件的动态和静态特性都存在着不同程度的非线性。在满足一定运行条件，忽略非线性因素时，可以将非线性系统近似简化为线性系统。但是，当非线性程度严重到难以线性化时，则有必要对这类具有本质非线性特征的非线性系统做专门的介绍。

提醒读者注意的是，与线性系统类似，非线性系统也是真实系统的一种模型，但是由于非线性特性千差万别，目前对于非线性系统还没有一种统一的处理方法。作为非线性系统特例的线性系统，其分析和设计方法在非线性系统中仍然具有非常重要的应用价值和借鉴意义。

控制系统中的某个环节或部件不能用线性方程表示其输入输出关系时，对应地，称这一环节或部件具有非线性。含有一个或一个以上非线性环节或部件的系统，称为非线性系统。

线性系统的运动用线性微分方程描述，其重要特征是满足比例性和叠加性；而对于非线性系统，描述其运动的数学模型为非线性微分方程，因此比例性和叠加性不能应用。非线性系统具有如下若干不同于线性系统的明显特点。

1. 系统的稳定性

依据第 3 章对平衡状态处稳定性的定义可知，对于线性系统只有一个平衡点，且其稳定性仅取决于系统本身的结构与参数，与外界作用和初始条件无关。

对于非线性系统则不同，首先，非线性系统可能存在多个平衡状态。如某非线性系统的微分方程为 $\frac{\mathrm{d}x(t)}{\mathrm{d}t}=x(t)^2-3x(t)+2$，其平衡状态，依据 $\frac{\mathrm{d}x(t)}{\mathrm{d}t}=0$ 可知，理论上有两个平衡状态，$x(t)=1$、$x(t)=2$。

此外，研究表明非线性系统的稳定性不仅仅取决于系统的结构和参数，还与系统的初始状态有关。

例 7-1　已知某非线性系统的微分方程为 $\frac{\mathrm{d}x(t)}{\mathrm{d}t}=x(t)^2-x(t)$，试分析其在不同初始条件下的时间响应特性。

解： 设 $x(t=0)=x_0$ 为系统的初始状态，则对微分方程 $-\frac{\mathrm{d}x(t)}{x(t)(1-x(t))}=\mathrm{d}t$ 两端同时积

分有

$$x(t)=\frac{x_0\mathrm{e}^{-t}}{1-x_0+x_0\mathrm{e}^{-t}}$$

当 $x_0=1$ 时，$x(t)=\frac{x_0\mathrm{e}^{-t}}{1-1+x_0\mathrm{e}^{-t}}=1$，非线性系统的时间响应恒定不变，为常数1。

当 $x_0<1$ 时，$x(t\to\infty)\to\frac{0}{1-x_0+0}\to 0$，非线性系统的时间响应递减，最后衰减到0。

当 $x_0>1$ 时，考察 $1-x_0+x_0\mathrm{e}^{-t}=0$ 可知，在特殊时刻 $t=\ln\frac{x_0}{x_0-1}$，非线性系统的时间响应趋近于无穷大。进一步进行数学分析或利用程序进行数值仿真可知，在 $t<\ln\frac{x_0}{x_0-1}$ 时段，非线性系统的时间响应是递增的。不同初始条件下的时间响应特性曲线示意图如图7-1所示。

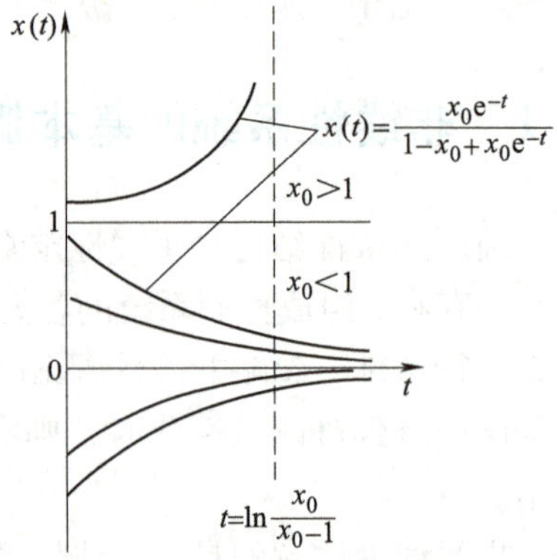

图7-1　例7-1非线性系统在不同初始条件下的时间响应特性曲线

可见，此非线性系统存在两个平衡状态0、1，各平衡状态的稳定性不同，对于平衡状态“1”而言，受到小干扰偏离平衡点，扰动撤销后，系统可能向上趋于无穷大，也可能向下衰减到0，不能恢复到原来的平衡状态，因此是不稳定的。而对于平衡状态“0”而言，在一定范围内存在的小扰动不影响系统稳定性，系统响应最终随着时间的推移，衰减到0。

以上分析表明，非线性系统的稳定性，除了与系统的结构和参数有关外，初始条件的影响也很重要。

2. 系统的自持振荡

线性系统在稳定与不稳定的边界处存在临界稳定，这种情况下会产生周期振荡，但是周期振荡一般不能持久保持。这是因为当系统外界存在阻力、助力，或参数发生变化时，就可能导致参数变化进而使得周期振荡（临界稳定）转化为随时间收敛（稳定）或发散（不稳定）的运动模式。对于非线性系统，甚至在外界没有施加输入信号作用时，系统自身也能够产生具有固定振幅和频率的稳定周期振荡，通常被称为非线性的自持振荡，简称自振。

如图7-2所示正弦振荡电路，系统没有输入信号，其中热敏电阻 R_F 具有负温度系数，利用其非线性，通过合理设计电路参数可以自动稳幅，使得输出 u_o 能够持续、稳定地输出具有一定频率和幅值的正弦信号。

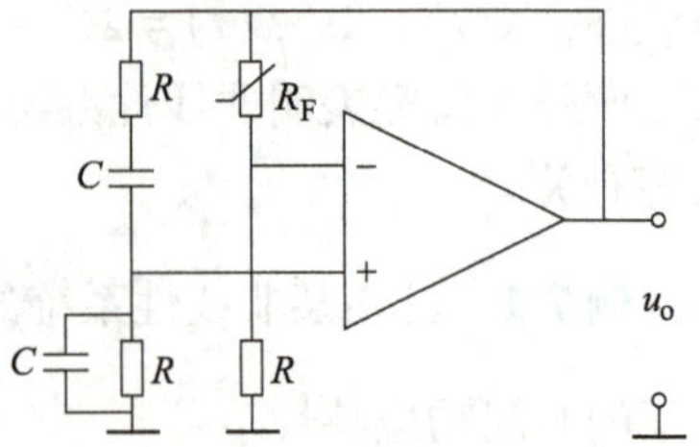

图7-2　非线性振荡电路

3. 非线性畸变

由第5章线性系统的频域分析部分的内容可知，对于线性系统，输入正弦信号，输出的稳态分量是同频率的正弦信号，其幅值和相位是输入信号频率 ω 的函数。而对于非线性系统，输入正弦信号，输出的频率响应可能是同频率的非正弦周期信号。通过信号分解，进一步可以发现输出信号除了包含与输入同频率的正弦信号外，还可能含高次谐波分量，这使得非线性系统输出波形发生了畸变。

4. 分形与混沌

分形与混沌理论属于当前非线性研究领域中较为活跃的学科分支。分形可以被理解为一个粗糙或零碎的几何形状，能够分成数个部分，且每一部分都可以近似地是整体缩小后的形状，即具有自相似的性质；混沌则是指以不规则的非周期方式持续演化的一种运动模式。进一步可以认为混沌是时间上的分形，而分形是空间上的混沌，它们都是非线性方程所描述的非平衡过程和递归迭代的结果。

由于非线性系统的复杂性和特殊性，受数学工具的限制，一般情况下很难直接求得描述非线性系统的非线性微分方程的解析解，在工程上常采用一些实用的近似方法进行分析与设计。除了本章后续会详细介绍的描述函数法、相平面法外，逆系统法在分析和设计非线性系统方面具有独特的视角。其运用闭环非线性反馈控制构成伪线性系统，有效地规避了一些数学处理上的难题，已经成为非线性控制系统研究的一个发展方向。

7.2　常见典型非线性特性

在多数情况下，由于非线性特性的存在会对系统的正常工作带来不利的影响。但是有时也存在为了改善系统的性能或简化控制，人为有意地引入非线性特性到控制系统中。如夏季室内空调运行采用砰砰控制（bang-bang control），当室内温度高于设定值则启动制冷降温，低于设定温度则停止工作，这种简单的非线性开关设计适用于对控制精度要求不高的应用场合。

实际控制系统中常见的典型非线性特性主要有死区、饱和、间隙和继电器特性等。本节对其进行简要介绍。

1. 死区特性

死区，又称不灵敏区，常见于一些测量、转换部件和执行机构中。如图 7-3 所示，x 表示输入，y 表示输出，a 表示阈值，在输入信号很小时输出为零，只有输入信号大于死区范围时，才输出有用信号。

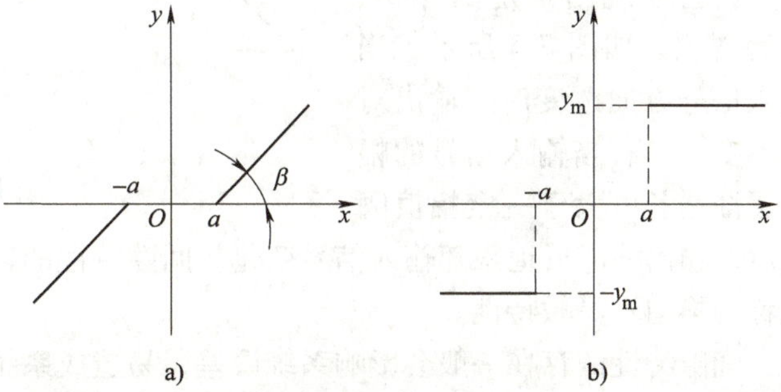

图 7-3　死区特性

若控制系统在检测环节存在测量死区，则由于检测不到偏差的存在，系统误以为调控达标，会对稳态精度提高不利。同时，由于死区的存在，也能滤除一些具有小幅度振荡干扰信号的输入，进而提高系统的抗干扰能力。死区非线性可以采用分段函数进行描述，对图 7-3a 有

$$y(t)=\begin{cases}0 & |x(t)|\leqslant a\\ \tan\beta[x(t)-a\,\mathrm{sgn}x(t)] & |x(t)|>a\end{cases} \tag{7-1}$$

式中，sgn 为符号函数，当 $x(t)>0$ 时，$\mathrm{sgn}x(t)=1$，而当 $x(t)<0$ 时，$\mathrm{sgn}x(t)=-1$。

图 7-3b 的特点是输出值大于死区阈值后，输出为一恒定值，其数学描述为

$$y(t)=\begin{cases}0 & |x(t)|\leqslant a\\ y_m\mathrm{sgn}x(t) & |x(t)|>a\end{cases} \tag{7-2}$$

2. 饱和特性

常用的运算放大器在输入大信号时进入饱和，类似地，执行机构或元件由于功率的限制，也同样存在饱和现象，如采用伺服电动机作为执行机构，其转速先是随着控制电压的增大而线性增大，当电压超过一定数值时，转速增高缓慢且逐渐逼近一个常值。

如图 7-4 所示，具有饱和特性的机构或元件进入饱和后，输出保持为一个恒定常值不变，与输入不再具有线性关系。此时，饱和特性的等效增益相应地降低，这是由输入信号增大，而输出信号超出阈值后就保持不变导致的。

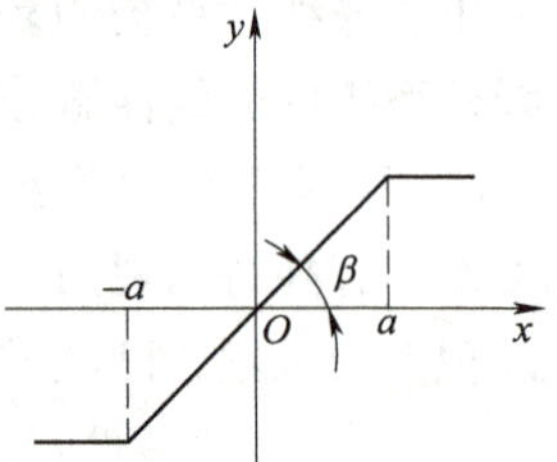

图 7-4　饱和特性

在实际应用中有时也有意通过设置饱和特性来对执行机构的最大输出进行限制，以保证装置的安全运行。饱和非线性特性可以采用分段函数来进行描述。

$$y(t)=\begin{cases}\tan\beta\cdot x(t) & |x(t)|\leqslant a\\ \tan\beta\cdot a\,\mathrm{sgn}x(t) & |x(t)|>a\end{cases} \tag{7-3}$$

3. 间隙特性

间隙又称回环，在齿轮等传动机构中为了保障其能灵活转动、不会卡死，齿轮之间是必须要留有少量间隙的。当主动轮和从动轮发生方向变换时，就会表现出一定的停顿、滞后现象。如图 7-5 所示，当输入信号方向改变时，输出对应不变，只有当输入信号的幅值逐渐增长，大于一定幅值阈值后，输出才滞后地跟随输入信号变化。间隙特性的输入-输出曲线呈现有闭合环路的特点，又称为换向不灵敏特性。

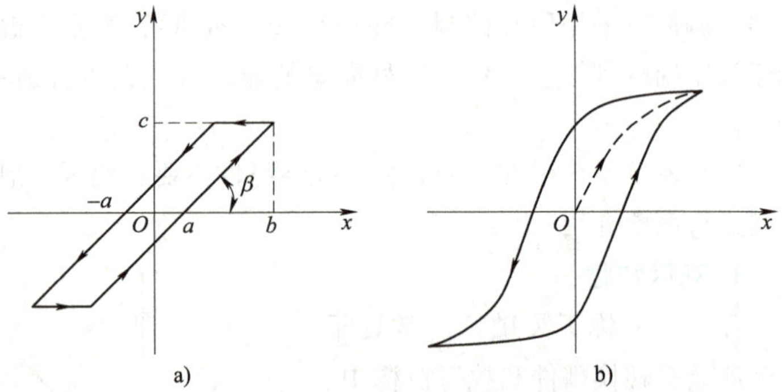

图 7-5　间隙特性

间隙特性的存在一般会影响系统误差，易造成系统不稳定甚至产生自持振荡，对系统的影响较为复杂。图 7-5a 为典型间隙特性，其数学描述为

$$y(t)=\begin{cases}\tan\beta[x(t)-a] & \dot{y}(t)>0\\ \tan\beta[x(t)+a] & \dot{y}(t)<0\\ c\,\mathrm{sgn}x(t) & \dot{y}(t)=0\end{cases} \tag{7-4}$$

图 7-5b 为铁磁元件中的磁滞曲线，也具有间隙特性。

4. 继电器特性

继电器、接触器和一些电力电子开关器件通常表现为继电器特性，继电器特性相对复杂，本质上包含了死区、饱和及间隙特性，输入和输出之间的关系不完全是单值的。

图 7-6a 所示为理想的继电器特性，这种情况下继电器的吸合和释放电压均为零值切换，可以看作是一类特殊的饱和特性。图 7-6b 所示为死区继电器特性。图 7-6c 所示为滞环继电器特性。

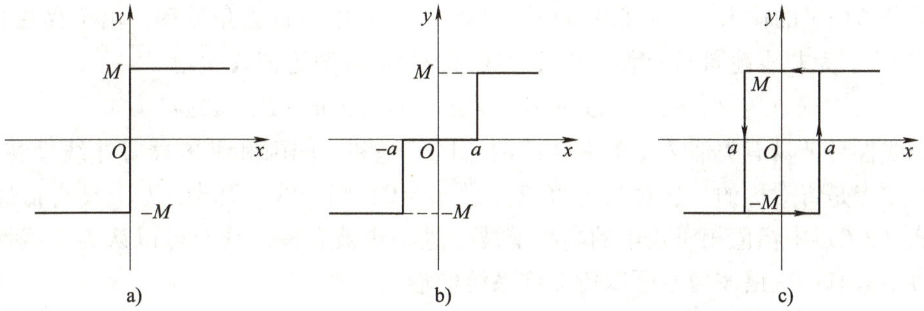

图 7-6　几类特殊的继电器特性

图 7-7 所示为同时具有死区和滞环特性的一类更为常用的典型继电器特性。

典型继电器的数学描述为

$$y(t)=\begin{cases}0 & -ma<x(t)<a, & \dot{x}(t)>0\\ 0 & -a<x(t)<ma, & \dot{x}(t)<0\\ M\mathrm{sgn}x(t) & |x(t)|\geqslant a & \\ M & x(t)\geqslant ma, & \dot{x}(t)<0\\ -M & x(t)\leqslant -ma, & \dot{x}(t)>0\end{cases} \tag{7-5}$$

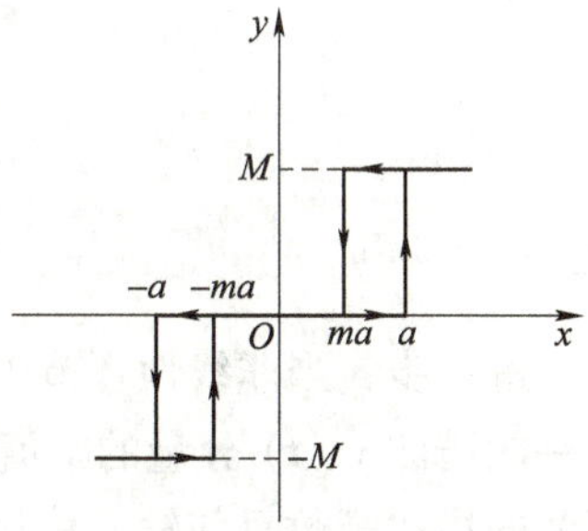

图 7-7　典型继电器特性

易知，当 $a=0$ 时，典型继电器对应的是理想继电器特性；当 $m=1$ 时，典型继电器对应的是死区继电器特性；当 $m=-1$ 时，典型继电器对应的是滞环继电器特性。

7.3　描述函数法

对于非线性系统，输入正弦信号，输出的频率响应可能是一个含有高次谐波的非正弦周期信号。在系统满足一定的假设条件时，输出信号可用周期信号中的一次谐波分量近似等效，由此引出类似第 5 章线性系统频率特性的概念——非线性环节的等效频率特性，这就是本节将要介绍的描述函数的主旨近似思想。

7.3.1　描述函数的基本概念

描述函数是分析非线性系统的一种近似方法。它是线性系统理论中频率特性法在一定假设条件下，在非线性系统中的应用。它主要用于分析非线性系统的稳定性及确定非线性系统在正弦函数作用下的输出特性。

非线性控制系统的典型结构如图 7-8 所示，应用描述函数对非线性系统进行分析时，需要注意对系统结构、非线性环节特性和线性环节特性都是有要求的。

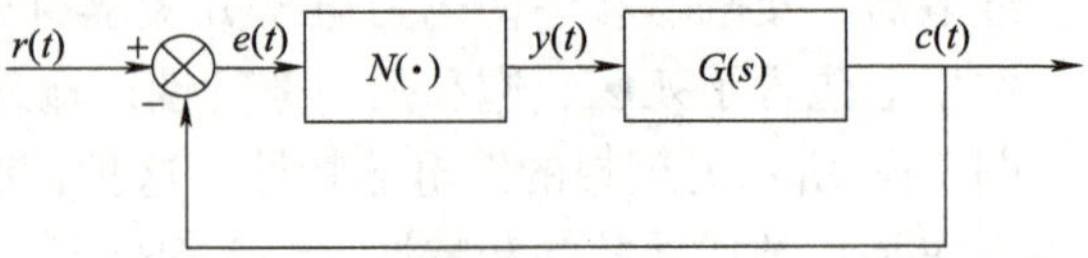

图 7-8 非线性控制系统的典型结构

在图 7-8 中线性环节用 $G(s)$ 表示，若非线性环节 $N(\cdot)$ 的输入为正弦信号 $e(t)=X\sin\omega t$，其中的 ω 为角频率，由于存在非线性畸变，输出 $y(t)$ 为非线性周期函数，其可以通过傅里叶级数近似表达为

$$y(t)\approx A_0+A_1\sin\omega t+B_1\cos\omega t+A_2\sin2\omega t+B_2\cos2\omega t+\cdots \tag{7-6}$$

若非线性环节具有类似 7.2 节中介绍的死区、饱和、间隙和继电器等非线性特性，即，关于坐标原点是奇对称的，且对应的直流分量 $A_0=0$，则当线性环节 $G(s)$ 具有低通滤波特性时，式（7-6）中幅值相对较小的高次谐波会进一步被衰减，从而可以认为非线性环节的输出信号中只有一次谐波信号可以传递到系统的输出，即

$$y_1(t)=A_1\sin\omega t+B_1\cos\omega t=Y_1\sin(\omega t+\varphi_1) \tag{7-7}$$

式中，$Y_1=\sqrt{A_1^2+B_1^2}$；$\varphi_1=\arctan\dfrac{B_1}{A_1}$。式中傅里叶系数计算式为

$$\begin{cases}A_1=\dfrac{1}{\pi}\displaystyle\int_0^{2\pi}y\sin\omega t\,\mathrm{d}(\omega t)\\[2ex] B_1=\dfrac{1}{\pi}\displaystyle\int_0^{2\pi}y\cos\omega t\,\mathrm{d}(\omega t)\end{cases} \tag{7-8}$$

进一步，当非线性环节中不含有储能元件，也就是非线性环节的特性与时间无关时，输出一次谐波 $y_1(t)$ 分量的幅值和相角与角频率 ω 无关。此时，定义经过近似线性化的非线性环节的描述函数只与输入信号的幅值 X 有关，其数学描述为

$$N(X)=\frac{Y_1}{X}\angle\varphi_1=\frac{1}{X}(A_1+\mathrm{j}B_1) \tag{7-9}$$

可见，非线性环节描述函数 $N(X)$ 表示非线性环节输出的一次谐波分量对输入正弦信号的复数比，与线性环节的频率特性类似。因此，非线性系统在满足使用描述函数的条件后，就可以利用类似线性系统的频率特性法对其进行分析。

当非线性环节具有单值特性时，相应的描述函数 $N(X)$ 为一实数，表示输出信号的一次谐波与输入正弦信号是相同的；当非线性环节为非单值特性时，相应的描述函数 $N(X)$ 为一复数，表示输出信号的一次谐波与输入正弦信号是存在相位移的。

注意：线性系统的频率特性与输入正弦信号的幅值无关，而典型非线性环节的描述函数却是输入信号幅值 X 的函数，一般情况下与输入频率 ω 无关。在应用描述函数法分析非线性系统时，需要体会这种区别。

7.3.2 常见非线性特性的描述函数

在应用描述函数进行非线性系统分析之前，接下来先需要了解如何进行描述函数的求取问题。

由式（7-8）、式（7-9）可知，对于非线性环节，给定输入正弦信号 $e(t)=X\sin\omega t$，输出一次谐波中的幅值信息 A_1、B_1 计算正确后，就很容易求得对应的描述函数。由 A_1、B_1 的计算公式可知，其计算与非线性特性输出 $y(t)$ 密切相关。由 7.2 节可知，非线性环节输出 $y(t)$ 具有线性分段的特点，因此计算系数 A_1、B_1 过程中注意需采用分段积分的方式进行。

本节针对两种常见非线性特性，介绍描述函数的计算、求取方法。

1. 死区特性

如图 7-9 所示，为了方便分析经过死区特性后的输出信号 $y(t)$、输入正弦信号 $x(t)=X\sin\omega t$ 与具体死区非线性环节间的关系，这里对坐标系进行了相应的旋转后再匹配摆放。读者研读输入信号 $x(t)=X\sin\omega t$ 与死区非线性环节的映射关系时可按照以往的阅读习惯选择自行旋转至合适的方位。

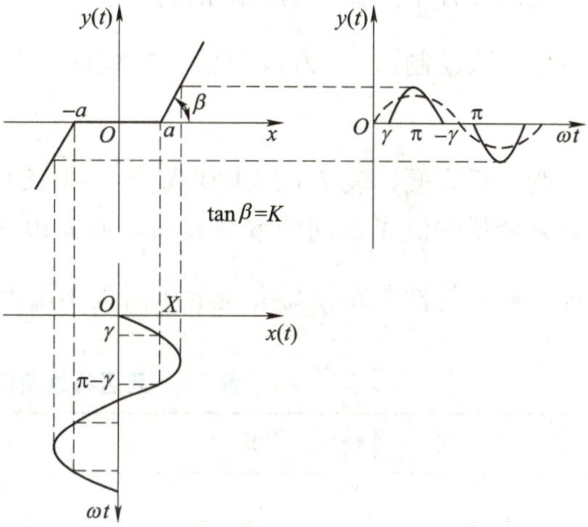

图 7-9　正弦输入下死区特性的输入-输出信号

易知，当输入信号 $x(t)=X\sin\omega t$ 的最大幅值满足 $X\leqslant a$（a 表示死区特性的阈值）时，死区环节输出 $y(t)$ 为零。考察 $[0,\pi]$ 这半个周期，当输入信号的最大幅值满足 $X>a$ 时，死区环节输出 $y(t)\neq 0$。此外，临界点处 $X\sin\gamma=X\sin(\pi-\gamma)=a$，则输入信号经过具有死区特性的非线性环节后输出 $y(t)$ 表达式为

$$y(t)=\begin{cases}0 & 0<\omega t<\gamma\\ K[X\sin\omega t-a] & \gamma<\omega t<\pi-\gamma\\ 0 & \pi-\gamma<\omega t<\pi\end{cases}\tag{7-10}$$

$$\begin{cases}A_1=\dfrac{1}{\pi}\displaystyle\int_0^{2\pi}y\sin\omega t\mathrm{d}(\omega t)=\dfrac{4}{\pi}\int_{\gamma}^{\frac{\pi}{2}}K[X(\sin\omega t-\gamma)]\sin\omega t\mathrm{d}(\omega t)=KX\left[1-\dfrac{2}{\pi}(\gamma+\sin\gamma\cos\gamma)\right]\\ B_1=\dfrac{1}{\pi}\displaystyle\int_0^{2\pi}y\cos\omega t\mathrm{d}(\omega t)=0\end{cases}$$

由于 $\gamma=\arcsin\dfrac{a}{X}$，由式（7-9）可得 $Y_1=A_1=KX\left[1-\dfrac{2}{\pi}\left(\arcsin\dfrac{a}{X}+\dfrac{a}{X}\sqrt{1-\left(\dfrac{a}{X}\right)^2}\right)\right]$、$\varphi_1=\arctan\dfrac{B_1}{A_1}=0°$。进一步，可求得死区特性的描述函数为

$$N(X)=\frac{Y_1}{X}=K\left[1-\frac{2}{\pi}\left(\arcsin\frac{a}{X}+\frac{a}{X}\sqrt{1-\left(\frac{a}{X}\right)^2}\right)\right]\quad X>a\tag{7-11}$$

可见，对于死区特性，其描述函数仅与输入幅值 X 相关，当 $\dfrac{a}{X}\to 0$ 时，即相对某个确定的输入信号幅值 X，死区特性的阈值 a 趋近于零，则 $N(X)\to K$。在这种情况下，描述函数

近似等效为线性比例特性，其增益为 K，死区的影响可以忽略不计。显然，只有$\frac{a}{X}$为非零值时研究死区非线性环节才有意义。

实际应用中常将描述函数看作$\frac{a}{X}$的函数。分析非线性系统稳定性与自持振荡时，为了与线性部分配合使用线性理论的一些结论，经常用到负倒描述函数 $-\frac{1}{N(X)}$。与频率特性类似，应用过程中需要绘制负倒描述函数的幅相特性曲线，通常也是采用取点、列表、计算和描点的方式绘制以 $\frac{a}{X}$ 为自变量、非线性环节负倒描述函数 $-\frac{1}{N(X)}$ 为因变量的幅相特性曲线。

为分析方便，表 7-1 列出在阈值 $a=1$ 条件下，死区特性的负倒描述函数的幅值、相位与输入变量幅值 X 之间的数值关系。图 7-10 为据此绘制的死区特性的负倒描述函数在复数 s 平面的幅相特性曲线，箭头表示随幅值 X 增大，$-\frac{1}{N(X)}$ 的变化方向。

表 7-1　死区特性负倒描述函数的幅相特性

X	1	3	6	10
$\left\lvert -\frac{1}{N(X)} \right\rvert$	$+\infty$	$\frac{1.71}{K}$	$\frac{1.27}{K}$	$\frac{1.14}{K}$
$\varphi_1(X)$	-180°	-180°	-180°	-180°

2. 饱和特性

如图 7-11 所示，为正弦输入下饱和特性的输入-输出信号间的对应关系图。

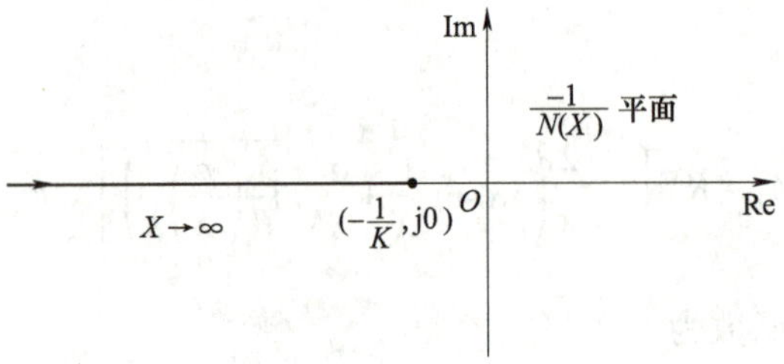

图 7-10　死区特性的负倒描述函数幅相曲线

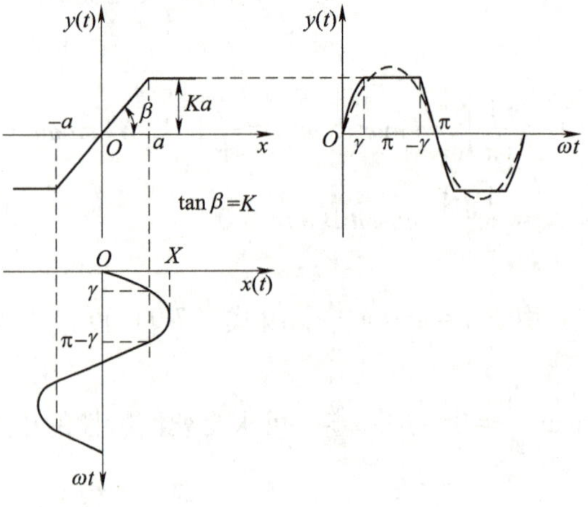

图 7-11　正弦输入下饱和特性的输入-输出信号间的对应关系图

可见，当输入信号的最大幅值满足 $X\leqslant a$，信号仅在饱和特性的线性部分运动，此时环节仅显示线性特征，相当于一个比例环节，比例系数 $K=\tan\beta$。当输入信号的最大幅值满足

$X>\alpha$ 时，呈现非线性特性，临界处成立 $X\sin\gamma = X\sin(\pi-\gamma)=a$，则输入信号经过具有饱和特性的非线性环节后输出 $y(t)$ 的表达式为

$$y(t)=\begin{cases} KX\sin\omega t & 0<\omega t<\gamma \\ Ka & \gamma<\omega t<(\pi-\gamma) \\ KX\sin\omega t & (\pi-\gamma)<\omega t<\pi \end{cases} \tag{7-12}$$

$$\begin{cases} A_1 = \dfrac{1}{\pi}\displaystyle\int_0^{2\pi} y\sin\omega t\mathrm{d}(\omega t) = \dfrac{4}{\pi}\left[\int_0^{\gamma} KX\sin\omega t\sin\omega t\mathrm{d}(\omega t) + \int_{\gamma}^{\frac{\pi}{2}} K\alpha\sin\omega t\mathrm{d}(\omega t)\right] \\ \quad = KX\dfrac{2}{\pi}\left[\arcsin\dfrac{a}{X} + \dfrac{a}{X}\sqrt{1-\left(\dfrac{a}{X}\right)^2}\right] \\ B_1 = \dfrac{1}{\pi}\displaystyle\int_0^{2\pi} y\cos\omega t\mathrm{d}(\omega t) = 0 \end{cases}$$

$Y_1 = A_1 = KX\dfrac{2}{\pi}\left[\arcsin\dfrac{a}{X} + \dfrac{a}{X}\sqrt{1-\left(\dfrac{a}{X}\right)^2}\right]$、$\varphi_1 = \arctan\dfrac{B_1}{A_1} = 0°$。进一步，可求得饱和特性的描述函数为

$$N(X) = \frac{Y_1}{X} = K\frac{2}{\pi}\left[\arcsin\frac{a}{X} + \frac{a}{X}\sqrt{1-\left(\frac{a}{X}\right)^2}\right] \quad X>a \tag{7-13}$$

可见，对于饱和特性，其描述函数仅与输入幅值 X 相关，实际应用中常将描述函数看作$\dfrac{a}{X}$的函数。当$\dfrac{a}{X}\to 0$ 时，$N(X)\to 0$。当$\dfrac{a}{X}\to 1$ 时，$N(X)\to K$，因为这时系统是线性系统。

为分析方便，表 7-2 列出在阈值 $a=1$ 条件下，饱和特性的负倒描述函数的幅值、相位与变量 X 之间的数值关系。图 7-12 为据此绘制的饱和特性负倒描述函数在复数 s 平面的幅相特性曲线，箭头表示随幅值 X 增大，$-\dfrac{1}{N(X)}$ 的变化方向。

表 7-2　饱和特性负倒描述函数的幅相特性

X	1	3	6	10
$\left\|-\dfrac{1}{N(X)}\right\|$	1	$\dfrac{1.64}{K}$	$\dfrac{4.73}{K}$	$\dfrac{7.87}{K}$
$\varphi_1(X)$	−180°	−180°	−180°	−180°

间隙特性、继电器特性等非线性的描述函数及负倒描述函数幅相曲线可以按类似的方法和步骤进行求取、绘制。只不过，对于一些复杂的非线性特性，其描述函数中 B_1 通常不为零，因此，对应的相角 $\varphi_1\neq 0$。进而，描述函数相对复杂、负倒描述函数幅相特性曲线也不再是简单的直线型，此处不再赘述。

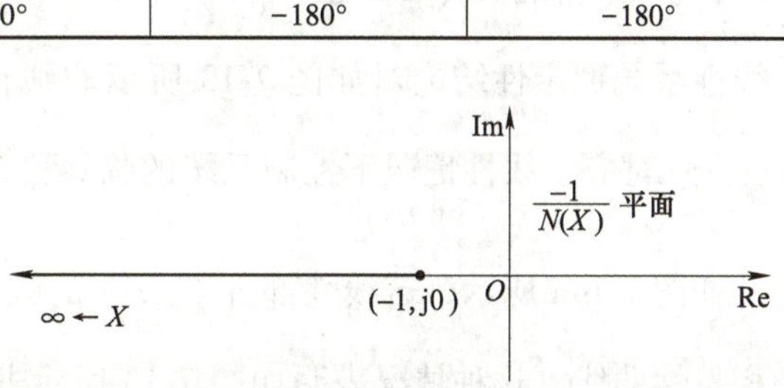

图 7-12　饱和特性的负倒描述函数幅相曲线

此外，当非线性系统的特性很复杂，不便于用解析形式来表达时，在条件许可时也可以采用实验的方法测量描述函数。即给非线性环节输入一个正弦信号，逐步改变输入信号的幅

值及频率，测出输出量中基波的振幅与相位，就可以换算出描述函数。使用频率特性测试仪，直接可以给出描述函数 $N(X)$ 的数字结果。

7.3.3 描述函数法分析非线性系统

由于描述函数反映的是非线性环节的周期运动特性，因此主要用来分析在无外界作用的情况下，非线性系统的稳定性和自持振荡问题。

假设满足应用条件，非线性环节可用等效的描述函数 $N(X)$ 表示，则可以应用描述函数法表示的非线性控制系统结构如图 7-13 所示。

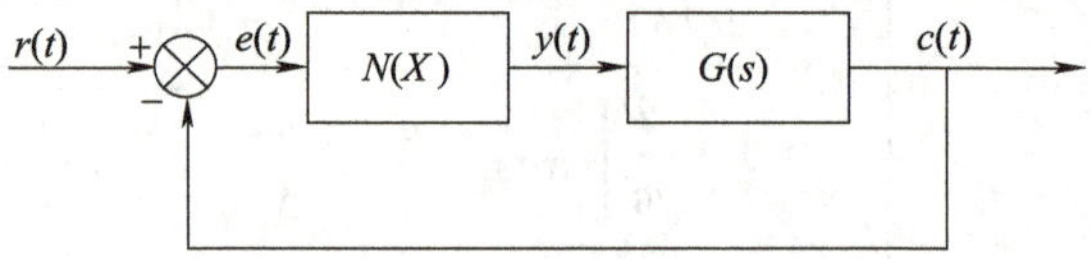

图 7-13 非线性控制系统结构图

由于系统中的非线性特性已经通过近似线性化处理后，等效为一个线性环节，因此可以借鉴线性系统理论的频率域稳定判据，对非线性系统的稳定性进行分析、判断。

在 $N(X)=1$ 时，如图 7-13 所示非线性系统退化为线性系统，若线性部分的开环传递函数 $G(s)$ 所有极点均位于复数 s 平面的左半部，则 $P=0$。开环频率特性 $G(\mathrm{j}\omega)$ 与闭环特征方程之间满足等式 $1+G(\mathrm{j}\omega)=0$，进而有

$$G(\mathrm{j}\omega)=-1=-1+\mathrm{j}0 \tag{7-14}$$

由奈奎斯特稳定判据可知，当 $G(\mathrm{j}\omega)$ 的幅相特性曲线 Γ_G 不包围（−1，j0）点，则 $N=0$。进一步有 $Z=P-N=0$，表明系统闭环稳定；当 $G(\mathrm{j}\omega)$ 的幅相特性曲线 Γ_G 包围（−1，j0）点，则 $N\neq0$。进一步分析有 $Z=P-N\neq0$，表明系统闭环不稳定；当 $G(\mathrm{j}\omega)$ 的幅相特性曲线 Γ_G 经过（−1，j0），则表明闭环控制系统处于临界稳定状态。

在 $N(X)\neq1$ 时进行类似的分析，由 $1+N(X)G(\mathrm{j}\omega)=0$ 可知

$$G(\mathrm{j}\omega)=-\frac{1}{N(X)} \tag{7-15}$$

式中，$G(\mathrm{j}\omega)$ 为控制系统线性部分的开环频率特性；$-\dfrac{1}{N(X)}$ 为非线性部分的负倒描述函数。下面分析如何依据 $G(\mathrm{j}\omega)$ 与 $-\dfrac{1}{N(X)}$ 在同一复数平面上的幅相特性曲线的相对位置关系，推广线性系统稳定性结论对如图 7-13 所示非线性控制系统的稳定性进行分析。这种情况下，$-\dfrac{1}{N(X)}$ 对应于线性情况下控制系统的临界稳定边界（−1，j0）。

如图 7-14a 所示，若线性部分 $G(\mathrm{j}\omega)$ 的幅相特性曲线 Γ_G 不包围非线性部分的 $-\dfrac{1}{N(X)}$ 幅相特性曲线，这种情况表明如图 7-13 所示非线性控制系统稳定。受小干扰作用，扰动撤销后，非线性系统的输出信号幅值将随时间不断衰减。

如图 7-14b 所示，若线性部分 $G(\mathrm{j}\omega)$ 的幅相特性曲线 Γ_G 包围非线性部分的 $-\dfrac{1}{N(X)}$ 幅相特性曲线，这种情况表明如图 7-13 所示非线性控制系统不稳定。受小干扰作用，扰动撤销后，非线性系统的输出信号幅值将随时间不断增大。

如图 7-14c 所示，若线性部分 $G(\mathrm{j}\omega)$ 的幅相特性曲线 Γ_G 与非线性部分的 $-\dfrac{1}{N(X)}$ 幅相特性曲线相交，则这种情况表明如图 7-13 所示非线性控制系统可能产生持续、稳定的振荡，即自持振荡。严格地说这种自持振荡一般不是正弦的，但是可以用一个正弦振荡来近似。需要强调的是并非所有的交点处都会产生自持振荡，需要依据稳定性定义，具体分析在交点处系统受到扰动后，可否恢复到原来的平衡状态。

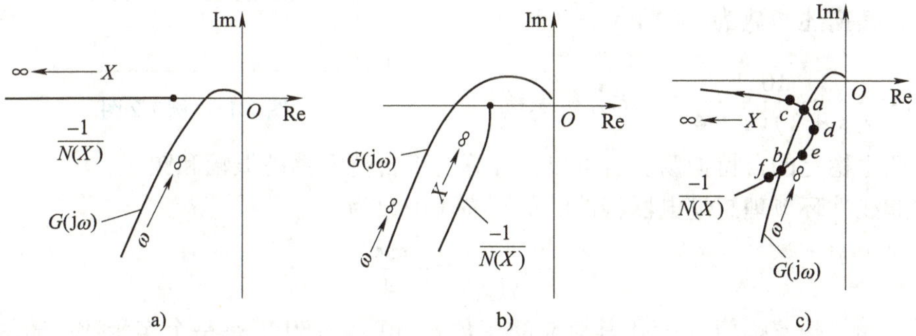

图 7-14　描述函数法分析非线性系统的稳定性

考察外界小扰动作用使得系统偏离交点所处的平衡状态，在扰动消失后，若系统经过一段时间的调整可以恢复到该交点，则表明系统具有恢复原周期运动的能力，对应地称这种稳定的周期振荡为自持振荡。自持振荡的幅值为交点处 $-\dfrac{1}{N(X)}$ 对应的幅值 X，自持振荡的频率为交点处 $G(\mathrm{j}\omega)$ 对应的频率 ω。

对于如图 7-14c 所示系统，线性部分 $G(\mathrm{j}\omega)$ 和非线性部分 $-\dfrac{1}{N(X)}$ 的幅相特性曲线有两个交点 a 和 b。对于 a 点，假设受到某种干扰作用，使得其振幅减小，则沿 $-\dfrac{1}{N(X)}$ 曲线对应移动到 d 点方向。此种情况下由于线性部分 $G(\mathrm{j}\omega)$ 包围 d 点，系统是不稳定的，振幅 X 将随时间不断增大，即会沿着 X 增大方向运动直至达到 a 点对应的振幅，表明这种情况下非线性控制系统可以自动地恢复到交点 a 所表示的平衡状态。反之，对于 a 点，假设受到某种干扰作用，使得其振幅 X 增大，则沿 $-\dfrac{1}{N(X)}$ 曲线对应移动到 c 点。由于线性部分 $G(\mathrm{j}\omega)$ 不包围 c 点，系统是稳定的，振幅 X 将随时间不断减小，直至达到 a 点对应的振幅，表明这种情况下非线性控制系统也可以自动地恢复到 a 点。综上所述，交点 a 对应的周期振荡是稳定的，即受到外界扰动后依然能够保持恒定的振荡幅值和频率，为稳定的自持振荡。

对于 b 点，假设受到某种干扰作用，使得其振幅减小，则沿 $-\dfrac{1}{N(X)}$ 曲线对应移动到 f 点。由于线性部分 $G(\mathrm{j}\omega)$ 不包围 f 点，系统是不稳定的，振幅 X 将随时间不断增大，这种情况下非线性控制系统会沿着 X 减小的方向运动，进一步远离 b 点。反之，对于 b 点，假设受到某种干扰作用，使得其振幅增大，则沿 $-\dfrac{1}{N(X)}$ 曲线对应移动到 e 点。由于线性部分

$G(j\omega)$ 包围 e 点，系统是不稳定的，振幅 X 将随时间不断增大，即沿着 $-\dfrac{1}{N(X)}$ 曲线经过 d 点，最后运动到 a 点，而不会恢复到 b 点。综上所述，交点 b 对应的周期振荡是不稳定的，受到扰动后不可能恢复到原有的振幅和频率。

例 7-2 已知非线性控制系统结构图如图 7-15 所示，图中非线性环节具有理想继电器特性，其描述函数为 $N(X)=\dfrac{4M}{\pi X}(M=1)$，$G(s)=\dfrac{10}{s(s+1)(s+4)}$。试分析系统是否可以产生稳定的自持振荡。若可以，计算对应自持振荡的振幅和频率。

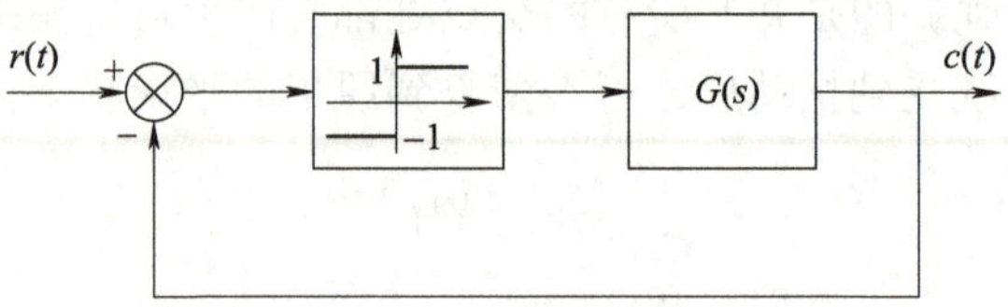

图 7-15 例 7-2 图

解： 非线性环节理想继电器特性的负倒描述函数为

$$-\frac{1}{N(X)}=-\frac{\pi X}{4}$$

分析可知，随着幅值 X 变化其对应的相角 φ_1 恒为$-180°$，是一个实函数。若 $X\to 0$，则 $-\dfrac{1}{N(0)}\to 0$。若 $X\to\infty$，则 $-\dfrac{1}{N(\infty)}\to-\infty$。因此，$-\dfrac{1}{N(X)}$ 的幅相特性曲线为负实轴。

线性部分的频率特性为

$$\begin{cases}A(\omega)=\dfrac{10}{\omega\sqrt{\omega^2+1}\sqrt{\omega^2+4^2}}\\ \varphi(\omega)=-90°-\arctan\omega-\arctan\dfrac{\omega}{4}\end{cases}$$

依据此表达式采用列表、取点、计算和描点后绘制线性部分的幅相特性曲线，则图 7-16 所示为例 7-2 非线性系统的幅相特性图。

$G(j\omega)$ 曲线与 $-\dfrac{1}{N(X)}$ 曲线在负实轴处相交，假设外界小扰动作用使得系统偏离交点，到 $G(j\omega)$ 曲线包围的内部，则系统在此区域是不稳定的，振幅将随时间沿 X 增大的方向运动，会恢复到原交点；反之，受到扰动后到 $G(j\omega)$ 曲线包围的外部，则系统在此区域是稳定的，振幅将随时间沿 X 减小的方向运动，也会恢复到原交点。

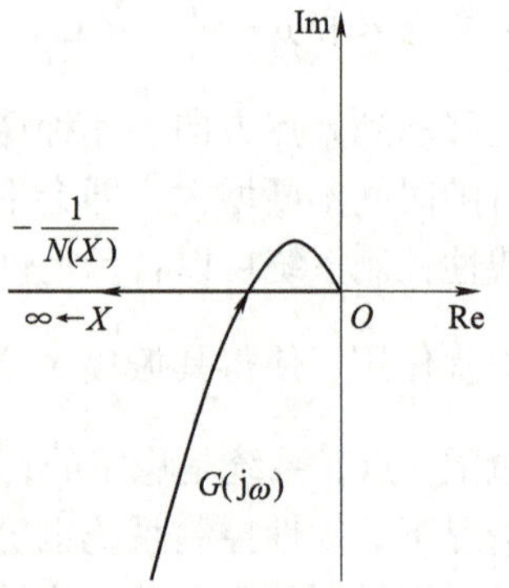

图 7-16 例 7-2 非线性系统的幅相特性图

曲线交点对应的相角为$-180°$，则频率 ω 满足相角条件

$$-90°-\arctan\omega-\arctan\frac{\omega}{4}=-180°$$

$$\Rightarrow\arctan\omega+\arctan\frac{\omega}{4}=\arctan\frac{\frac{5\omega}{4}}{1-\frac{\omega^2}{4}}=90°$$

$$\Rightarrow\frac{\omega^2}{4}=1\Rightarrow\omega=2$$

进一步，由 $|G(\mathrm{j}\omega)|=\left|-\frac{1}{N(X)}\right| \Rightarrow |G(\mathrm{j}2)|=A(2)=\left|\frac{10}{2\times\sqrt{2^2+1}\times\sqrt{2^2+4^2}}\right|=\left|-\frac{\pi X}{4}\right| \Rightarrow X=\frac{2}{\pi}$。可见，系统能够产生自持振荡，自持振荡频率为 $\omega=2$，单位为 rad/s，振幅为 $X=\frac{2}{\pi}$。

例 7-3　已知非线性控制系统如图 7-17 所示，图中非线性环节具有饱和特性，其描述函数为 $N(X)=K\frac{2}{\pi}\left[\arcsin\frac{a}{X}+\frac{a}{X}\sqrt{1-\left(\frac{a}{X}\right)^2}\right], X>a\,(a=1、K=2), G(s)=\frac{K}{s(1+0.1s)(1+0.2s)}$。试确定系统处于临界稳定边界时对应的放大系数 K，若 $K=15$，判断系统是否可以产生稳定的自持振荡。若可以，计算对应自持振荡的振幅和频率。

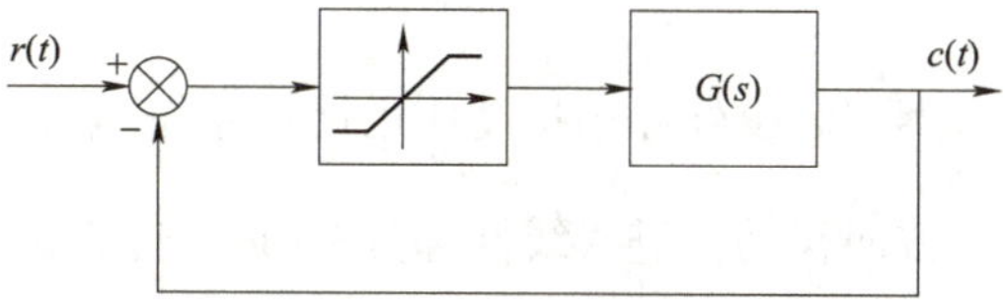

图 7-17　例 7-3 图

解： 非线性环节饱和特性的负倒描述函数为

$$-\frac{1}{N(X)}=\frac{-1}{\frac{4}{\pi}\left[\arcsin\frac{1}{X}+\frac{1}{X}\sqrt{1-\left(\frac{1}{X}\right)^2}\right]}$$

分析可知，随着幅值 X 变化其对应的相角 φ_1 恒为−180°，是一个实函数。已知 $a=1$，$X>a$。则若 $X\to1$，则 $-\frac{1}{N(1)}\to-\frac{1}{2}$；若 $X\to\infty$，则 $-\frac{1}{N(1)}\to-\infty$。因此，$-\frac{1}{N(X)}$ 的幅相特性曲线为负实轴的一部分，如图 7-18 所示，$-\frac{1}{N(X)}$ 起始于 $-\frac{1}{2}$，终止于 $-\infty$。系统处于临界稳定边界时，对应的线性部分 $G(\mathrm{j}\omega)$ 的幅相特性曲线应与 $-\frac{1}{N(X)}$ 的幅相特性曲线相交于 $-\frac{1}{2}$ 点。

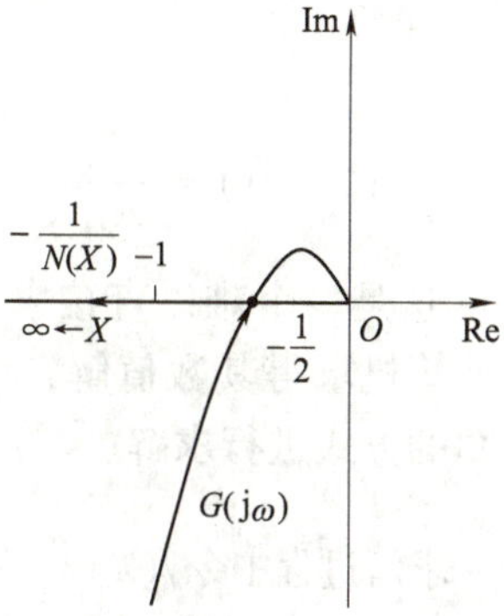

图 7-18　例 7-3 非线性系统的幅相特性图

线性部分的频率特性为

$$\begin{cases}A(\omega)=\dfrac{K}{\omega\sqrt{1+0.01\omega^2}\sqrt{1+0.04\omega^2}}\\ \varphi(\omega)=-90^\circ-\arctan0.1\omega-\arctan0.2\omega\end{cases}$$

依据此表达式采用列表、取点、计算和描点后绘制线性部分的幅相特性曲线如图 7-18 中 $G(\mathrm{j}\omega)$ 所示。

曲线交点对应的相角为−180°，则频率 ω 满足相角条件 $-90^\circ-\arctan0.1\omega-\arctan0.2\omega=-180^\circ$

$$\Rightarrow \arctan0.1\omega+\arctan0.2\omega=\arctan\frac{0.3\omega}{1-0.02\omega^2}=90^\circ$$

$$\Rightarrow 0.02\omega^2=1 \Rightarrow \omega=\sqrt{50}$$

将频率 ω 代入幅频特性表达式，计算对应临界稳定时的放大系数 K：

$$A(\sqrt{50})=\frac{K}{\sqrt{50}\times\sqrt{1+0.5}\times\sqrt{1+2}}=\left|-\frac{1}{2}\right|\Rightarrow K=7.5$$

若 $K=15$，则如图 7-18 所示，若线性部分 $G(\mathrm{j}\omega)$ 的幅相特性曲线与非线性部分的 $-\dfrac{1}{N(X)}$ 幅相特性曲线相交，对应地表明此非线性控制系统输出可能产生持续的振荡。进一步考察，假设外界小扰动作用使得系统偏离交点，分析若振幅 X 减小，则沿 $-\dfrac{1}{N(X)}$ 曲线向原点方向移动，进入线性部分 $G(\mathrm{j}\omega)$ 包围区域，系统在此区域是不稳定的，振幅将随时间沿 X 增大的方向运动，会恢复到原交点；反之，假设受到扰动后振幅 X 增大，则沿 $-\dfrac{1}{N(X)}$ 曲线向背离原点方向移动，离开线性部分 $G(\mathrm{j}\omega)$ 包围区域，系统对应此区域是稳定的，振幅 X 将随时间不断减小，也会恢复到原交点。以上分析表明在 $K=15$ 时对应的交点可以产生稳定的自持振荡。

仿照前述步骤计算 $K=15$ 时，对应自持振荡的振幅和频率：已知自持振荡的频率为 $\omega=\sqrt{50}$，单位为 rad/s。由式（7-15）有

$$|G(\mathrm{j}\omega)|=\left|-\frac{1}{N(X)}\right|\Rightarrow A(\omega)=\left|\frac{-1}{\dfrac{4}{\pi}\left[\arcsin\dfrac{1}{X}+\dfrac{1}{X}\sqrt{1-\left(\dfrac{1}{X}\right)^2}\right]}\right|$$

$$A(\sqrt{50})=\frac{15}{\sqrt{50}\times\sqrt{1+0.5}\times\sqrt{1+2}}=1\Rightarrow\arcsin\frac{1}{X}+\frac{1}{X}\sqrt{1-\left(\frac{1}{X}\right)^2}=\frac{\pi}{4}$$

这是一个难以直接求解的非线性方程，可以采用计算机求得其数值解，或如图 7-19 所示，采用近似图的方式进行求解。

求解过程中令 $f(X)=\arcsin\dfrac{1}{X}+\dfrac{1}{X}\sqrt{1-\left(\dfrac{1}{X}\right)^2}$，其与直线 $\dfrac{\pi}{4}\approx0.785$ 有交点。表明存在正实数解，$X\approx2.5$，即对应自持振荡的振幅为 2.5。

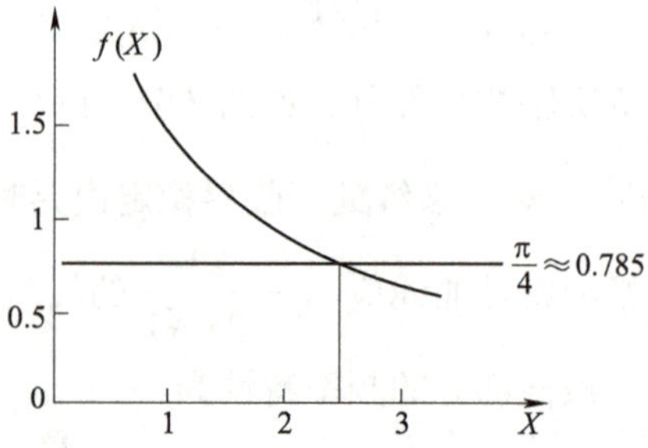

图 7-19 近似图求解幅值 X

7.4 相平面法

相平面法通过将系统的运动过程转化为位置和速度组成的二维平面上状态点的移动轨迹，从而可以直观地反映系统的稳定性、平衡状态、时间响应、初始状态以及系统参数对运动的影响等。相平面法是一种系统分析工具，既可以应用于线性系统分析，又可以应用于非线性系统分析，可以将某些低阶非线性系统的运动规律清楚明了地展现在相平面图上。受坐标维度限制，相平面法通常适用于二阶及以下系统的分析。

在系统非线性环节严重到系统输出难以使用一次谐波近似或系统的输入不是正弦信号时，采用相平面法对非线性系统进行分析具有一定的优势。

设二阶定常系统的微分方程描述如下：

$$\ddot{x}(t)=f(x(t),\ \dot{x}(t)) \tag{7-16}$$

式中，$f(x(t),\ \dot{x}(t))$ 是 $x(t)$ 和 $\dot{x}(t)$ 的线性或非线性函数，通常该方程的解可用 $x(t)$ 时间函数表示系统随时间变化的规律，在一维图上是一条曲线。有时为了更为深入地描述系统的演化规律，引入微分项 $\dot{x}(t)$，则以时间 t 为参变量的 $x(t)$ 和 $\dot{x}(t)$ 共同构成系统运动的相变量。构建以 $x(t)$ 为横轴、$\dot{x}(t)$ 为纵轴的直角坐标平面，就引入了相平面的概念。

相变量在初始时刻 t_0 对应初始状态 $(x(t_0),\ \dot{x}(t_0))$，随时间 t 的推移，在相平面上每一个状态均与该平面上的点对应，所形成的状态轨迹称为相轨迹。相轨迹上以箭头表示参变量 t 增加时系统的变化方向。相平面中相轨迹上每一点的斜率为

$$\frac{\ddot{x}(t)}{\dot{x}(t)}=\frac{\mathrm{d}\dot{x}(t)/\mathrm{d}t}{\mathrm{d}x(t)/\mathrm{d}t}=\frac{\mathrm{d}\dot{x}(t)}{\mathrm{d}x(t)}=\frac{f(x(t),\ \dot{x}(t))}{\dot{x}(t)} \tag{7-17}$$

可见，若 $f(x(t),\ \dot{x}(t))$ 和 $\dot{x}(t)$ 同时为零，有 $\frac{\mathrm{d}\dot{x}(t)}{\mathrm{d}x(t)}=\frac{0}{0}$ 的不定式呈现，则称该点为相平面的奇点。由于奇点处 $\ddot{x}(t)=\dot{x}(t)=0$，相当于系统的速度和加速度都为零，故奇点也称平衡点。相轨迹在奇点处的切线斜率是不确定的，表明系统在奇点处可能存在多条相轨迹趋近或离开该点。除了奇点外，相平面上的点仅有一个确定的斜率，即经过相平面上非奇点处仅有一条相轨迹，相轨迹不相交。

绘制相轨迹主要有两种方法：解析法和图解法。

解析法一般用于系统微分方程比较简单或可以分段线性化的系统。常规分析方法是先通过解析法求系统相轨迹方程的解，然后再绘制其相轨迹。

例 7-4　已知某系统的运动规律满足 $x(t)=3\sin(0.5t)$，对应地，其状态变化满足 $\dot{x}(t)=1.5\cos(0.5t)$。若初始条件为 $x(0)=0$、$\dot{x}(0)=1.5$，试绘制该系统的相轨迹。

解： 依据已知条件可知，描述系统运动的微分方程式为

$$4\ddot{x}(t)+x(t)=0$$

将上式写为 $4\dot{x}(t)\frac{\mathrm{d}\dot{x}(t)}{\mathrm{d}t}=-x(t)$ 的形式，再两端同时积分，得 $\left[\frac{\dot{x}(t)}{1.5}\right]^2+\left[\frac{x(t)}{3}\right]^2=1$。

基于相轨迹方程的解绘制其相轨迹，如图 7-20 所示。该系统对应的相轨迹是以坐标原点为圆心的椭圆，长轴为 3，短轴为 1.5。

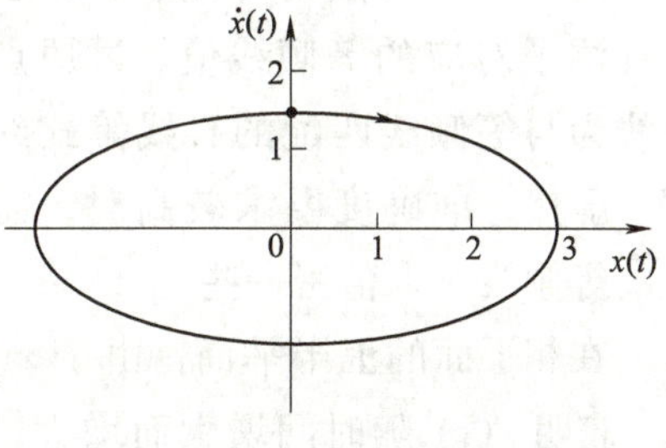

图 7-20　例 7-4 系统的相轨迹

等倾线法是绘制相轨迹的一种图解方法，在非线性系统不易采用解析法求解时，可以用等倾线法作出系统的相轨迹。

其思想是采用小范围内直线近似曲线：利用作图的方法确定任意点相轨迹的斜率，即相轨迹的等倾线；然后就可以绘制相轨迹的切线方向场，则该点附近的相轨迹可以用通过这点相轨迹的切线的一小段直线来近似；绘制时，从初始状态出发，沿各条等倾线所决定的相轨迹点的切线方向绘制相轨迹的短线段，最后将这些短线段相连后就得到整条相轨迹。下面举例说明。

例 7-5 已知系统的运动方程为 $\ddot{x}(t)+\dot{x}(t)+x(t)=0$，试用等倾线法绘制系统的相轨迹。

解： 依据式（7-17），对已知方程进行预处理，可得

$$\frac{\mathrm{d}\dot{x}(t)}{\mathrm{d}x(t)}=\frac{f(x(t),\ \dot{x}(t))}{\dot{x}(t)}=-\frac{\dot{x}(t)+x(t)}{\dot{x}(t)}$$

令 $\alpha=\dfrac{\mathrm{d}\dot{x}(t)}{\mathrm{d}x(t)}$，表示相平面上相轨迹的斜率，若取斜率为常数，则得等倾线方程：

$$\alpha=-\frac{\dot{x}(t)+x(t)}{\dot{x}(t)}$$

进一步整理，有直线方程 $\dot{x}(t)=-\dfrac{1}{1+\alpha}x(t)$，直线的斜率为 $-\dfrac{1}{1+\alpha}$，而等倾线则是过原点的一簇短直线。

易知，当等倾线 $\alpha=-1$ 时，$x(t)=0$，满足约束等式 $-1=-\dfrac{\dot{x}(t)+0}{\dot{x}(t)}$；同理，当等倾线 $\alpha=-2$ 时，直线方程为 $\dot{x}(t)=x(t)$；当等倾线 $\alpha=1$ 时，则直线方程为 $\dot{x}(t)=-\dfrac{1}{2}x(t)$。可见，给定不同的 α，便可以得出对应的等倾线斜率 $-\dfrac{1}{1+\alpha}$，详见表 7-3。

表 7-3 不同 α 值下等倾线的斜率

α	−3.75	−2.19	−1.58	−1.18
$-\dfrac{1}{1+\alpha}$	0.36	0.84	1.72	5.56
α	−0.82	−0.42	0.19	1.75
$-\dfrac{1}{1+\alpha}$	−5.56	−1.72	−0.84	−0.36

图 7-21 中等倾线表示为一簇短直线，并标注了对应的等倾线值。过原点的长直线为与等倾线匹配的直线等式约束方程。显然，准确度要求较高时，需要对应的等倾线 α 取值密一些。

在相平面的上半平面，由于 $\dot{x}(t)>0$，表明 $x(t)$ 随时间增大而增大，相轨迹从左向右运动；在相平面的下半平面，由于 $\dot{x}(t)<0$，表明 $x(t)$ 随时间增大而减小，相轨迹从右向左运动。除奇点外，相轨迹应与横轴垂直相交。

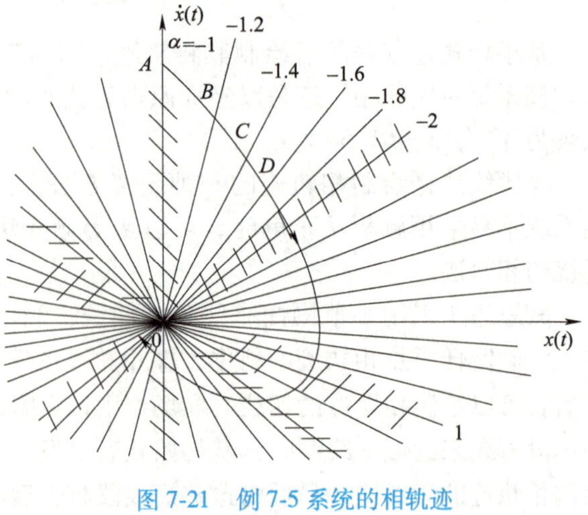

图 7-21 例 7-5 系统的相轨迹

通过例题可知，相平面用于非线性系统分析的主要思路是将具有非线性的二阶系统用几个分段线性的系统来近似。

奇点是相平面上的一个特殊点。为了方便理解、研究奇点附近的行为，这里先以二阶系统为例进行示例性说明。

典型二阶系统自由运动的微分方程 $\ddot{x}(t)+2\zeta\omega_n\dot{x}(t)+\omega_n^2x(t)=0$，依据式（7-17）有 $\dfrac{d\dot{x}(t)}{dx(t)}=\dfrac{f(x(t),\ \dot{x}(t))}{\dot{x}(t)}=-\dfrac{2\zeta\omega_n\dot{x}(t)+\omega_n^2x(t)}{\dot{x}(t)}$，对应的奇点为（0，0）。

根据上式，不难用解析法或图解法绘制出曲线 $\dot{x}=f(x)$，如图 7-22 所示，其形状和位置与系统参数 ζ、ω_n 及初始条件有关。奇点附近的运动状态取决于系统特征方程决定的两个根 $-\zeta\omega_n\pm j\sqrt{1-\zeta^2}\,\omega_n$ 的分布状态。

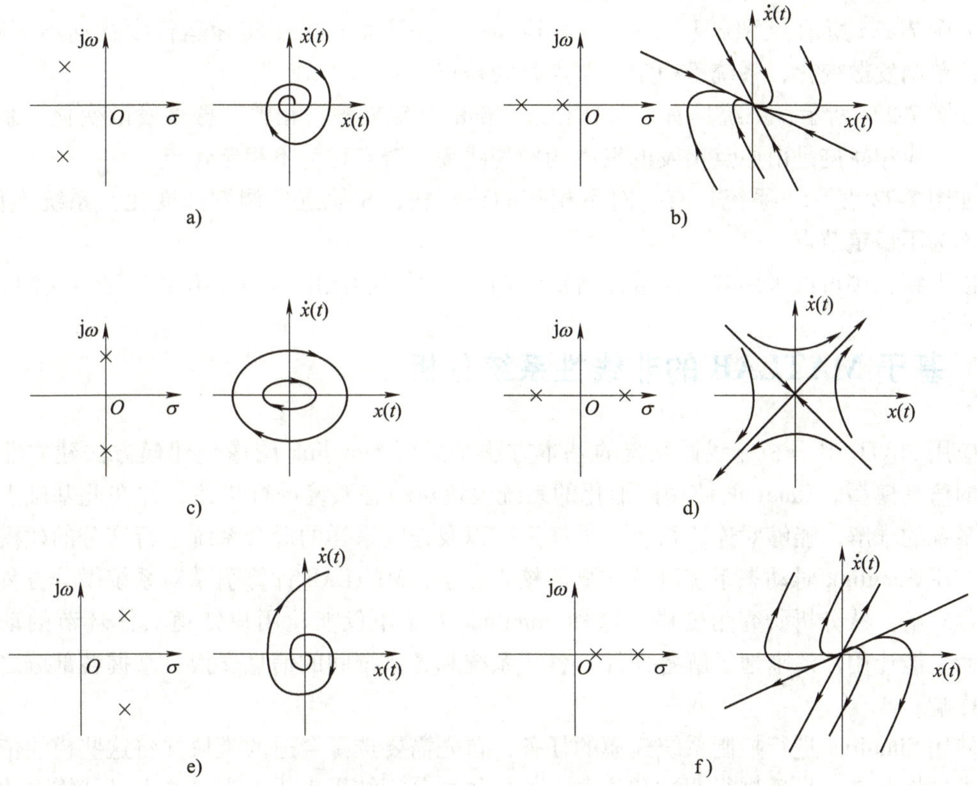

图 7-22　典型二阶系统奇点特性及其相平面图

如图 7-22a 所示，系统具有一对具有负实部的共轭复根，动态响应为

$$x(t)=Ae^{-\zeta\omega_nt}\sin\left(\sqrt{1-\zeta^2}\,\omega_nt+\theta\right)$$

式中，A、θ 为由初始条件决定的常数。基于上式可以求得 $\dot{x}=f(x)$ 的轨迹方程，对应相轨迹为对数螺旋线，振荡收敛于相平面原点，奇点称为稳定的焦点。

如图 7-22b 所示，系统具有一对不相等的负实根，动态响应为

$$x(t)=A_1e^{(-\zeta\omega_n+\sqrt{1-\zeta^2}\omega_n)t}+A_2e^{(-\zeta\omega_n-\sqrt{1-\zeta^2}\omega_n)t}$$

式中，A_1、A_2 为由初始条件决定的常数。基于上式可以求得 $\dot{x}=f(x)$ 的轨迹方程，对应相轨迹为单调衰减，收敛于相平面原点，奇点称为稳定节点。

如图 7-22c 所示，系统具有共轭虚根，系统运动方程此时简化为

$$\frac{d\dot{x}(t)}{dx(t)}=-\frac{\omega_n^2 x(t)}{\dot{x}(t)}\Rightarrow 2\dot{x}(t)\,d\dot{x}(t)=-2\omega_n^2 x(t)\,dx(t)$$

积分后，得

$$\frac{[x(t)]^2}{A_3^2}+\frac{[\dot{x}(t)]^2}{(\omega_n A_3)^2}=1$$

这是一个椭圆方程，其中 A_3 为由初始条件决定的常数。对应相轨迹为等幅振荡的简谐振动，理论上系统临界稳定，实际中受到扰动作用通常不稳定，奇点称为中心点。

采用类似的方法，可以分析后续情况。

如图 7-22d 所示，系统具有一个负实根和一个正实根，由于实际运行中扰动不可避免，相轨迹单调发散变化，系统不稳定，奇点称为鞍点。

如图 7-22e 所示，系统具有一对具有正实部的共轭复根，相轨迹振荡发散变化，系统不稳定，对应相轨迹是由原点出发的发散的抛物线簇。奇点称为不稳定焦点。

如图 7-22f 所示，系统具有一对不相等的正实根，相轨迹单调发散变化，系统不稳定，奇点称为不稳定节点。

以上相轨迹可以采用解析法或图解法绘制，也可以尝试用 MATLAB 软件进行绘制。

7.5 基于 MATLAB 的非线性系统分析

应用 MATLAB 分析非线性系统的基本方法是采用 Simulink 图像化建模方法建立非线性系统的仿真模型。Simulink 使用图形化的系统模块对动态系统进行描述，并在此基础上进行动态系统的求解，能够对连续系统、采样系统以及连续采样的混合系统进行充分的建模与仿真。利用 Simulink 对动态系统进行仿真的核心在于，MATLAB 计算引擎对系统微分方程和差分方程求解。从分析研究角度讲，这种 Simulink 方法不仅能让用户知道具体环节的动态细节，而且能让用户清晰地了解各器件、各子系统和各系统间的信息交换，掌握各部分之间的交互影响。

使用 Simulink 进行控制系统建模的任务，首先需要选择合适的模块并将这些模块依据设计要求连接起来，最后进行调试和放置。如果仿真分析结果表明不满足要求，就需要改变模块的相关参数设置后再运行，直到结果满足要求。

针对非线性系统分析这部分内容，可以在 Simulink 选项卡中选择常用的仿真模块进行系统组建，主要包括如下几部分。

Continuous：连续型环节，如连续的积分、微分环节等。

Discontinuities：非连续环节，如继电、饱和等环节。

Discrete：离散环节，采样系统的环节。

Math Operations：数学操作，如反馈过程中的减法、通道中的增益等。

Sinks：输出设备，如示波器、XY 图和输出到变量空间等。

Sources：信号源，如阶跃信号、常数和锯齿波等。

例 7-6 已知某单位负反馈系统框图如图 7-23 所示，输入为单位阶跃信号 $r(t)=1(t)$，分析继电器非线性对系统暂态响应的影响，并绘制出系统的相轨迹图。其中继电器非线性的输入、输出满足下式：

$$y(t)=\begin{cases}7 & e(t)\geqslant 0\\ -7 & e(t)<0\end{cases}$$

解： 本次仿真使用如下环节。

Step：作为阶跃输入信号。

Sum：用于反馈与输入的减法。

Relay：前向通道的继电环节。

Transfer Fcn：前向通道的一个传递函数，多项式形式。

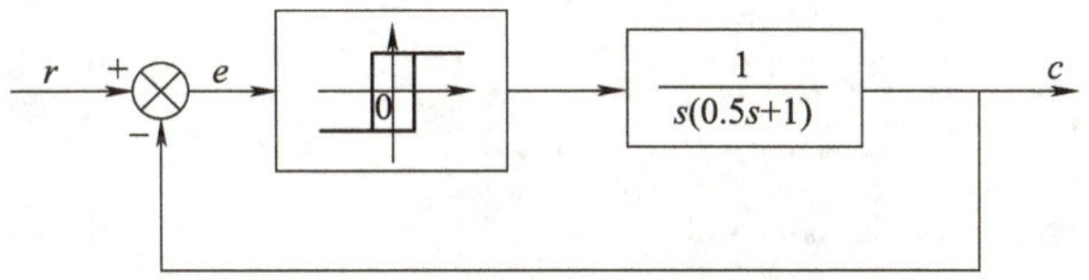

图 7-23 例 7-6 图

Zero-Pole1：前向通道的一个传递函数，零极点形式。

Scope：示波器。

XY Graph：XY 图显示。

To Workspaces：将输入的信号量输出到 MATLAB 的工作空间中，数据保存成结构体和数组的类型。

首先用 Simulink 的模块建立如图 7-24 所示的非线性系统的仿真模型。然后，按要求将继电器模块的上下限设定为 7 和−7。传递函数模块分子、分母按 s 降幂方式设置好系数向量，图 7-25 为主要仿真模块设置。

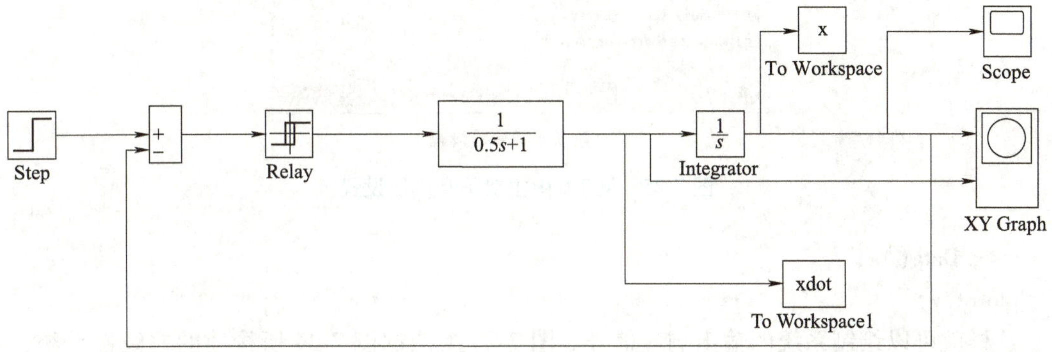

图 7-24 例 7-6 系统的 Simulink 仿真模型

将模型保存为文件名为 nonlinearsys. slx 的模型文件。MATLAB 2012b 以前的版本中，Simulink 模型文件格式为 . mdl；MATLAB 2012b 及以后的版本中，Simulink 模型默认文件格式为 . slx。不管是 slx 文件还是 mdl 文件，作用都只是描述模型的组成结构，经过 Simulink 运行环境的编译后，在底层执行时的代码是相同的。

Simulink 仿真模型运行结束，数据除了直接传送至示波器显示外，通过系统输出端设置的 To Workspace 模块，还可以将数据通过传送到 MATLAB 的工作空间存储起来。

在 MATLAB 命令窗口键入下列命令：

```
t=x. Time( );
```

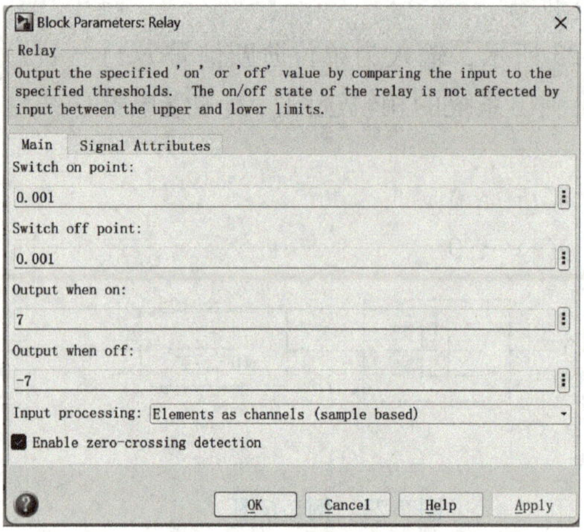

a) 继电器参数设置

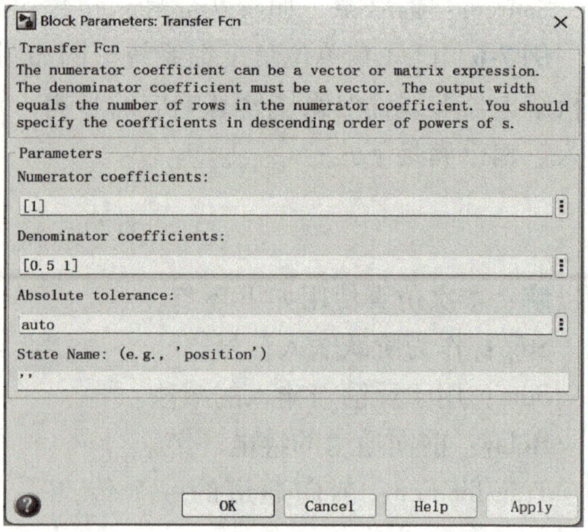

b) 传递函数参数设置

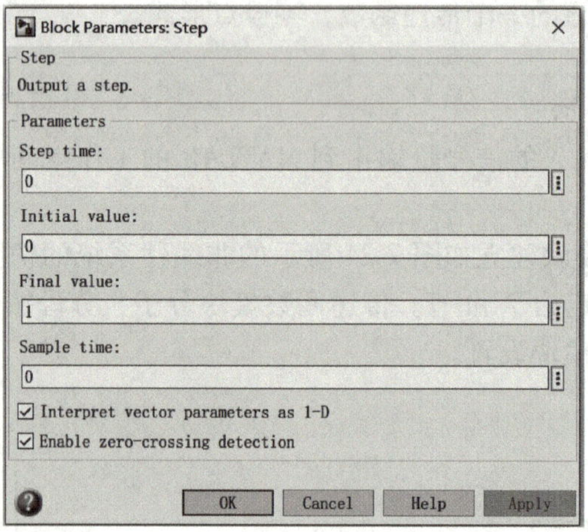

c) 阶跃函数参数设置

图 7-25　例 7-6 中主要仿真模块设置

```
y=x.Data();
plot(t,y)
```

这样就可以绘制系统的输出响应信号。图 7-26 为依据图 7-24 所构建的非线性系统，在不同参数设置条件下的系统阶跃响应曲线。

可见，在阶跃信号作为输入信号时，此系统最后的输出最终稳定到输入信号指定的幅值。

对比图 7-26a、b 可知，继电器输出电压限变小，则非线性系统单位阶跃响应中的超调量变小、调整时间变大；对比图 7-26a、c 可知，去除继电器非线性环节后系统单位阶跃响应曲线超调量减小明显，系统响应的振荡性也明显获得抑制；对比图 7-26a、d 可知，不同于线性系统输入信号的幅值变化会影响系统的动态性能指标，对于继电器非线性系统，由于输入信号幅值增加，系统的阶跃信号响应中超调量明显较少，调整时间明显变大。

相对于线性系统的调整时间和阶跃信号的幅值无关，非线性系统不再满足比例性与叠加性，通过仿真实验对比是很明显的。

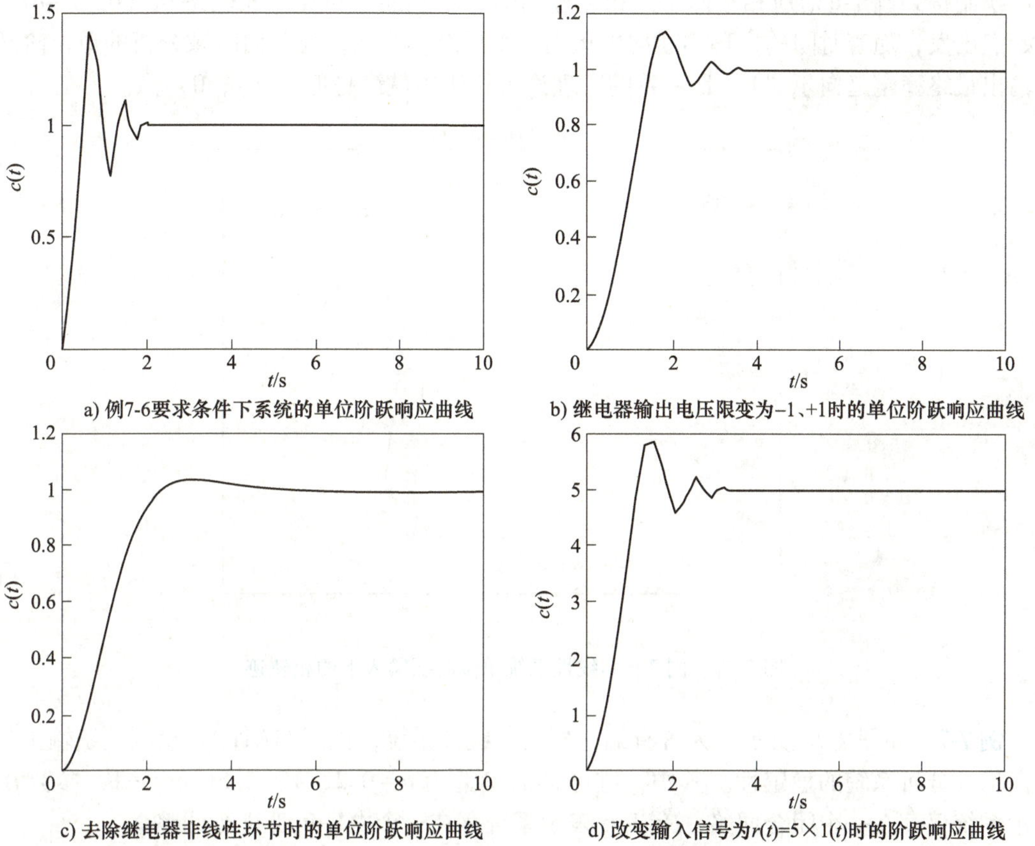

a) 例7-6要求条件下系统的单位阶跃响应曲线

b) 继电器输出电压限变为−1、+1时的单位阶跃响应曲线

c) 去除继电器非线性环节时的单位阶跃响应曲线

d) 改变输入信号为$r(t)=5\times 1(t)$时的阶跃响应曲线

图 7-26　不同参数设置条件下的系统阶跃响应曲线

对非线性系统进行相平面分析，本质上是一种时域分析，只是在相轨迹中时间 t 是隐含的变量。在建立 Simulink 仿真模型时，需要用到输出模块组 Sinks 中的 XY Graph 模块，仿真运行时可实时绘制出系统的相轨迹。

一般将输出设为 x，是相平面的横坐标轴；原来的纵坐标轴 y，这种情况下表示为 x 的一阶导数。把 x 和 y 作为 XY Graph 模块的输入。同样，这两个信号还可以保存计算结果到 MATLAB 的 Workspace 中，以便在 MATLAB 命令行窗口用 plot 函数绘制相轨迹。这是因为使用 plot 函数绘制 Simulink 中的数据图，能够方便地修改坐标轴、字体和图的底色等，还可以很方便地直接保存为位图或质量更好的矢量图，以方便一些仿真研究成果图在论文中不失真地缩放使用。

在 MATLAB 命令窗口键入下列命令：

```
y=x. Data( ) ;
t=xdot. Data( ) ;
plot(t,y)
title('Phase Plane Diagram')  %   设置图像标题
xlabel('x')                   %   设置图像横坐标标题
ylabel('xdot')                %   设置图像纵坐标标题
```

绘制得到例 7-6 对应相平面中的相轨迹如图 7-27 所示。可见，相轨迹从（0，$\varepsilon\to0$）的初始点出发，随着时间的推移不断向内运动，最后趋于稳定，与前面时域分析的单位阶跃响应输出最终稳定趋向于“1”是一致的，理论上相轨迹最终趋近于（1，0）点。

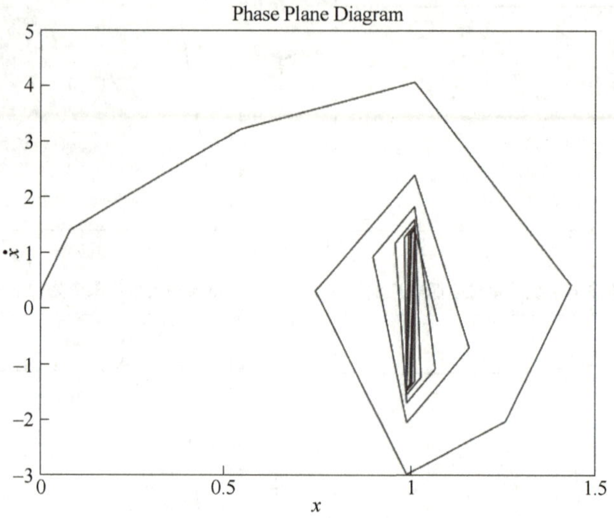

图 7-27　例 7-6 非线性系统单位阶跃输入下的相轨迹

例 7-7　如图 7-28 所示，为含有继电器的非线性系统，试用 MATLAB 绘制系统输出的相平面，并分析系统的稳定性。其中，继电器的参数为 $a=0.2$、$M=0.5$、$m=-1$，参数 $\beta=0$ 表示系统仅存在一个闭合回路，$\beta=1.6$ 表示系统存在一个内环负责进行调整。

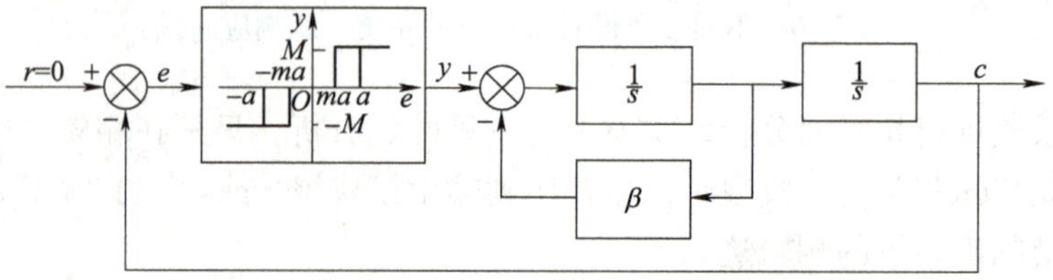

图 7-28　含有继电器的非线性系统

解： 根据题意，建立如图 7-29 所示的 Simulink 模型。其中系统的初始状态设定为

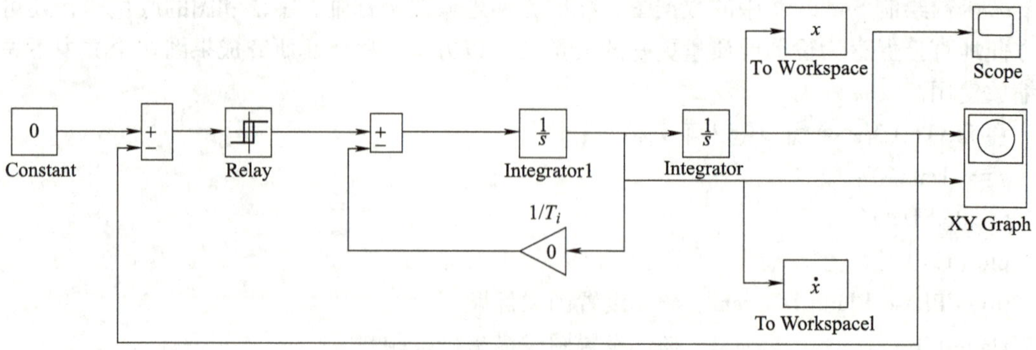

图 7-29　含继电器非线性系统的 Simulink 模型

$x(0)=0.3$、$\dot{x}(0)=0$，设定 β 值不同时，仿真运行结果（相轨迹、系统的零输入响应）如图 7-30~图 7-33 所示。

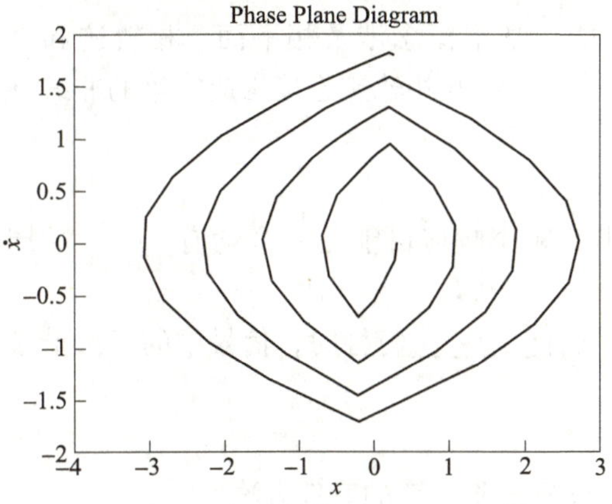

图 7-30　例 7-7$\beta=0$ 时的相轨迹

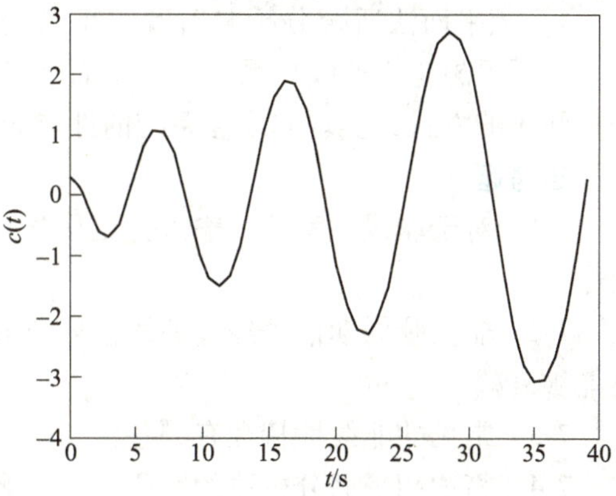

图 7-31　例 7-7$\beta=0$ 时系统的零输入响应

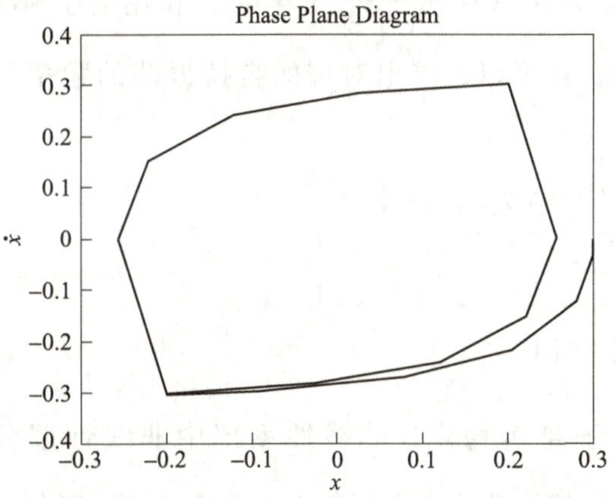

图 7-32　例 7-7$\beta=1.6$ 时的相轨迹

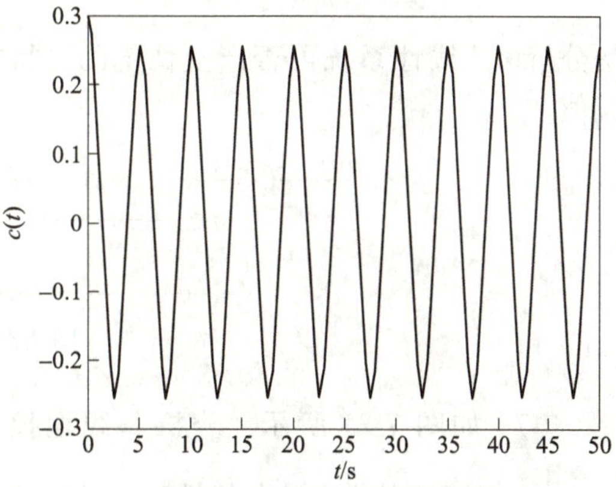

图 7-33　例 7-7$\beta=1.6$ 时系统的零输入响应

分析可知，当 $\beta=0$ 时相轨迹从初始状态（0.3，0）出发，随着时间的推移，相平面中的相轨迹不断向外运动，表明系统输出幅值不断发散增大，系统不稳定。

分析可知，$\beta=1.6$ 时相轨迹从初始状态（0.3，0）出发，随着时间的推移，相平面中的相轨迹按闭合曲线进行周期性运动，表明系统输出幅值最终形成等幅振荡。

综上，说明系统内部参数的变化对非线性系统的稳定性具有重要影响。

本章小结

非线性系统的分析这一章关注不同于线性系统的非线性特性及其分析方法，主要介绍了以下几个方面的内容：

1）非线性系统普遍存在，比较复杂，具有很多线性系统不具备的特征，例如，对于非线性系统，其稳定性除了与系统的结构和参数有关外，初始条件的影响也很重要。

2）对于非线性系统，在没有施加外界周期信号时，系统自身也能够产生具有固定振幅和频率的稳定周期振荡现象，称为非线性的自持振荡，简称自振。

3）描述函数是在满足一定条件下，对非线性特性进行一次谐波线性化的一种方法。借鉴频率特性的概念定义描述函数，方便地将一个非线性系统近似为线性系统。在不考虑外界作用时，可用于分析非线性控制系统的稳定性和自持振荡。

4）相平面法适合分析二阶及以下系统的性能，基本概念涉及相平面、相轨迹和奇点等。分析思想是将非线性系统在相平面上以若干分段的线性相轨迹连接构成完整的非线性系统相轨迹的方式，实现非线性系统的性能分析。

思考题

7-1　对于非线性系统，输入正弦信号，输出的频率响应可能是一个含有______的周期信号。

7-2　非正弦周期信号经过的线性环节 $G(s)$ 具有________特性时，信号中的高次谐波才可能被衰减。

7-3　常见的非线性特性有哪些？

7-4　简述相平面分析法的实质，为什么它是分析二阶系统的有效方法？

7-5　描述函数法分析非线性系统的稳定性有哪些主要结论？

7-6　如图 7-34 所示，非线性环节的描述函数为 $N(X)=\dfrac{5X+1}{2X+3}(X>0)$，试用描述函数法分析该非线性系统可否产生稳定的自持振荡。若可以，求出对应的自持振荡的频率和幅值。

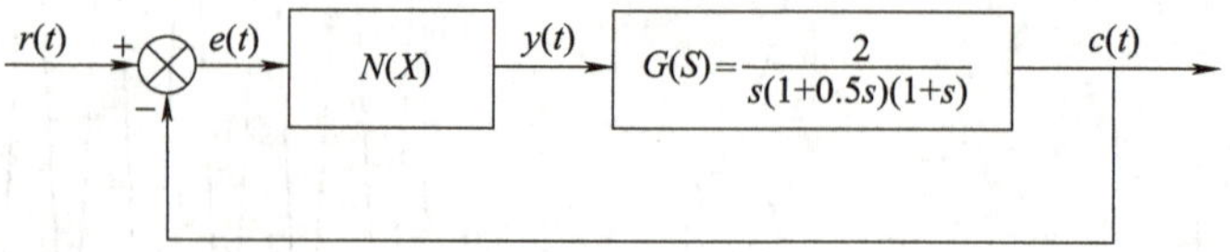

图 7-34　题 7-6 图

7-7　如图 7-35 所示，分析非线性控制系统是否稳定，非线性系统中非线性部分 $-\dfrac{1}{N(X)}$ 的幅相特性曲线与线性部分 $G(\mathrm{j}\omega)$ 的幅频特性曲线交点可否产生稳定的自持振荡。

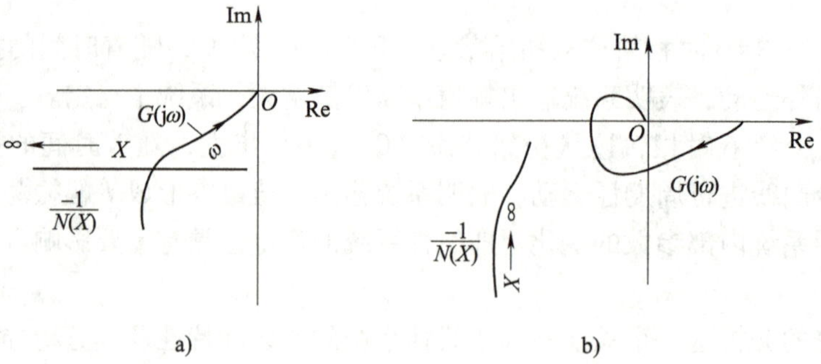

图 7-35　题 7-7 图

7-8　如图 7-36 所示，非线性控制系统的输出量 $c(t)$ 的自持振荡振幅 X=0.1，角频率 $\omega=10$，单位为 rad/s，非线性环节的描述函数为 $N(X)=\dfrac{4M}{\pi X}$，$M=\sqrt{2}$，试确定参数 τ 和 K 的

数值。

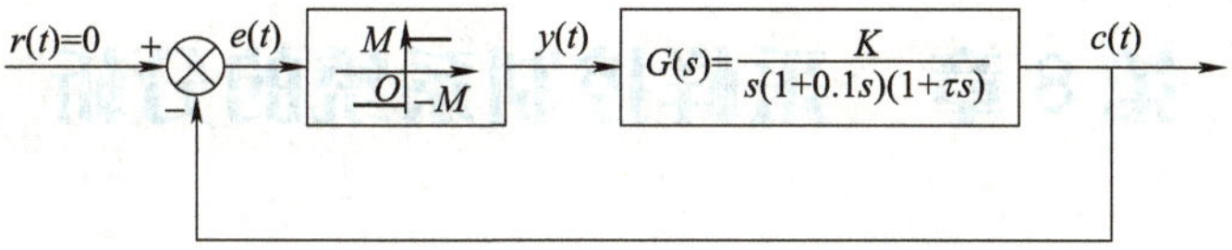

图 7-36　题 7-8 图

7-9　如图 7-37 所示，试用 MATLAB 中的 Simulink 建立该非线性控制系统的仿真模型，求 $r(t)=1(t)$ 和 $r(t)=3\times 1(t)$ 的系统响应 $c(t)$，绘制响应曲线并分析饱和非线性对系统性能的影响。

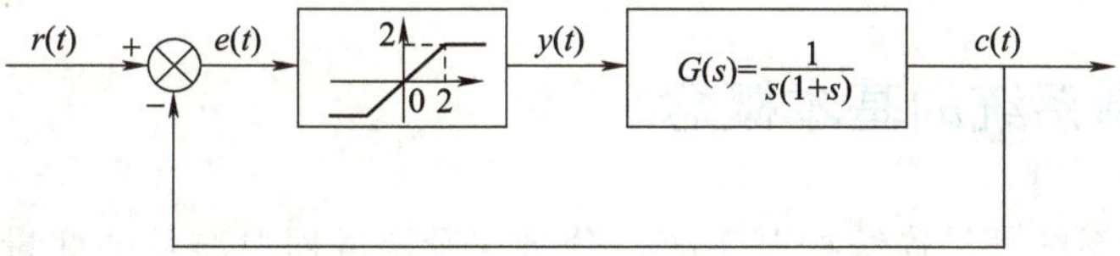

图 7-37　题 7-9 图

第 8 章　采样控制系统的分析

内容提要： 本章主要进行线性采样控制系统的分析，需要注意增加了采样开关、保持器，导致采样控制系统与连续控制系统具有不同之处，以及由此带来的分析方法的异同。通过 z 变换研究采样控制系统，首先给出信号采样和保持的数学描述，然后分析差分方程和脉冲传递函数，将连续控制系统中的一些概念和方法推广到采样控制系统，最后研究线性采样控制系统的稳定性分析方法。

8.1　采样控制系统的基本概念

前面几章所述系统都是连续控制系统，分析与设计过程中涉及的变量均为时间 t 的连续函数，即信号在全部时间上都是已知的。这种在时间上连续、在幅值上也连续的信号称为连续信号，又称模拟信号。

随着计算机技术的发展，控制系统存在一处或数处信号为时间上离散的脉冲序列，称这种时间上离散的采样信号为离散信号。一般情况下，模拟信号通过采样开关转变为脉冲序列，对受控对象进行控制的系统称为采样控制系统。

如图 8-1 所示，为典型采样控制系统结构图。

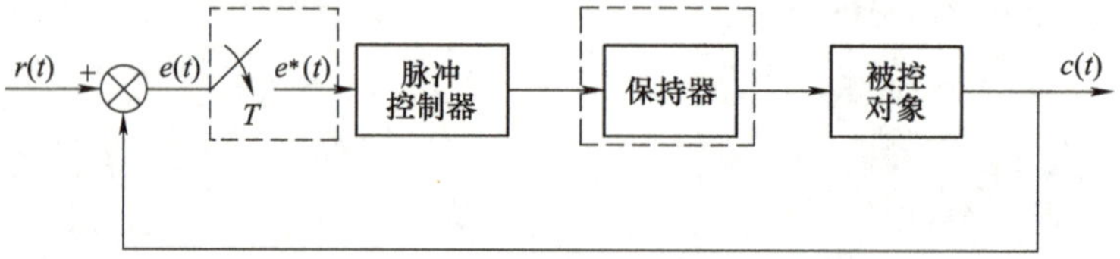

图 8-1　典型采样控制系统结构图

通常，基于数字技术的脉冲控制器只能接收时间上离散的采样信号，而系统的给定输入信号 $r(t)$、输出被控量 $c(t)$ 通常是时间上连续的模拟信号。为此，采样控制系统增加图 8-1 中虚线框表示的两部分功能：采样和保持。其中，采样开关将连续信号 $e(t)$ 采样后转变为一组脉冲序列 $e^*(t)$，输入到脉冲控制器中进行处理，之后再经过保持器将脉冲输出转换为连续信号去控制被控对象。需要注意，在计算机中，对于时间上离散，但数值上连续的离散信号需要进一步处理，转换表示成二进制数，即成为数字信号，才能处理、运算。

采样控制系统采用软件实现控制规律，因此调参方便、控制灵活，允许采用高灵敏度的控制元件，有利于提高精度。此外，采样信号，特别是数字信号传递时的抑制噪声能力较强，提高了采样控制系统的抗干扰能力，且能实现模拟电路不易实现的复杂控制规律，如最优控制、自适应控制及各种智能控制等。

8.2　采样过程和采样定理

8.2.1　采样过程

把连续信号变换为脉冲序列的装置称为采样开关或采样器。采样信号如图 8-2 所示，采样开关以时间 T 为周期闭合一次，闭合时间为 ε，$\varepsilon \ll T$，即采样开关闭合持续时间很短。显然，采样过程要丢失采样间隔之间的信息。考虑到采样开关闭合时间远小于采样周期 T 和系统连续部分的最大时间常数，为了简化分析，可以近似认为 $\varepsilon \to 0$，这样采样开关可以用一个理想的采样器替代。

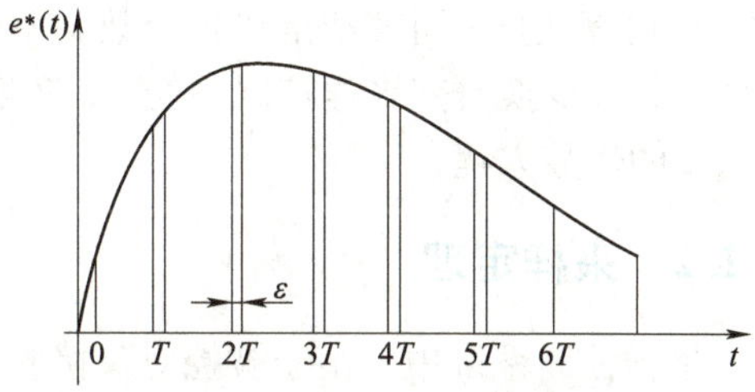

图 8-2　采样信号

把连续信号转换成时间上离散的脉冲序列的过程，称为采样过程。采样过程的数学描述可表达为

$$e^*(t) = e(0)\delta(t) + e(T)\delta(t-T) + \cdots + e(nT)\delta(t-nT) \tag{8-1}$$

式中，n 为整数，$\delta(t-nT)$ 为 $t=nT$ 时刻的脉冲信号，进而式（8-1）可写为

$$e^*(t) = \sum_{n=0}^{\infty} e(nt)\delta(t-nT) = e(t)\sum_{n=0}^{\infty}\delta(t-nT) \tag{8-2}$$

显然，采样信号 $e^*(t)$ 可以看作是理想单位脉冲序列 $\delta_T(t) = \sum_{n=-\infty}^{\infty}\delta(t-nT)$ 与连续输入信号 $e(t)$ 的乘积。采样序列的形成如图 8-3 所示，$\delta_T(t)$ 决定了采样时刻，而采样信号 $e^*(t)$ 的幅值则由 $e(t)$ 在采样时刻 nT 的幅值来决定。

对采样信号 $e^*(t)$ 进行拉普拉斯变换，得

$$E^*(s) = L[e^*(t)] = \sum_{n=0}^{\infty} e(nT)L[\delta(t-nT)] \tag{8-3}$$

依据拉普拉斯变换的位移定理，移位 nT 时间的单位脉冲信号的拉普拉斯变换为 $L[\delta(t-nT)] = \mathrm{e}^{-nTs}$，代入式（8-3）有

$$E^*(s) = L[e^*(t)] = \sum_{n=0}^{\infty} e(nT)\mathrm{e}^{-nTs} \tag{8-4}$$

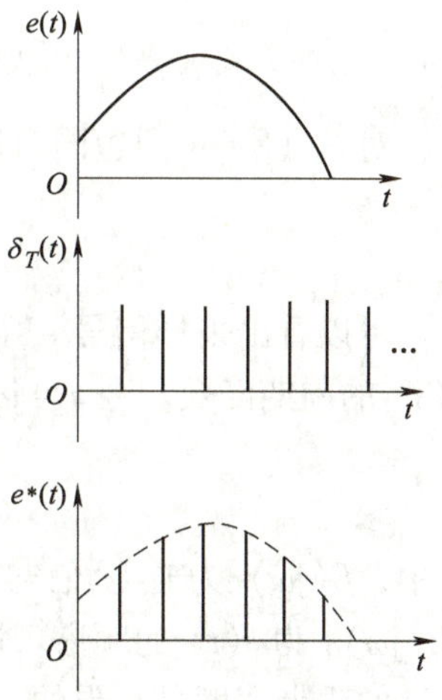

图 8-3　采样序列的形成

应当指出，式（8-4）将 $E^*(s)$ 与采样函数 $e(nT)$ 联系了起来，可以直接看出 $e^*(t)$ 的时间响应。但是，由于 $e^*(t)$ 只描述了 $e(t)$ 在采样瞬时的数值，所以 $E^*(s)$ 也就不能给出连续函数 $e(t)$ 在采样间隔之间的信息。

例 8-1　设 $e(t)=1(t)$，试求 $e^*(t)$ 的拉普拉斯变换。

解： 由式（8-4），有

$$E^*(s) = \sum_{n=0}^{\infty} e(nT)\mathrm{e}^{-nTs} = 1 + \mathrm{e}^{-Ts} + \mathrm{e}^{-2Ts} + \cdots$$

这是一个无穷等比级数，公比为 e^{-Ts}，求和后，得闭合形式

$$E^*(s)=\frac{1}{1-e^{-Ts}}=\frac{e^{Ts}}{e^{Ts}-1},\quad |e^{-Ts}|<1$$

显然，$E^*(s)$ 是 e^{Ts} 的有理函数。

可见，如果采用拉普拉斯变换进行采样控制系统研究，尽管可以得到关于 e^{Ts} 的有理函数，但对复变量 s 而言却是超越函数，不便于进行分析和设计。因此，为了克服这一困难，通常采用 z 变换研究采样控制系统。z 变换可以把线性采样控制系统的 s 超越方程，变换为变量 z 的代数方程。

8.2.2 采样定理

采样控制系统中，由于被控对象接收的控制信号通常是连续信号，因此研究如何由离散信号不失真地恢复出原来的信息十分必要，这与采样频率密切相关。采样定理就是研究由离散的采样信号完全恢复出相应连续信号的必要条件。

理想单位脉冲序列 $\delta_T(t)$ 是一个周期信号，展开为复数形式的傅里叶级数为

$$\delta_T(t)=\frac{1}{T}\sum_{n=-\infty}^{\infty}e^{jn\omega_s t} \tag{8-5}$$

式中，T 为采样周期，也是其中每个脉冲信号 $\delta(t)$ 对应的作用时间；$\omega_s=\dfrac{2\pi}{T}$ 为采样角频率。代入式（8-2），得

$$e^*(t)=e(t)\frac{1}{T}\sum_{n=-\infty}^{\infty}e^{jn\omega_s t}=\frac{1}{T}\sum_{n=-\infty}^{\infty}e(nT)e^{jn\omega_s t} \tag{8-6}$$

对式（8-6）两边同时进行拉普拉斯变换，由复数位移定理，得

$$E^*(s)=\frac{1}{T}\sum_{n=-\infty}^{\infty}E(s+jn\omega_s) \tag{8-7}$$

可以看出采样信号 $e^*(t)$ 的拉普拉斯变换 $E^*(s)$ 是连续信号 $e(t)$ 对应拉普拉斯变换 $E(s)$ 的周期函数。令 $s=j\omega$，得到采样信号的傅里叶变换为

$$E^*(j\omega)=\frac{1}{T}\sum_{n=-\infty}^{\infty}E[j(\omega+n\omega_s)] \tag{8-8}$$

式中，$E(j\omega)$ 为连续信号 $e(t)$ 的傅里叶变换。依据定义，$|E(j\omega)|$ 为 $e(t)$ 的频谱。通常，如图 8-4 所示，连续信号对应频谱的频带宽度是有限的，其最高频率为 ω_m。

由式（8-8）可知，采样信号 $e^*(t)$ 的频谱 $|E^*(j\omega)|$ 是以采样角频率 ω_s 为周期的无穷多个频谱之和。如图 8-5 所示，$n=0$ 的频谱称为采样频谱的主频谱，其与连续频谱 $|E(j\omega)|$ 的形状一致，只不过幅值变为原来的 $1/T$；$n=\pm1$、±2、…等附加的高频频谱分量，则分布在采样主频谱两侧。

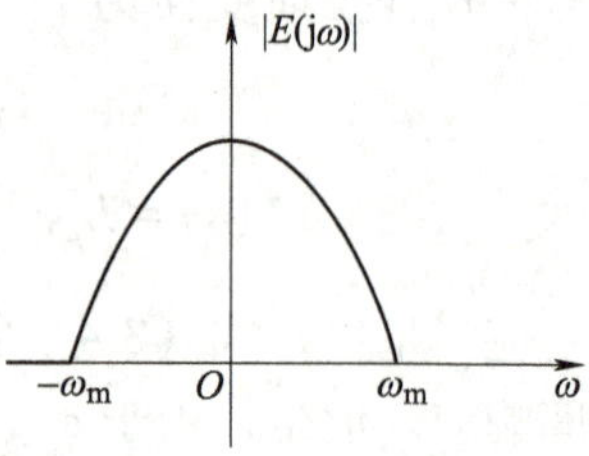

图 8-4 连续信号频谱

对比图 8-4 和图 8-5 可知，满足 $\dfrac{\omega_s}{2}>\omega_m$ 条件时，采样信号的主频率和高频频谱彼此没有重叠部分，采用如图 8-5 中虚线所示的理想低通滤波器就可以滤除高频频谱部分，仅保留

主频谱。这样，就可以实现依据采样信号 $e^*(t)$ 复现采样前信号 $e(t)$ 的目的。

反之，如图 8-6 所示，$\frac{\omega_s}{2} < \omega_m$，采样信号的主频谱和其他高频频谱相互重叠，会使得输出的采样信号发生畸变。这种情况下使用理想滤波器无法恢复原来连续信号的频谱。

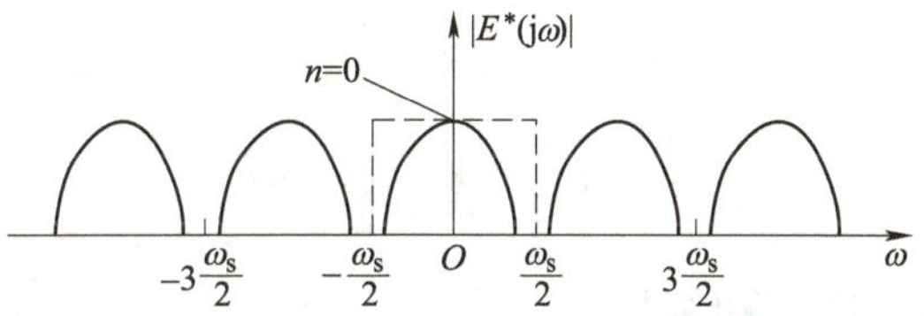

图 8-5　采样信号频谱 $\left(\frac{\omega_s}{2}>\omega_m\right)$

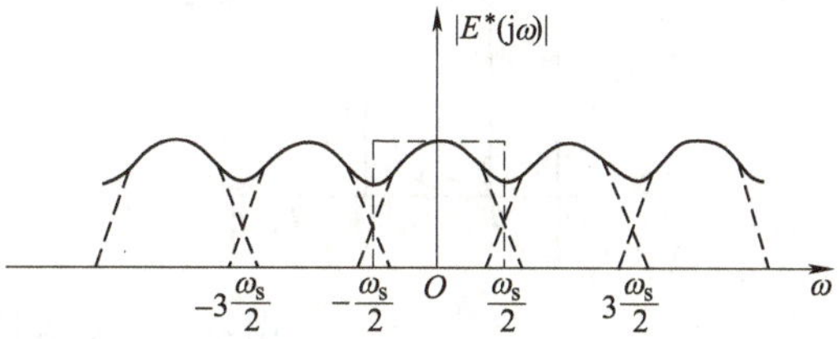

图 8-6　采样信号频谱 $\left(\frac{\omega_s}{2}<\omega_m\right)$

因此，为了使原始连续信号 $e(t)$ 的信息能从采样信号 $e^*(t)$ 中恢复过来的，采样频率必须要大于或等于原连续信号最高频率的两倍，这就是香农采样定理，给出了采样频率的下限，在设计采样控制系统时，必须严格遵守。

采样定理仅给出了采样周期选择的基本原则，显然，采样周期越小，ω_s 越大，获取的信息越多，控制效果也相应地会越好。但是，这种密集的采样也会造成不必要的检测和存储开销。此外，若控制系统属于温度、液位等慢变系统，检测到的高频信号大部分为没有发生变化的冗余信息，则减小采样周期没有意义。反之，采样周期大，缺失信息多，会影响系统动态信息的获取，进一步可能会影响系统动态性能的调控，甚至导致系统不稳定。

采样过程中采样周期（或采样频率）的选择非常重要，设置合理的采样周期是采样控制系统设计需要解决的问题之一。因此，为使采样信号既能真实地代表原连续信号，又不会对计算机提出过高的速度和存储要求，应结合具体的控制对象特性、性能指标要求，综合考虑。

8.2.3　保持器

由 8.2.2 小节可知，在满足香农采样定理的条件下，通过使用如图 8-5 虚线框所示的理想滤波器可以恢复原信号。但实际上这种具有锐截止特性的理想滤波器在实际中是做不出来的，需要寻找在特性上接近，工程实现上又比较简单、易于实现的滤波器。这种滤波器在采样控制系统中也称为保持器。

保持器可以看作是一种基于时域外推原理的装置。借助保持器，采样控制系统才可以真正地将时间上离散的采样信号较为准确地恢复为连续信号。从数学上分析，保持器的任务就是解决各采样点之间的插值问题。

零阶保持器的输入输出特性如图 8-7 所示，最简单的保持器是把前一采样时刻 nT 的采样值保持到下一采样时刻 $(n+1)T$，并由下一个采样时刻的值进行更新取代，从而使得保持器输出成为阶梯信号 $e_h(t)$，$e_h(t)=e(nT)$，$nT \leqslant t \leqslant (n+1)T$，$n=0$、1、2，…。因为 $e_h(t)$ 在每个采样周期内的值保持常数，对应常数导数为零，故这种保持器被称为零阶保持器。零阶保持器应用广泛，步进电动机、数控系统中的寄存器等都是零阶保持器的使用实例。

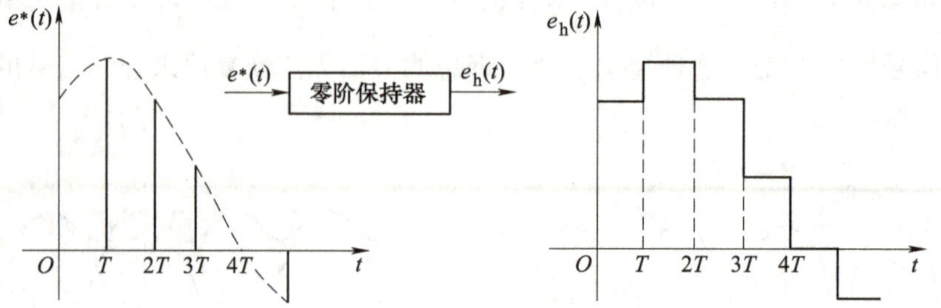

图 8-7　零阶保持器的输入输出特性

如图 8-8 所示，输入一个单位脉冲信号 $\delta(t)$，则零阶保持器对应输出的单位脉冲响应 $g_h(t)$ 是一个幅值为 1、持续时间为 T 的矩形波。可以认为零阶保持器的单位脉冲响应 $g_h(t)$ 为一个单位阶跃函数减去另一个延迟了 T 时间的单位阶跃函数后获得的矩形波，即

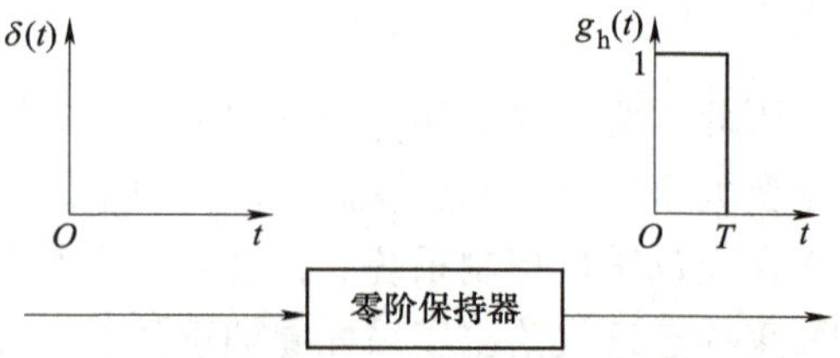

图 8-8　零阶保持器的单位脉冲响应

$$g_h(t) = 1(t) - 1(t-T) \tag{8-9}$$

依据第 2 章传递函数的定义可知，单位脉冲响应 $g_h(t)$ 的拉普拉斯变换 $G_h(s)$ 与输入信号 $\delta(t)$ 的拉普拉斯变换的象函数的比值为零阶保持器的传递函数，等于 $G_h(s)$。对式 (8-9) 两边进行拉普拉斯变换，求得零阶保持器的传递函数为

$$G_h(s) = L[1(t) - 1(t-T)] = \frac{1}{s} - \frac{1}{s}e^{-Ts} = \frac{1-e^{-Ts}}{s} \tag{8-10}$$

令 $s=\mathrm{j}\omega$，得零阶保持器的频率特性（推导过程中使用了欧拉公式，以方便获取对应的幅频特性和相频特性表达式）

$$G_h(\mathrm{j}\omega) = \frac{1-e^{-\mathrm{j}\omega T}}{\mathrm{j}\omega} = \frac{2e^{-\mathrm{j}\omega T/2}(e^{\mathrm{j}\omega T/2} - e^{-\mathrm{j}\omega T/2})}{2\mathrm{j}\omega} = T\frac{\sin(\omega T/2)}{\omega T/2}e^{-\mathrm{j}\omega T/2} \tag{8-11}$$

分析可知幅频特性为 $A(\omega) = T\dfrac{\sin(\omega T/2)}{\omega T/2}$，相频特性为 $\varphi(\omega) = -\omega T/2$。绘制零阶保持器的频率特性如图 8-9 所示。

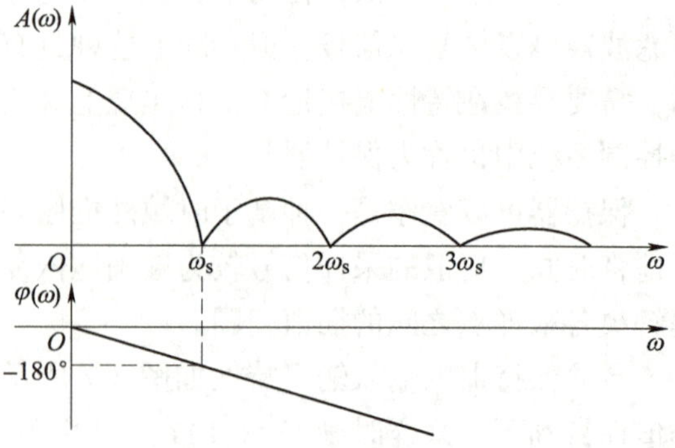

图 8-9　零阶保持器的频率特性

可见，零阶保持器的幅值随着频率的增大具有总体衰减的趋势，具有明显的低通滤波特性，除了允许小于采样频率 ω_s 的主频可以通过外，一些高频分量也允许通过。从相频特性看，信号通过零阶保持器后会产生一定的滞后相角，滞后相角随着频率 ω 的增大而增大，在 $\omega=\omega_s$ 时，相应的相移可达−180°。若系统中串联零阶保持器，将使系统产生附加相位滞后，造成系统的

稳定性变差。

8.3　采样控制系统的数学基础

对于线性时不变采样控制系统，习惯上采用线性常系数差分方程和脉冲传递函数来表示。在求解差分方程时，采用 z 变换可使求解变得相对简便。

8.3.1　z 变换

z 变换实际是采样函数拉普拉斯变换的变形，因此，z 变换又称采样拉普拉斯变换，是研究线性采样控制系统的重要数学工具。在采样控制系统中的作用类似拉普拉斯变换在连续系统中的作用。

设 $f^*(t)$ 是 $f(t)$ 的采样函数，依据式（8-2）可以得到如下关系式：

$$f^*(t)=\sum_{n=0}^{\infty}f(nT)\delta(t-nT) \tag{8-12}$$

类似式（8-4）对其进行拉普拉斯变换得到

$$F^*(s)=L[f^*(t)]=\sum_{n=0}^{\infty}f(nT)\mathrm{e}^{-nTs} \tag{8-13}$$

为方便计算，引入一个新的复变量，令

$$z=\mathrm{e}^{Ts} \tag{8-14}$$

将上式代入式（8-13），有

$$F(z)=Z[f^*(t)]=\sum_{n=0}^{\infty}f(nT)z^{-n} \tag{8-15}$$

式（8-15）被定义为采样函数 $f^*(t)$ 的 z 变换。可见，z 变换与采样序列有着非常明确的“幅值”和“定时”的对应关系。

式（8-13）和式（8-15）是相互补充的两种变换形式，前者表示的是复数 s 平面的函数关系，后者表示复数 z 平面上的函数关系。其中式（8-15）只适用于采样函数，或者说只能表征连续函数在采样时刻的特性，而不能反映其在采样时刻之间的特性。采样函数 $f^*(t)$ 所对应的 z 变换是唯一的，反之亦然。但是，一个采样函数 $f^*(t)$ 所对应的连续函数却不是唯一的，可能有无穷多个。

下面介绍几种常见的求 z 变换的方法。

1）级数求和法。此方法是根据 z 变换的定义式（8-15）写出其 z 变换的级数展开式。由于该级数具有无穷多项，在一定条件下，需要将其写为闭合形式，以方便应用。

例 8-2　求单位阶跃函数 $f(t)=1(t)$ 离散化后的 z 变换。

解： 当 $k\geqslant 0$ 时，$f(kT)=1$。由式（8-15），有

$$F(z)=Z[1^*(t)]=\sum_{n=0}^{\infty}z^{-n}=1+z^{-1}+z^{-2}+z^{-3}+\cdots$$

式中，如果 $|z|>1$，则上式为收敛的等比级数，公比为 z^{-1}，求和后得闭合形式：

$$F(z)=Z[1^*(t)]=\frac{1}{1-z^{-1}}=\frac{z}{z-1}$$

显然，$|z|=|e^{Ts}|=e^{T\sigma}>1$，相当于 $\mathrm{Re}[s]=\sigma>0$。这是单位阶跃函数拉普拉斯变换的存在条件。因此，从数学的角度看，z 变换是拉普拉斯变换的一种变形。

建议将本例与例 8-1 进行比较分析，以进一步体会 z 变换与拉普拉斯变换的异同之处。

例 8-3 求指数函数 $f(t)=e^{-at}$，$a>0$，离散化后的 z 变换。

解： 根据式（8-12）可知，指数函数 $f(t)=e^{-at}$ 离散化后的信号可以表示为

$$f^*(t)=\sum_{n=0}^{\infty}e^{-anT}\delta(t-nT)=1+e^{-aT}+e^{-2aT}+e^{-3aT}+\cdots$$

进一步，其 z 变换由式（8-15），有

$$F(z)=Z[e^{-anT}]=\sum_{n=0}^{\infty}e^{-anT}z^{-n}=1+e^{-aT}z^{-1}+e^{-2aT}z^{-2}+e^{-3aT}z^{-3}+\cdots$$

若 $|e^{-aT}z^{-1}|<1$，则上式为收敛的等比级数，公比为 $e^{-aT}z^{-1}$，求和后得闭合形式：

$$F(z)=Z[e^{-anT}]=\frac{1}{1-e^{-aT}z^{-1}}=\frac{z}{z-e^{-aT}}$$

不难看出，当 $a\to 0$ 时，$f(t)=e^{-at}\to 1(t)$，本例所对应结果逼近例 8-2 单位阶跃函数的 z 变换结果。

2）部分分式法。设连续函数 $f(t)$ 的拉普拉斯变换 $F(s)$ 为 s 的有理函数，将 $F(s)$ 展开成部分分式和的形式，有

$$F(s)=\frac{b_0s^m+b_1s^{m-1}+\cdots+b_{m-1}s+b_m}{a_0s^n+a_1s^{n-1}+\cdots+a_{n-1}s+a_n}=\sum_{i}^{n}\frac{A_i}{s_i+p_i},\quad n\geqslant m$$

则由拉普拉斯反变换可知，与 $\dfrac{A_i}{s_i+p_i}$ 对应的时间函数为 $A_ie^{-p_it}$，对应的指数函数的 z 变换为 $Z[A_ie^{-p_int}]=\dfrac{A_i}{1-e^{-p_iT}z^{-1}}=\dfrac{A_iz}{z-e^{-p_iT}}$。类似推导过程可参照例 8-3 进行。

例 8-4 求 $F(s)=\dfrac{1}{s^2+s}$ 的 z 变换。

解：

$$F(s)=\frac{1}{s^2+s}=\frac{1}{s(s+1)}=\frac{1}{s}-\frac{1}{s+1}$$

对上式进行拉普拉斯反变换，有

$$f(t)=1-e^{-at}$$

进一步，则有

$$F(z)=Z[1^*(t)-e^{-anT}]=\frac{1}{1-z^{-1}}-\frac{1}{1-e^{-aT}z^{-1}}=\frac{(1-e^{-aT})z^{-1}}{(1-z^{-1})(1-e^{-aT}z^{-1})}$$

此外，留数法也是一种常用的 z 变换方法，但是其理解需要一些复变函数的基础知识。由于篇幅有限，此处不再赘述。

表 8-1 为常用函数的拉普拉斯变换和 z 变换的对照表，利用此表可以直接查出对应变换的表达式。

表 8-1　常用函数的拉普拉斯变换和 z 变换的对照表

$f(t)$	$F(s)$	$F(z)$
$\delta(t)$	1	1
$1(t)$	$\frac{1}{s}$	$\frac{z}{z-1}$
t	$\frac{1}{s^2}$	$\frac{zT}{(z-1)^2}$
$t^2/2$	$\frac{1}{s^3}$	$\frac{z(z+1)T^2}{2(z-1)^3}$
e^{-at}	$\frac{1}{s+a}$	$\frac{z}{z-e^{-aT}}$
te^{-at}	$\frac{1}{(s+a)^2}$	$\frac{zTe^{-aT}}{(z-e^{-aT})^2}$
$a^{t/T}$	$\frac{1}{s-(1/T)\ln a}$	$\frac{z}{z-a}(a>0)$
$\sin\omega t$	$\frac{\omega}{s^2+\omega^2}$	$\frac{z\sin\omega T}{z^2-2z\cos\omega T+1}$
$e^{-at}\sin\omega t$	$\frac{\omega}{(s+a)^2+\omega^2}$	$\frac{ze^{-aT}\sin\omega T}{z^2-2ze^{-aT}\cos\omega T+e^{-2aT}}$
$\cos\omega t$	$\frac{s}{s^2+\omega^2}$	$\frac{z^2-z\cos\omega T}{z^2-2z\cos\omega T+1}$
$e^{-at}\cos\omega t$	$\frac{s+a}{(s+a)^2+\omega^2}$	$\frac{z(z-e^{-aT}\cos\omega T)}{z^2-2ze^{-aT}\cos\omega T+e^{-2aT}}$

与拉普拉斯变换类似，熟悉 z 变换的一些定理或性质，对于分析和设计采样控制系统是非常重要的。因此有必要对其中较为常见的几条基本定理进行介绍。

1. 线性定理

对于任何常数 a_1 和 a_2，若 $Z[f_1(nT)]=F_1(z)$，$Z[f_2(nT)]=F_2(z)$，则有

$$Z[a_1f_1(nT)+a_2f_2(nT)]=a_1F_1(z)+a_2F_2(z) \tag{8-16}$$

线性定理说明 z 变换是一种线性变换，或者说是一种线性算子，满足比例性和叠加性。

2. 滞后定理

设 $t<0$ 时，$f(t)=0$，$Z[f^*(t)]=F(z)$，则有

$$Z[f^*(t-kT)]=z^{-k}F(z) \tag{8-17}$$

式中，z^{-k} 表示滞后环节，表示信号滞后 k 个采样周期。

证明：由式（8-15）可知

$$Z[f^*(t-kT)]=\sum_{n=0}^{\infty}f(nT-kT)z^{-n}$$

进一步展开，有

$$Z[f^*(t-kT)]=f(-kT)z^{-0}+f(T-kT)z^{-1}+\cdots+f(0)z^{-k}+$$

$$f(T)z^{-(k+1)}+\cdots+f(nT)z^{-(k+n)}+\cdots$$

由已知条件可知，$n<k$，有 $f(nT-kT)=0$ 成立，则上式中对应 z^{-k} 前面各项系数均为零，可得：

$$\begin{aligned}Z[f^*(t-kT)]&=f(0)z^{-k}+f(T)z^{-(k+1)}+\cdots+f(nT)z^{-(k+n)}+\cdots\\&=z^{-k}[f(0)+f(T)z^{-1}+\cdots+f(nT)z^{-n}+\cdots]=z^{-k}F(z)\end{aligned}$$

后续各定理的证明类似，也都是从 z 变换的定义出发，从略。

3. 超前定理

已知函数 $f(t)$ 的 z 变换为 $F(z)$，则

$$Z[f^*(t+kT)]=z^kF(z)-z^k\sum_{n=0}^{k-1}f(nT)z^{-n} \tag{8-18}$$

式中，z^k 表示超前环节，表示信号超前 k 个采样周期。这种超前环节实际上是不存在的，当 $f(0)=f(T)=\cdots=f[(k-1)T]=0$ 时，超前定理可以表示为

$$Z[f^*(t+kT)]=z^kF(z) \tag{8-19}$$

4. 复数位移定理

已知函数 $f(t)$ 的 z 变换为 $F(z)$，则

$$Z[f(nT)\mathrm{e}^{\pm anT}]=F(z\mathrm{e}^{\mp anT}) \tag{8-20}$$

式中，a 为常数。利用复数位移定理，可以求出一些复杂函数的 z 变换，如 $\mathrm{e}^{-at}\sin\omega t$。

5. 终值定理

已知函数 $f(t)$ 的 z 变换为 $F(z)$，则

$$f(\infty)=\lim_{n\to\infty}f(nT)=\lim_{z\to1}(z-1)F(z) \tag{8-21}$$

终值定理也可以表示为

$$f(\infty)=\lim_{n\to\infty}f(nT)=\lim_{z\to1}(1-z^{-1})F(z) \tag{8-22}$$

终值定理是研究采样控制系统稳态误差的重要数学工具。使用终值定理的前提条件是，$F(z)$ 所有极点都在单位圆内，即 $|z|<1$。

6. 卷积定理

已知函数 $r(t)$、$g(t)$ 和 $c(t)$ 的 z 变换分别为 $C(z)$、$G(z)$ 和 $C(z)$，且当 $t<0$ 时，$r(t)=g(t)=c(t)=0$。若 $c(kT)=\sum_{n=0}^{k}g[(k-n)T]r(nT)$，$n=0$、1、2、… 则

$$C(z)=G(z)R(z) \tag{8-23}$$

8.3.2 z 反变换

上述把采样信号 $f^*(t)$ 变换为 $F(z)$ 的过程称为 z 变换；对应地，把 $F(z)$ 变换为 $f^*(t)$ 的过程叫作 z 的反变换，并记为 $Z^{-1}[F(z)]$。显然，由 z 反变换求得的时间函数是离散的，不是连续函数。

求 z 反变换的常用方法有长除法、部分分式法和留数计算法等。本节将介绍前两种。

1. 长除法

已知 $F(z)$ 为 z 的有理分式：

$$F(z)=\frac{b_0z^m+b_1z^{m-1}+\cdots+b_{m-1}z+b_m}{a_0z^n+a_1z^{n-1}+\cdots+a_{n-1}z+a_n},\ n\geqslant m$$

通过分子多项式除以分母多项式，将 $F(z)$ 变为按 z^{-1} 升幂排列的级数展开式，然后取 z 的反变换，就可以求得相应采样函数的脉冲序列。

例 8-5　已知 $F(z)=\dfrac{0.5z}{(z-1)(z-0.5)}$，求 $f^*(t)$。

解： 依据已知条件，整理有

$$F(z)=\frac{0.5z}{z^2-1.5z+0.5}$$

分子多项式除以分母多项式，得

$$
\begin{array}{r|l}
 & 0.5z^{-1}+0.75z^{-2}+0.875z^{-3}+\cdots \\
\hline
z^2-1.5z+0.5 & 0.5z \\
 & 0.5z-0.75+0.25z^{-1} \\
\cline{2-2}
 & \quad 0.75-0.25z^{-1} \\
 & \quad 0.75-1.125z^{-1}+0.375z^{-2} \\
\cline{2-2}
 & \qquad 0.875z^{-1}-0.375z^{-2} \\
 & \qquad \vdots
\end{array}
$$

即，$F(z)=0.5z^{-1}+0.75z^{-2}+0.875z^{-3}+\cdots$，对上式进行 z 反变换，则得

$$f^*(t)=0.5\delta(t-T)+0.75\delta(t-2T)+0.875\delta(t-3T)+\cdots$$

可见，虽然采用长除法能直观地获得对应采样脉冲序列的具体数值和分布，但是通常难以给出 $f^*(t)$ 的闭合形式，因此不便于对系统进行分析研究。

2. 部分分式法

与用部分分式法求拉普拉斯反变换的思路类似，由于 $F(z)$ 在分子中通常含有 z，因此为方便起见，需要先将 $F(z)$ 除以 z，然后再将 $F(z)/z$ 展开为部分分式。具体步骤如下：

1）将 $F(z)$ 的分母多项式分解为因式。

2）将 $F(z)/z$ 展开为部分分式，使所求部分分式的各项都能对应某一典型函数，方便依据表 8-1 查找相应的函数表达式。

3）求各部分分式项的 z 反变换之和。

例 8-6　已知 $F(z)=\dfrac{0.5z}{(z-1)(z-0.5)}$，用部分分式法求 $f^*(t)$。

解：

$$\frac{F(z)}{z}=\frac{0.5}{(z-1)(z-0.5)}=\frac{1}{z-1}+\frac{-1}{z-0.5}$$

进一步，有

$$F(z)=\frac{z}{z-1}-\frac{z}{z-0.5}$$

对上式进行 z 反变换，有

$$f^*(t)=1-0.5^n \qquad n=0,\ 1,\ 2,\ 3,\ \cdots$$

与例 8-5 进行对比，可知，采用部分分式法求 z 反变换可以得到时间序列或数值序列的数值解析式。

8.3.3　差分方程

由第 2 章可知，线性连续系统用微分方程描述其演化过程，类似地，线性采样控制系统

则可以对应地用差分方程进行描述。差分方程描述了采样系统的输入和输出信号在采样时刻的数学关系。

对于一般的线性定常连续系统，其微分方程模型为

$$a_0\frac{\mathrm{d}^n c(t)}{\mathrm{d}t^n}+a_1\frac{\mathrm{d}^{n-1}c(t)}{\mathrm{d}t^{n-1}}+\cdots+a_{n-1}\frac{\mathrm{d}c(t)}{\mathrm{d}t}+a_n c(t)$$

$$=b_0\frac{\mathrm{d}^m r(t)}{\mathrm{d}t^m}+b_1\frac{\mathrm{d}^{m-1}r(t)}{\mathrm{d}t^{m-1}}+\cdots+b_{m-1}\frac{\mathrm{d}r(t)}{\mathrm{d}t}+b_m r(t)$$

将其转换为离散的差分方程，关键在于处理好导数项。设系统采样周期 T 足够小，则输入信号 $r(t)$ 在 $t=nT$ 处的一阶导数可按下式近似计算：

$$\dot{r}(nT)\approx\frac{r(nT)-r[(n-1)T]}{T}$$

类似地，可以写出二阶导数、三阶导数……直至 n 阶导数。

$$\ddot{r}(nT)\approx\frac{\dfrac{r(nT)-r[(n-1)T]}{T}-\dfrac{[(n-1)T]-r[(n-2)T]}{T}}{T}$$

$$=\frac{r(nT)-2r[(n-1)T]+r[(n-2)T]}{T^2}$$

同样地，输出 $c(t)$ 的各阶导数也能计算出来。一般情况下，等周期采样时，时间离散的采样控制系统的线性常系数差分方程可以简化表达为

$$a_0c(k+n)+a_1c(k+n-1)+\cdots+a_nc(k)=b_0r(k+m)+b_1r(k+m-1)+\cdots+b_mr(k) \tag{8-24}$$

式中，n 为系统的阶次，m 为输入信号的阶次，且 $n\geqslant m$；k 表示采样周期的次序。

与微分方程类似，差分方程的阶次是由系统本身的结构及特性决定的。为了分析采样控制系统的性能，通常需要对差分方程进行求解。对于阶次比较低的差分方程，在已知输入、输出序列初值后就可以使用递推的方式进行迭代，逐步计算出输出序列。高阶差分方程如何求解？

在线性连续系统中，为了避开高阶微分方程求解的难题，通过拉普拉斯变换将问题从时间 t 域变换到复数 s 域，把解微分方程的难题转换为解复数 s 域的代数方程问题，降低了运算难度。出于同样的目的，在采样系统中需要引入 z 变换，把问题从离散的时间 t 域转换到复数 z 域，把解线性常系数差分方程转换为解复数 z 域的代数方程。

例 8-7 试用 z 变换法求解齐次差分方程 $c(k+2)-3c(k+1)+2c(k)=r(k)$，其中输入信号为单位脉冲信号，初始条件为 $c(0)=0$、$c(1)=2$。求采样系统输出的 z 变换表达式 $C(z)$ 及对应的时域序列 $c^*(t)$。

解： 方程两端同时进行 z 变换，相当于对差分方程的每一项进行 z 变换，有

$$Z[c(k+2)]=z^2C(z)-z^2c(0)-zc(1)=z^2C(z)-2z$$

$$Z[3c(k+1)]=3[zC(z)-c(0)]=3zC(z)$$

$$Z[2c(k)]=2C(z)$$

$$Z[r(k)]=R(z)=1$$

相应地，差分方程转换为 z 域的代数方程：

$$z^2C(z) - 3zC(z) + 2C(z) - 2z = R(z) = 1$$

$$C(z) = \frac{2z+1}{z^2-3z+2} = \frac{-3}{z-1} + \frac{5}{z-2}$$

查 z 变换表，求出 z 反变换，有

$$c^*(t) = -3 \times 1^{n-1} + 5 \times 2^{n-1}$$

若仅需获得输出序列 $c^*(t)$，$n = 0$、1、2、… 的信息，还可以采用简单的迭代法，对例 8-7 采用递推方式进行，有

$$c(2) - 3c(1) + 2c(0) = r(0) = 1 \Rightarrow c(2) = 7$$
$$c(3) - 3c(2) + 2c(1) = r(1) = 0 \Rightarrow c(3) = 17$$
$$c(4) - 3c(3) + 2c(2) = r(0) = 0 \Rightarrow c(4) = 37$$
$$c(5) - 3c(4) + 2c(3) = r(0) = 0 \Rightarrow c(5) = 77$$
$$\vdots$$

以此类推，如此迭代下去就可以得到 n 为任意值的输出 $c^*(t)$。

对比可知，用迭代法求解差分方程虽然与 z 变换法在采样时刻的输出值是一致的，但只能求得有限项，不易得到 $c(k)$ 的闭合形式。

8.4　脉冲传递函数

8.4.1　基本概念

类似线性系统的传递函数，在线性定常采样系统中引入 z 变换，则脉冲传递函数定义为：初始条件为零时，采样控制系统离散输出信号的 z 变换 $C(z)$ 与离散输入信号的 z 变换 $R(z)$ 之比。

对于如图 8-10 所示的采样控制系统，脉冲传递函数为

$$G(z) = \frac{C(z)}{R(z)} \tag{8-25}$$

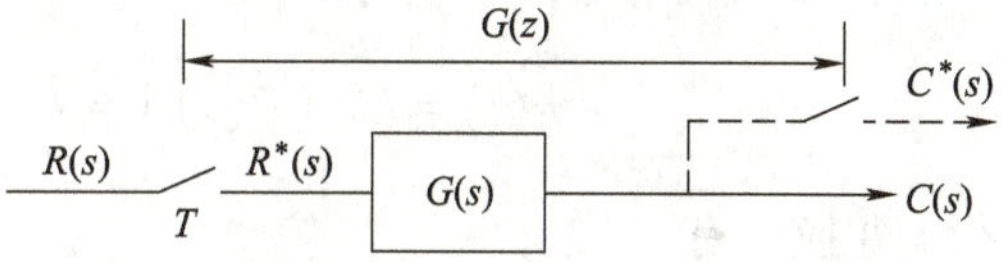

图 8-10　采样控制系统脉冲传递函数

图中 $G(s)$ 表示系统连续部分的传递函数。依据定义，就可以求出系统输出信号的脉冲序列为

$$c^*(t) = Z^{-1}[C(z)] = Z^{-1}[R(z)G(z)]$$

由上式可知，求 $c^*(t)$ 的关键在于如何求取系统的脉冲传递函数 $G(z)$。

通常，采样控制系统的输出为连续量，为了方便应用脉冲传递函数概念，在图 8-10 中虚设采样开关并假定其与输入端采样开关同步工作。

初始条件为零时，对于采样控制系统的差分方程式（8-24），两端同时进行 z 变换，有

$a_0z^nC(z) + a_1z^{n-1}C(z) + \cdots + a_nC(z) = b_0z^mR(z) + b_1z^{m-1}R(z) + \cdots + b_mR(z)$，进而有

$$\frac{C(z)}{R(z)} = \frac{b_0z^m + b_1z^{m-1} + \cdots + b_m}{a_0z^n + a_1z^{n-1} + \cdots + a_n} \tag{8-26}$$

与线性定常连续系统中的传递函数类似，脉冲传递函数是研究线性定常采样系统的重要工具，时间离散的采样控制系统的脉冲传递函数具有如下性质：

1）脉冲传递函数是 z 域复变量的复函数，可以用有理分式表示。

2）脉冲传递函数仅与系统自身的结构和参数有关。

3）脉冲传递函数与差分方程一样，是采样控制系统的数学模型。

4）类似传递函数，脉冲传递函数在复数 z 平面上具有对应的零极点。

对于线性定常连续系统，初始条件为零时，依据定义，输入单位脉冲信号 $\delta(t)$ 时，对应的输入信号的拉普拉斯变换为 1，则输出单位脉冲响应函数的拉普拉斯变换为 $C(s)$，有

$$G(s) = C(s)\big|_{R(s)=1}$$

显然，传递函数的拉普拉斯反变换是系统单位脉冲响应 $g(t)$ 。将 $g(t)$ 离散化后得到脉冲响应序列 $g^*(t)$，可表示为

$$g^*(t) = g(t)\sum_{n=0}^{+\infty}\delta(t-nT) = \sum_{n=0}^{+\infty}g(nT)\delta(t-nT)$$

上式两端同时 z 变换并使用位移定理，有

$$G(z) = Z\left[\sum_{n=0}^{+\infty}g(nT)\delta(t-nT)\right] = \sum_{n=0}^{+\infty}g(nT)z^{-n} \tag{8-27}$$

对于输入的单位脉冲信号 $\delta(t)$，其离散化后对应的 z 变换为 1，表明采样控制系统的单位脉冲传递函数就是系统的单位脉冲响应函数 $g(t)$ 采样值的 z 变换。

式（8-27）表明，在已知图 8-10 中的传递函数后，可以先用拉普拉斯反变换求出对应系统的单位脉冲函数 $g(t)$，而后对离散化的 $g^*(t)$ 进行 z 变换，就可以求得采样控制系统的脉冲传递函数 $G(z)$。

例 8-8 已知采样控制系统如图 8-10 所示，$G(s)=\dfrac{1}{s(s+1)}$，采样周期 $T=1\text{s}$，试求对应的脉冲传递函数。

解： 求系统的脉冲响应为

$$g(t) = L^{-1}[G(s)] = L^{-1}\left[\frac{1}{s} - \frac{1}{s+1}\right] = 1(t) - \mathrm{e}^{-t}$$

进行 z 变换，有

$$G(z) = Z[1(t) - \mathrm{e}^{-t}] = \frac{z}{z-1} - \frac{z}{z-\mathrm{e}^{-T}} = \frac{0.632z}{z^2 - 1.368z + 0.368}$$

8.4.2 采样控制系统的开环脉冲传递函数

脉冲传递函数表征了线性定常采样控制系统固有的结构与参数特性，需要注意的是这里的结构应包括采样开关在控制系统中的具体位置，参数应包括采样周期 T 值。

当采样控制系统由几个环节串联组成时，由于采样开关的位置不同，求出的开环脉冲传递函数也会不同。

1. 串联环节之间有采样开关

如图 8-11 所示，根据脉冲传递函数的定义可知

$$X(z) = G_1(z)R(z)$$

$$C(z) = G_2(z)X(z) = G_1(z)G_2(z)R(z)$$

$$\frac{C(z)}{R(z)}=G_1(z)G_2(z) \tag{8-28}$$

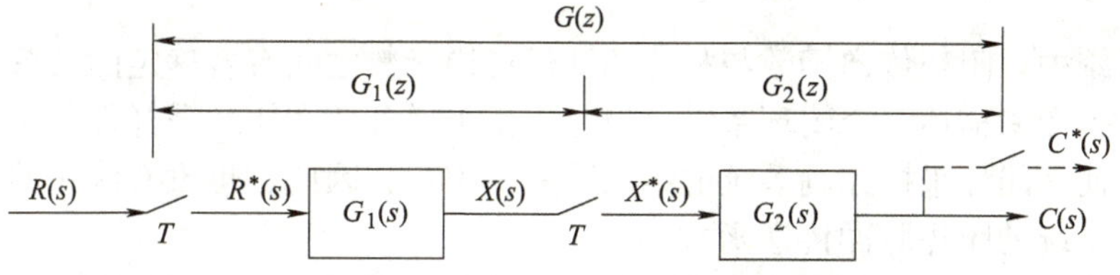

图 8-11　串联环节之间有采样开关的开环采样控制系统

可见，当两个串联连续环节之间有采样开关时，其等效的脉冲传递函数就等于这两个环节各自脉冲传递函数的乘积。这个结论可以推广到 n 个环节串联时，相邻环节间具有采样开关的情况。

2. 串联环节之间没有采样开关

如图 8-12 所示，环节间没有采样开环，根据脉冲传递函数的定义可知

$$\frac{C(z)}{R(z)}=Z[G_1(s)G_2(s)]=G_1G_2(z) \tag{8-29}$$

这里注意式（8-28）和式（8-29）的区别，通常 $G_1(z)G_2(z)\neq G_1G_2(z)$。

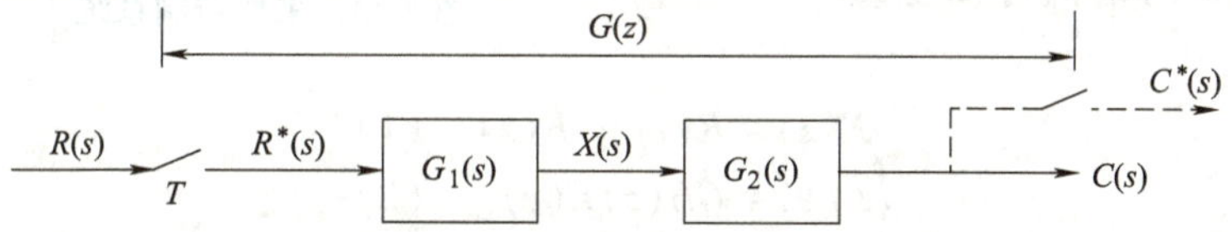

图 8-12　环节间没有采样开关的开环采样控制系统

可见，当两个串联连续环节之间没有采样开关时，其等效的脉冲传递函数就等于这两个环节传递函数乘积的 z 变换。这个结论可以推广到 n 个环节串联时，相邻环节间没有采样开关的情况。

例 8-9　已知系统的两个开环传递函数分别为 $G_1(s)=\dfrac{1}{s}$、$G_2(s)=\dfrac{a}{s+a}$，试求按图 8-11、图 8-12 方式连接时的脉冲传递函数。

解： 按图 8-11 连接，则其脉冲传递函数为

$$G(z)=\frac{C(z)}{R(z)}=G_1(z)G_2(z)$$

其中 $G_1(z)=Z\left(\dfrac{1}{s}\right)=\dfrac{z}{z-1}$，$G_2(z)=Z\left(\dfrac{a}{s+a}\right)=\dfrac{az}{z-\mathrm{e}^{-aT}}$，则

$$G(z)=\frac{C(z)}{R(z)}=\frac{z}{z-1}\,\frac{az}{z-\mathrm{e}^{-aT}}$$

按图 8-12 连接，则其脉冲传递函数为

$$G(z)=\frac{C(z)}{R(z)}=Z\left[\frac{1}{s}\,\frac{a}{s+a}\right]=Z\left[\frac{1}{s}-\frac{1}{s+a}\right]=\frac{z(1-\mathrm{e}^{-aT})}{(z-1)(z-\mathrm{e}^{-aT})}$$

显然，$G_1(z)G_2(z) \neq G_1G_2(z)$。

8.4.3 采样控制系统的闭环脉冲传递函数

在连续系统中，闭环传递函数与相应的开环传递函数之间有着确定的关系，所以可以用一种典型的结构图来描述一个闭环系统。但是由于采样开关在闭环采样控制系统中设置的方式有多种，这使得闭环采样控制系统的结构图并不唯一，因此，也没有统一的计算公式用来求解采样控制系统的闭环脉冲传递函数。

在求采样控制系统的闭环脉冲传递函数时，要根据采样开关的实际情况进行具体分析。通常应根据系统的结构列写各个变量之间的关系，然后消去中间变量，得到闭环脉冲传递函数的表达式。

图 8-13 是比较常见的采样控制系统，图中虚线所示的采样开关是为了便于分析而设置的。此外，假设采样控制系统中所有采样开关都是以相同的周期 T 同步工作。

根据脉冲传递函数的定义及 8.4.2 节开环脉冲传递函数的求法，依据图 8-13 的结构可知变量间关系如下：

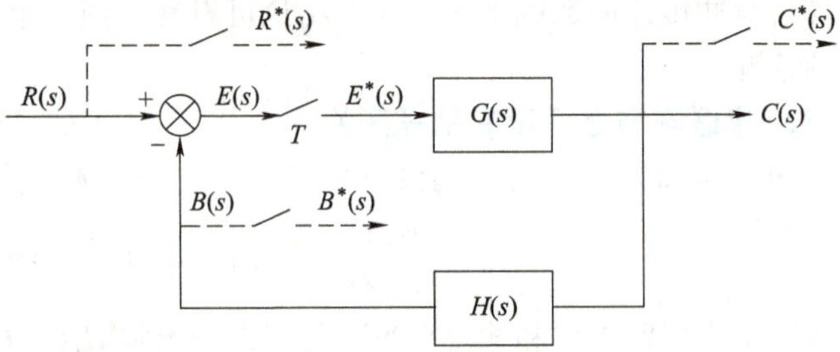

图 8-13 采样控制系统

$$
\begin{cases}
E(z) = R(z) - B(z) & (1) \\
B(z) = GH(z)E(z) & (2) \\
C(z) = G(z)E(z) & (3)
\end{cases}
$$

由上式（1）和（2）消去中间变量 $B(z)$，可推出 $E(z) = R(z) - GH(z)E(z)$，进而整理得误差脉冲传递函数

$$
\frac{E(z)}{R(z)} = \frac{1}{1 + GH(z)}
$$

代入式（3）可推出采样控制系统的闭环脉冲传递函数为

$$
\frac{C(z)}{R(z)} = \frac{G(z)}{1 + GH(z)}
$$

与线性连续系统类似，闭环脉冲传递函数的分母多项式等于零，即 $1 + GH(z) = 0$ 是采样控制系统的闭环特征多项式。

如图 8-14 所示，为一个具有数字控制器 $D(s)$ 的闭环采样控制系统，求其闭环脉冲传递

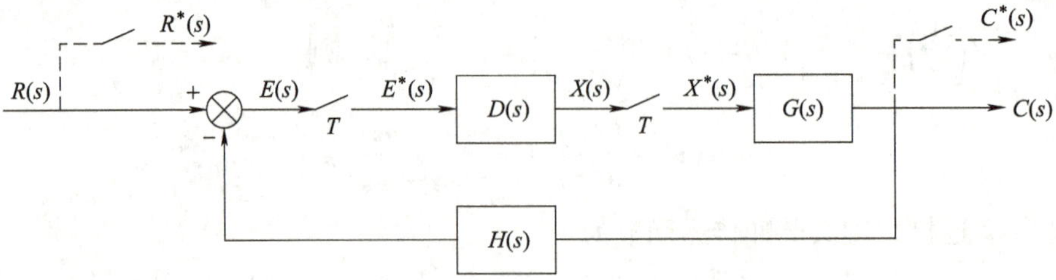

图 8-14 具有数字控制器的采样控制系统

函数的过程与图 8-13 是类似的。

根据脉冲传递函数的定义及 8.4.2 节开环脉冲传递函数的求法，依据图 8-14 的结构可知变量间关系如下：

$$\begin{cases} E(z)=R(z)-B(z) & (1) \\ B(z)=GH(z)X(z) & (2) \\ X(z)=D(z)E(z) & (3) \\ C(z)=G(z)X(z) & (4) \end{cases}$$

由上式（1）、（2）和（3）联合，消去中间变量 $B(z)$、$X(z)$，可推出

$$E(z)=R(z)-GH(z)X(z)=R(z)-GH(z)D(z)E(z)$$

进而整理得误差脉冲传递函数

$$\frac{E(z)}{R(z)}=\frac{1}{1+GH(z)D(z)}$$

将上式代入式（3）后再代入式（4）消去中间变量 $E(z)$、$X(z)$，可求得采样控制系统的闭环脉冲传递函数为

$$\frac{C(z)}{R(z)}=\frac{G(z)D(z)}{1+GH(z)D(z)}$$

需要注意的是，如果在误差信号 $e(t)$ 处没有设置采样开关，则等效的输入采样信号 $r^*(t)$ 不存在，所以这种情况下也就不能求出采样控制系统的闭环脉冲传递函数，而只能求出输出量的 z 变换表达式 $C(z)$。

例 8-10　如图 8-15 所示，求采样控制系统输出量的 z 变换表达式 $C(z)$。

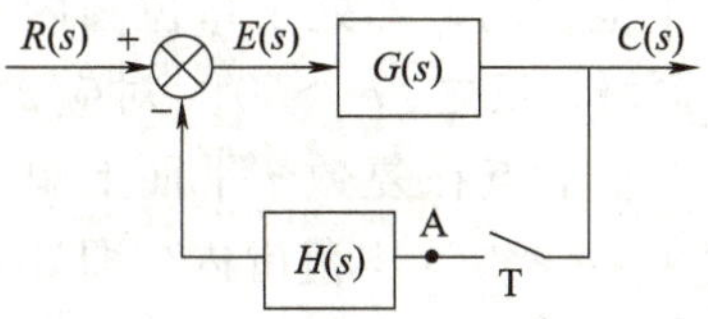

图 8-15　采样控制系统结构图

解： 根据脉冲传递函数的定义及 8.4.2 节开环脉冲传递函数的求法，由图 8-15 的结构可知通过采样开关后，系统输出端的离散信号 A 来自两条信息通路，一条是外界输入信号，一条是输出量进行回环反馈获得的信号，因此有

$$C(z)=GR(z)-GH(z)C(z)$$

进而，整理有

$$C(z)=\frac{GR(z)}{1+GH(z)}$$

图 8-15 中由于误差信号 $E(s)$ 处没有设置采样开关，所以没有对应单独存在的 $R(z)$，无法求出闭环脉冲传递函数，但可以求出闭环系统输出量的 z 变换表达式 $C(z)$。进而可以分析出给定结构、参数和输入信号作用下，系统输出脉冲序列的运动规律。

8.5　线性采样系统的稳定性分析

稳定性是系统能够正常工作的首要条件。与线性连续系统类似，稳定性也是采样系统分析的重要内容。由线性系统的稳定性分析的内容可知，线性定常连续系统稳定的充要条件是闭环特征根全部位于复数 s 平面的左半部，s 平面的虚轴是稳定与不稳定的分界线。

对于线性采样控制系统，通过前面的内容已知采样周期的大小会影响稳定性。这里考虑 z 变换和拉普拉斯变换之间的数学联系，研究线性连续系统稳定性分析中的一些判据、方法和稳定性分界线是如何推广应用到采样控制系统中的。

8.5.1 采样控制系统的稳定条件

为了借助线性连续系统稳定性分析方法，这里首先介绍复数 s 平面和复数 z 平面之间的映射关系。

由 z 变换的定义可知，$z=e^{Ts}$ 描述了复数 s 域到复数 z 域的关系。s 域的任一点可以表示为 $s=\sigma+j\omega$，有

$$z=e^{T(\sigma+j\omega)}=e^{\sigma T}e^{j\omega T} \tag{8-30}$$

幅值的映射关系为 $|z|=e^{\sigma T}$，相角的映射关系为 $\angle z=\omega T=\omega\dfrac{2\pi}{\omega_s}$（$\omega_s$ 为采样角频率）。

如图 8-16 所示，复变量 s 在复数 s 平面沿虚轴移动时，对应地 $\sigma=0$，映射到复数 z 平面为幅值 $|z|=1$ 的单位圆。当 $\sigma<0$ 即 s 位于复数 s 平面的左半部时，对应 z 域的映射点均在复数 z 平面上幅值 $|z|=e^{\sigma T}<1$ 范围内，即处于单位圆内部区域；反之，$\sigma>0$，对应 z 域的映射点在复数 z 平面上幅值 $|z|=e^{\sigma T}>1$ 范围内，即处于单位圆外部区域。

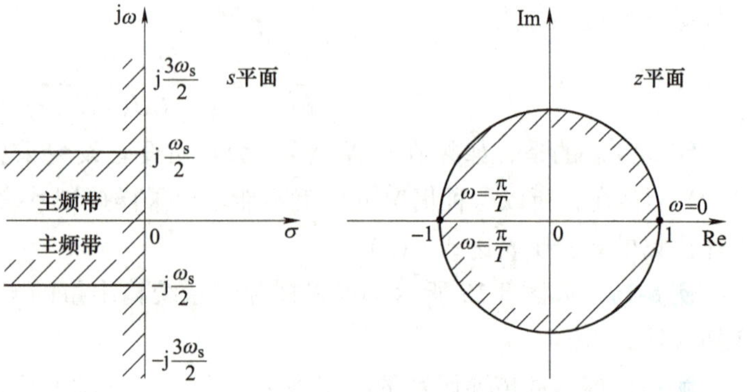

图 8-16 从 s 平面到 z 平面的映射

由相角表达式进一步分析，在复数 s 平面沿虚轴 $\left[-j\dfrac{\omega_s}{2},\ j\dfrac{\omega_s}{2}\right]$ 区间移动时，z 平面上相应的相点沿单位圆从 $-\pi$ 逆时针变化到 π，正好转了一圈，将对应的这个周期区间称为主频带。沿 s 平面虚轴其他区间如 $\left[j\dfrac{\omega_s}{2},\ j\dfrac{3\omega_s}{2}\right]$ 移动时，对应 z 平面相应相点也会沿单位圆逆时针转过一圈，主频带以外的其他周期区间称为次频带。

由图 8-16 易知，复数 s 平面虚轴左半部的点在 z 平面上的映射为以原点为圆心的单位圆的内部，这一区域也是采样控制系统的稳定区域。

理论上，采样控制系统的稳定性是由其脉冲传递函数分母多项式等于 0 所确定的特征方程的根在 z 平面上的位置决定。由图 8-13 可知，这种情况下闭环脉冲传递函数的输出为

$$C(z)=\frac{G(z)}{1+GH(z)}R(z) \tag{8-31}$$

系统的闭环脉冲传递函数为 $\dfrac{C(z)}{R(z)}=\dfrac{G(z)}{1+GH(z)}$，闭环特征方程为 $1+GH(z)=0$。

设闭环特征方程的根为 z_1、z_2、…、z_n，则采样控制系统闭环稳定的充分和必要条件为，闭环系统特征方程的所有根均位于 z 平面上以原点为圆心的单位圆内，即 $|z_i| < 1$。

8.5.2　线性采样控制系统的稳定条件

虽然可以通过特征方程直接求解出采样控制系统的特征根，并可据此分析系统是否稳定。但是实际应用时对于高阶系统直接求解特征方程还是有难度的，因此希望类似于线性定常连续系统的劳斯稳定判据，寻求一种依据系统特征方程根与系数关系进行线性定常采样控制系统稳定性判别的方法，而不必求出特征根。

采样控制系统的特征方程是以 z 为变量的代数方程，由于 $z = e^{Ts}$，所以采样控制系统的特征方程是 s 的超越方程，不能直接应用劳斯稳定判据。

复变函数中常用的双线性变换，又称 w 变换，可以将 z 平面上的单位圆的圆周映射为另一个复变量 w 平面上的虚轴；将 z 平面上的单位圆内部映射为 w 平面的左半部，单位圆外部映射为 w 平面的右半部。这样，连续系统的一些代数稳定性判别方法就可以推广到采样系统中去了。

具体过程如下，令

$$z = \frac{w+1}{w-1} \tag{8-32}$$

则有

$$w = \frac{z+1}{z-1} \tag{8-33}$$

可见复变量 z 和 w 互为线性变换，这也是将这种变换称为双线性变换的原因。令式中复变量 $z = x + jy$、$w = u + jv$，代入式（8-33），得

$$w = u + jv = \frac{(x^2+y^2)-1}{(x-1)^2+y^2} - j\frac{2y}{(x-1)^2+y^2} \tag{8-34}$$

对于 w 平面的虚轴，显然其对应实部 $\mathrm{Re}(w) = u = 0$，则有

$$x^2+y^2-1=0 \Rightarrow x^2+y^2=1$$

如图 8-17 所示，表明 w 平面的虚轴对应于 z 平面上的单位的圆的圆周；$u<0 \Rightarrow x^2+y^2<1$，表明 w 平面左半部的点映射到 z 平面单位圆内部；$u>0 \Rightarrow x^2+y^2>1$，表明 w 平面右半部的点映射到 z 平面单位圆外部。

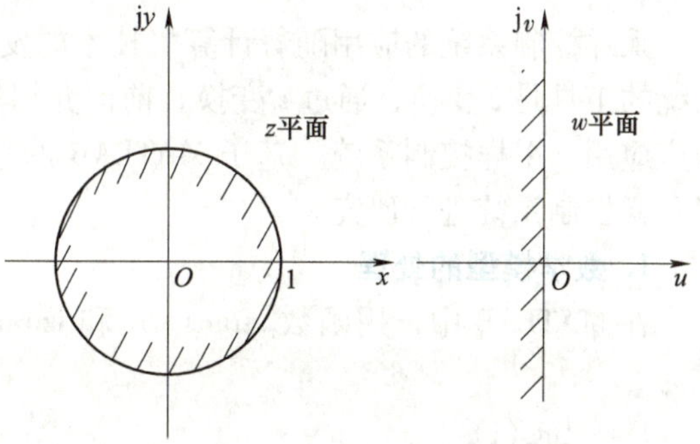

图 8-17　从 z 平面到 w 平面的映射

通过双线性变换后，就可以将采样系统的特征方程转换为 w 平面上的特征方程。于是，线性定常采样系统稳定的充分和必要条件就可以转化为：特征方程 $1 + GH(w) = 0$ 的所有特征根均位于 w 平面的左半部。显然，这种情况与之前线性定常连续系统在 s 域中应用的劳斯稳定判据的情形一致。因此，在 w 域就可以根据系统闭环特征方程根与系数的关系，应用劳斯稳定判据判别采样系统的稳

定性。

例 8-11 如图 8-18 所示，为一采样控制系统结构图，其中$G(s)=\dfrac{K}{s(s+1)}$。已知采样周期 $T=1\text{s}$，试用劳斯稳定判据确定该系统稳定时的 K 范围。

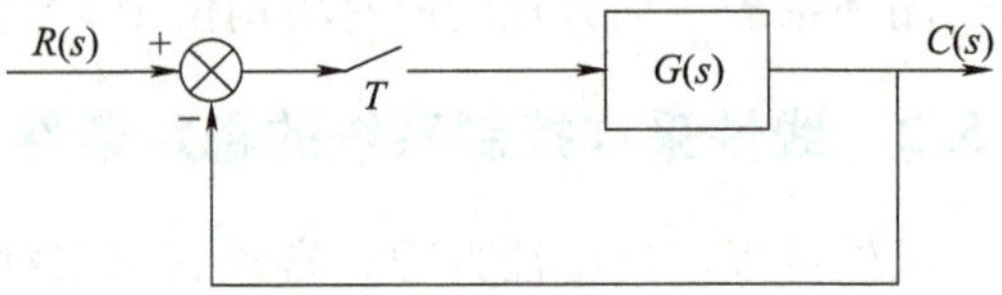

图 8-18 采样控制系统结构图

解： 系统的开环脉冲传递函数为

$$G(z)=Z\left[\frac{K}{s(s+1)}\right]=KZ\left[\frac{1}{s}-\frac{1}{s+1}\right]=\frac{zK(1-e^{-T})}{(z-1)(z-e^{-T})}$$

对应的系统的闭环特征方程为

$$1+G(z)=(z-1)(z-e^{-T})+zK(1-e^{-T})=0$$

令$z=\dfrac{w+1}{w-1}$，将此式和 $T=1\text{s}$ 代入上式，经整理后得

$$0.632Kw^2+1.264w+(2.736-0.632K)=0$$

列劳斯表：

$$\begin{array}{lll} w^2 & 0.632 & 2.736-0.632K \\ w^1 & 1.264 & \\ w^0 & 2.736-0.632K & \end{array}$$

为使系统稳定，要求劳斯表第一列的系数均为正值，于是有

$$2.736-0.632K>0$$

得出该系统稳定时的 K 范围是 $0<K<4.329$。

若例 8-11 中的采样开关取消，变为线性连续系统，这时只要 $K>0$ 系统就是闭环稳定的。可见，由于采样开关的加入，系统存在一些信息缺失，进而可能会导致稳定性变差。

8.6 基于 MATLAB 的采样控制系统分析

采样控制系统的应用随着计算机技术的发展有着越来越广泛的应用前景。研究采样控制系统的工具是 z 变换，通过 z 变换，前面介绍的传递函数、频率特性和稳定性等概念就可以推广应用于采样控制系统。基于 MATLAB 的采样控制系统分析有助于方便、快捷和经济地对采样控制系统进行研究。

1. 数学模型的处理

在 MATLAB 中，用函数 ztrans( ) 和 iztrans( ) 实现采样控制系统模型的描述。命令格式为

```
F=ztrans(f)
f=iztrans(F)
```

其中，f 为时域函数 $f(t)$，F 为 z 域函数 $F(z)$。如 $f(t)=Kt$，则可以在 MATLAB 命令行窗口键入指令：

```
syms K t;%定义符号变量 K、t
```

ztrans(K * t)

运行结果为：ans = K * z/(z-1)^2。此处 ans 为 answer 的缩写，若未命名变量，则 MATLAB 运行结束后，将结果自动赋值给 ans。

将连续系统模型转换为采样控制系统的模型，可以采用指令 c2d 来实现，命令格式为

```
sysd=c2d(sys,T)
sysd=c2d(sys,T,method)
```

前一种格式表示采用零阶保持器将连续对象 sys 离散化，采样周期为 T。后一种格式比前一种多了用 method 定义离散化的方法。method 可以选择零阶保持器（ZOH）、一阶保持器（FOH）等。

反之，要实现由离散系统模型转换为连续系统的模型，可以使用指令 d2c，命令格式为

```
sys=d2c(sysd,T,method)
```

如 $G(s)=\dfrac{1}{s(s+2)}$，$T=1\text{s}$，要求对应的 $G(z)$，则可以在 MATLAB 命令行窗口键入指令：

```
sys=tf([1],[1 2 0]);
c2d(sys,1)
```

运行结果为：ans =

```
    0.2838 z + 0.1485
  ----------------------
  z^2 - 1.135 z + 0.1353
Sample time: 1 seconds
Discrete-time transfer function.
```

2. 采样控制系统的输出响应

例 8-12 已知采样控制系统结构图如图 8-19 所示，对象模型 $G_1(s)=\dfrac{1}{s^2+20s}$，$G_2(s)=\dfrac{100}{s^2+6s+3}$，采样周期 $T=0.1\text{s}$。试求解如下问题。

1）系统的脉冲闭环传递函数。

2）输入信号为单位阶跃信号时，绘制系统的单位阶跃响应曲线。

3）采样周期变大，$T=1\text{s}$，绘制系统的单位阶跃响应曲线。

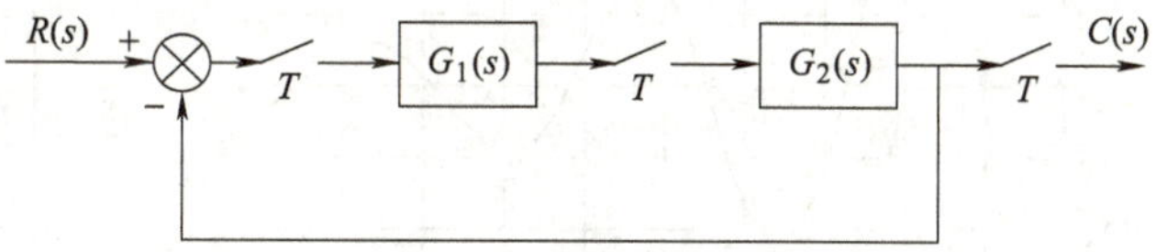

图 8-19 采样控制系统结构图

解：

1）依据图 8-19 可知输入、串联环节及输出之间由三个采样开关隔开，因此系统开环脉冲传递函数为各环节传递函数 z 变换后相乘。程序代码如下：

```
T=0.1;
num1=[1];den1=[1 20 0];G1c=tf(num1,den1);
```

```
num2=[100];den1=[1 6 3];G2c=tf(num2,den2);
G1d=c2d(G1c,T);    % 采用零阶保持器方法进行环节变换
G2d=c2d(G2c,T);
Gd= G1d * G2d;
GHd=feedback(Gd,1)  %求取闭环系统模型
```

运行结果如下：GHd =

```
        0.00117 z^2 + 0.001571 z + 0.0005015
  ---------------------------------------------------
  z^4 - 2.662 z^3 + 2.418 z^2 - 0.8281 z + 0.07478
Sample time: 0.1 seconds
Discrete-time transfer function.
```

2）单位阶跃信号可采用函数 y=filter(num，den，r）实现，其中 r 表示离散输入信号，定义其在每个采样点的输入信号幅值都是“1”就可以获得单位阶跃信号。在明确输入信号后，求离散系统的输出响应可使用命令：y=filter(num，den，r)。程序代码如下：

```
[num,den]=tfdata(GHd,'V');    %以向量形式提取传递函数的分子、分母多项式系数
k=0:200; r=ones(1,201);       %形成离散的单位阶跃输入信号
y=filter(num,den,r)
plot(k,y)
grid;                          %绘制网格线
xlabel('k');ylabel('y(k)');
```

绘制系统的输出响应如图 8-20 所示。

3）设定采样周期 $T=1\text{s}$，重复运行程序，运行结果如图 8-21 所示。

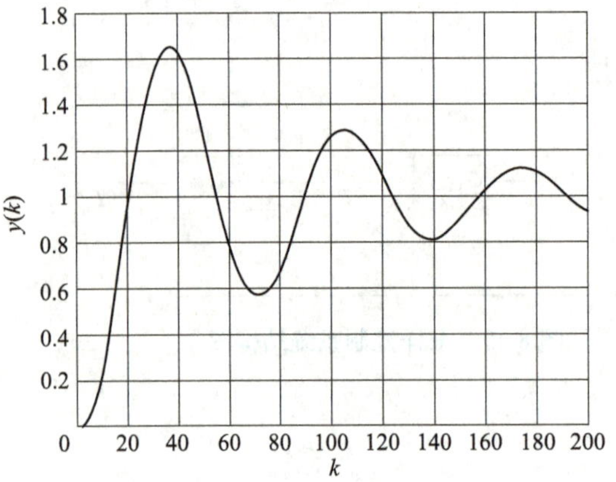

图 8-20　$T=0.1\text{s}$ 时系统单位阶跃响应

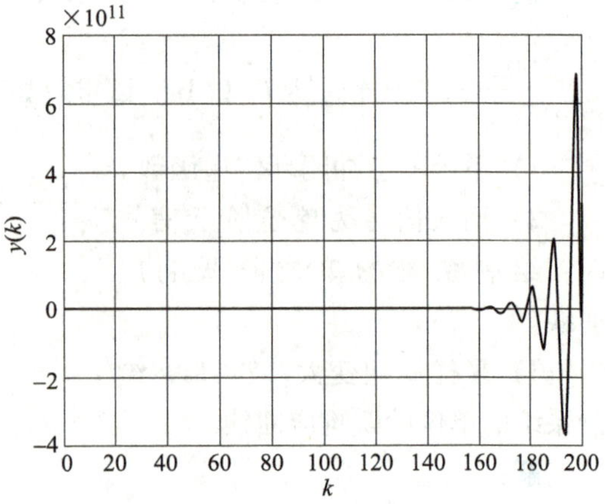

图 8-21　$T=1\text{s}$ 时系统单位阶跃响应

可见，对于同一个系统，输入信号也相同，但采样周期不同时对系统的稳定性影响较大，采样周期越大，采样控制系统可能丢失的信息就越多，这时，系统就有可能不稳定。

3. 采样控制系统稳定性分析

例 8-13 已知采样控制系统闭环脉冲传递函数为$\frac{C(z)}{R(z)}=\frac{z^3-1.3z^2+1.22z+0.51}{z^4+0.522z^3+0.4z^2+0.0086z-0.3915}$，$T=0.5s$。试绘制其零极点图，并据此判断系统的稳定性。

解： 程序代码如下：

```
num=[1 -1.3 1.22 0.51];
den=[1 0.522 0.4 0.0086 -0.3915]
G=tf(num,den,0.5);                  %采样周期为 0.5s
pzmap(G)                            %绘制系统的零极点图,极点用 x 表示,零点用 o 表示
axis([-1.2 1.2 -1.2 1.2]);          %设置当前坐标轴 x 轴 和 y 轴的限制范围
axis equal;                         %将横轴、纵轴的定标系数设成相同值,即单位长度相同
dstep(num,den);                     %线性采样控制系统的单位阶跃响应
```

由图 8-22 可见，闭环脉冲传递函数的所有极点都在单位圆内部，表明闭环系统稳定。此外，如图 8-23 所示，已知条件下采样控制系统的时域单位阶跃响应也表明了该系统是稳定的。

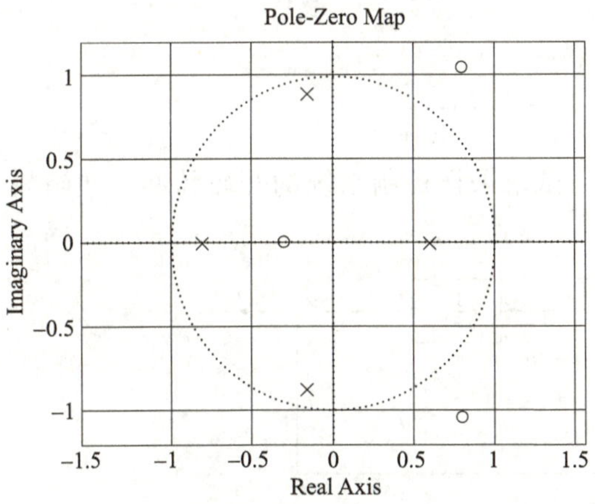

图 8-22 系统的零极点

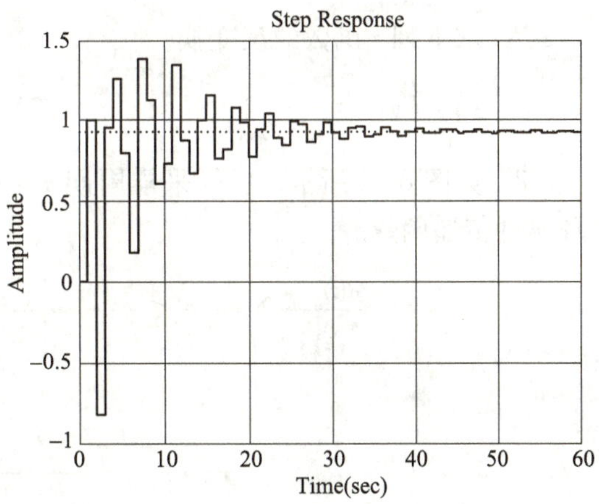

图 8-23 系统的单位阶跃响应

本章小结

由于计算机的发展及在控制领域的普及，采样控制系统的应用日益广泛，本章主要介绍了以下几个方面的内容：

1）采样控制系统由于采样开关的加入，系统中一处或数处存在时间上离散的采样信号。为了不失真地复现连续信号，采样频率需要满足香农采样定理。

2）采样信号的拉普拉斯变换是一个关于复变量 s 的超越函数，通过 z 变换将其有理化，方便在复数 z 域进行处理。

3）线性定常采样控制系统的脉冲传递函数定义为：初始条件为零时，系统离散输出信号的 z 变换 $C(z)$ 与离散输入信号的 z 变换 $R(z)$ 之比。求取系统脉冲传递函数时应注意各环节间是否设置有采样开关。

4）线性定常采样控制系统稳定的充分必要条件是系统闭环特征根均位于复数 z 平面上

以原点为圆心的单位圆内。通过双线性映射，把 z 域的变量转换为 w 域的变量，就可以应用线性定常连续系统中所用的代数稳定判据——劳斯稳定判据来对采样控制系统的稳定性进行分析、判别。

思考题

8-1 采样控制系统增加________，将连续信号转换为一组脉冲序列；又通过增加________，将脉冲序列转换为连续信号去控制被控对象。

8-2 已知采样控制系统的输出信号的 z 变换为 $C(z)=\dfrac{z}{z-2}$，其对应的时序脉冲序列为________。

8-3 从幅频和相频两个角度分析零阶保持器的特性，说明其与系统串联后会对系统产生哪些影响。

8-4 脉冲传递函数是如何定义的？与传递函数有什么区别和联系？

8-5 采样控制系统的稳定性与哪些因素有关？

8-6 求下列连续函数经过等周期采样后的采样信号的 z 变换。

(1) $f(t)=t^2$　(2) $f(t)=1(t)$　(3) $f(t)=\delta(t)$

(4) $f(t)=1(t)-a^{-2t}$　(5) $f(t)=2^{-t}+0.5^{-3t}$

8-7 求下列 z 函数的反变换。

(1) $F(t)=\dfrac{z}{z-6}$　(2) $F(z)=\dfrac{2z^2+z}{z^2-3z+2}$

8-8 如图 8-24 所示，已知采样周期 $T=1\text{s}$，试求采样控制系统的开环脉冲传递函数和闭环脉冲传递函数。

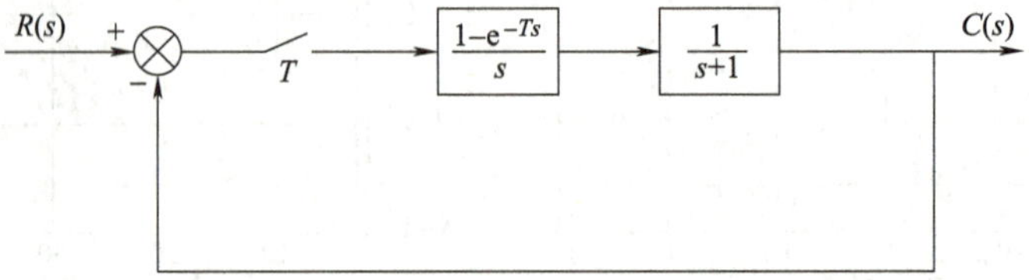

图 8-24　题 8-8 图

8-9 如图 8-25 所示，已知 $G(s)=\dfrac{K}{s}$、$H(s)=\dfrac{1}{s+2}$，试求采样控制系统的开环脉冲传递函数和闭环脉冲传递函数，并分析该采样控制系统的稳定性。

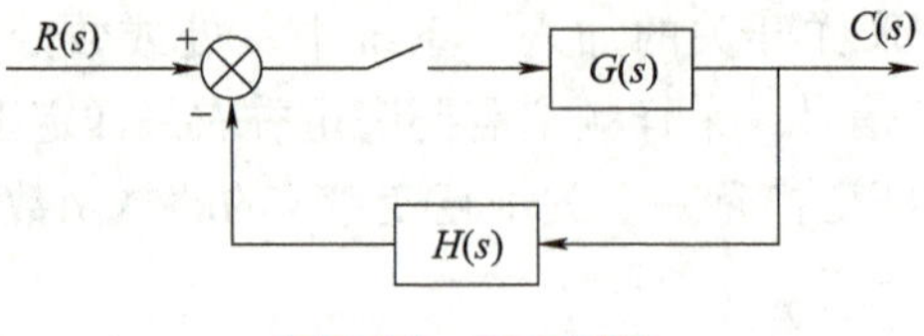

图 8-25　题 8-9 图

参考文献

[1] 夏德钤，翁贻方．自动控制理论［M］.5版．北京：机械工业出版社，2023.
[2] 刘丁．自动控制理论［M］.2版．北京：机械工业出版社，2016.
[3] 王建辉，顾树生．自动控制原理［M］.2版．北京：清华大学出版社，2014.
[4] 胡寿松．自动控制原理［M］.7版．北京：科学出版社，2019.
[5] 翁正新，田作华，陈学中，等．工程控制基础［M］.2版．北京：清华大学出版社，2016.
[6] 卢京潮．自动控制原理［M］.2版．西安：西北工业大学出版社，2010.
[7] 孙炳达．自动控制原理［M］.5版．北京：机械工业出版社，2022.
[8] 邹伯敏．自动控制理论［M］.4版．北京：机械工业出版社，2019.
[9] 孔凡才．自动控制系统及应用［M］.2版．北京：机械工业出版社，2012.
[10] 孟华．自动控制原理［M］.3版．北京：机械工业出版社，2023.
[11] 王燕舞．自动控制原理：经典控制［M］．北京：高等教育出版社，2023.
[12] 陈复扬．自动控制原理［M］．北京：高等教育出版社，2022.
[13] 刘胜，等．自动控制原理［M］.3版．武汉：华中科技大学出版社，2021.
[14] 赵广元．MATLAB与控制系统仿真实践［M］.3版．北京：北京航空航天大学出版社，2016.
[15] OGATA K. 国外计算机科学教材系列：控制理论MATLAB教程［M］．王诗宓，王峻，译．北京：电子工业出版社，2012.
[16] 王敏．控制系统原理与MATLAB仿真实现［M］．北京：电子工业出版社，2014.
[17] 王砚，黎明安，等．Matlab/Simulink动力学建模与控制仿真实例分析［M］．北京：机械工业出版社，2022.
[18] KOU B C. Automatic Control Systems［M］. 8th ed. Upper Saddle River：Prentice-Hall Inc.，2002.
[19] 王正林，王胜开，陈国顺，等．MATLAB/Simulink与控制系统仿真［M］.4版．北京：电子工业出版社，2017.
[20] 王宏伟，于驰，孟范伟．基于MATLAB/Simulink的控制系统仿真及应用［M］．北京：机械工业出版社，2022.
[21] 叶宾，赵峻，李会军，等．控制系统仿真［M］．北京：机械工业出版社，2017.
[22] 郑勇，徐继宁，胡敦利，等．自动控制原理实验教程［M］．北京：国防工业出版社，2010.

后　记

经全国高等教育自学考试指导委员会同意，由电子、电工与信息类专业委员会负责高等教育自学考试《自动控制原理（本）》教材的审定工作。

本书由北京工商大学张慧妍副教授担任主编，北京工商大学乔继红副教授、北京中教启星科技股份有限公司孟宪会高级工程师和北京工商大学李一凡参加编写。全书由张慧妍统稿。

本书由上海交通大学鲍其莲副教授、东北电力大学安军教授负责审稿并提出修改意见，谨向他们表示诚挚的谢意。

电子、电工与信息类专业委员会最后审定通过了本书。

全国高等教育自学考试指导委员会
电子、电工与信息类专业委员会
2023 年 12 月